教育部人文社会科学重点研究基地
山西大学"科学技术哲学研究中心"基金
山西省优势重点学科基金

山西大学
分析与人文哲学丛书
魏屹东／主编

逻辑与哲学

真与意义融合与分离之争的探究

郭建萍◎著

科学出版社
北　京

图书在版编目（CIP）数据

逻辑与哲学：真与意义融合与分离之争的探究/郭建萍著.—北京：科学出版社，2016.9

（分析与人文哲学丛书/魏屹东主编）

ISBN 978-7-03-049957-8

I. ①逻… II. ①郭… III. ①逻辑哲学-研究 IV. ①B81-05

中国版本图书馆 CIP 数据核字（2016）第 225718 号

丛书策划：侯俊琳　牛　玲
责任编辑：朱萍萍　刘巧巧/责任校对：杜子昂
责任印制：赵　博/封面设计：无极书装

科 学 出 版 社 出版

北京东黄城根北街 16 号
邮政编码：100717
http://www.sciencep.com

北京凌奇印刷有限责任公司印刷
科学出版社发行　各地新华书店经销

*

2016 年 9 月第　一　版　开本：720×1000 B5
2025 年 2 月第四次印刷　印张：13 1/4
字数：215 000

定价：68.00 元
（如有印装质量问题，我社负责调换）

丛书序

分析哲学作为一种运动，自身有着各种不同的方法和理论主张。而统一这个运动的则是理性精神、对独断假设的怀疑以及追求严格的论证和自然科学模式的清晰性。这体现了分析哲学的逻辑特征和方法论特征。分析哲学注重审视哲学的性质、任务与范围，强调应用多元化的逻辑分析、语言分析与心灵哲学分析等方法。本丛书主要关注分析哲学和逻辑哲学，涉及的问题包括语境论、语义学、隐喻、真理理论、意义理论、指称理论等。逻辑哲学主要关注三个方面：逻辑的哲学分析，如逻辑的性质、逻辑与非逻辑的划界、逻辑与其他学科的关系等；对各种逻辑系统内所提出的问题的哲学回答，如蕴涵与推理、有效性、悖论等；对于逻辑和哲学的基本概念的精细分析，如名称与摹状词、意义、指称、真理等。本丛书具体探讨了以下五个问题。

第一是逻辑真与意义的融合、分离问题。20世纪现代形式逻辑的诞生使意义理论成为显学，并使得意义理论的研究与逻辑和真密切相关，这就让真与意义联系在了一起。20世纪80年代，哲学的认知转向，促使人们热衷于自然语言意义理论，又使得真与意义和认知主体、认知实践相结合，真与意义的关系变得更为复杂，导致了以戴维森为代表的真与意义融合论和以达米特为代表的真与意义分离论两大阵营的争论。此后，哲学的实践理性转向使得越来越多的学者认识到，哲学要面对世界向它提出的问题，否则没有意义，逻辑的弱点在哲学领域似乎显露出来了。于是，哲学家、逻辑学家都热衷于研究实践中自然语言的意义理论，侧重于形式研究的逻辑似乎被哲学的光环所掩盖，自然语言意义理论中出现了真与意义融合还是分离的争论。

面对这场争论，学界或是对不同的意义理论进行内容上的建构、阐述，或从哲学角度对不同的意义理论进行优劣比较分析，或是对某个意义理论中的真与意义进行分析、评论，或对"真"的本质进行探析，但均没有专门以"真与意义的融合与分离之争"为题进行研究，没有深入考察各种意义理论中真与意义融合分、离的根本原因所在，更未能从逻辑境域对其原因进行探析，这就使得对真与意义的融合与分离之争的思考、研究及解决都流于表面。本丛书从逻辑的观点对这场争论的原因进行挖掘，指出其争论根源，以利于更透彻地理解逻辑与哲学的关系，更清楚地看到逻辑及真在构建意义理论过程中的重要作用。

另外，从计算机科学看，现代逻辑的发展主流是数理逻辑，也包括非经典逻辑。非经典逻辑又包括两类：一类是对经典逻辑（即数理逻辑）的扩充；一类是对经典逻辑的修正。众所周知，在现代逻辑、数学和计算机科学的交界处，有着长久受重视的传统，这些领域中的一些理论创新经常是相互影响、平行或交替发展的。因此，挖掘计算机科学中对现代逻辑的应用和人工智能领域的最新研究成果，如框架不完全性结果、自动机和博弈两种元逻辑理论，动态逻辑、时间逻辑、模型检测理论，以及用于知识表征和自动推理的非单调逻辑、协调逻辑和描述逻辑等。这些新成果将使我们对现代逻辑究竟是什么以及将来成为什么有更深刻的认识，从而促进现代逻辑自身的发展。

第二是当代反实在论的核心问题。实在论与反实在论之争是当代西方哲学的核心问题之一。一方面，随着现代数理逻辑和量子力学的发展，实在论受到来自各方面的挑战，面临各种困境。而现代数理逻辑和量子力学所证明的排中律和二价原则的无效性则为反实在论提供了强有力的依据。另一方面，随着对形而上学的拒斥带来的"本体论的弱化"以及"语言学转向"的到来，语言和逻辑成为当代反实在论研究的核心。因此，站在反实在论立场上，从语言和逻辑这两个分析策略入手对当代反实在论进行系统的把握和整合，揭示反实在论的发展趋向，不仅为反实在论研究提供了广阔的视野，而且为实在论甚至整个西方哲学研究提供方法论启迪。

在方法上，我们注重从语言和逻辑方面对当代反实在论进行全面考察和分析，突破传统静态的研究模式，同时引入语形、语义和语用分析，以语境为基底，将语言的公共性和社会性以及意向性维度纳入反实在论的分析中，强调语言的意义就在于其在具体语境之中的使用中，对不同的境遇的使用就会产生不同的语言意义，而在同一个具体境遇中意义则是确定的，从而把意义的确定性与非确定性统一起来。

第三是语义学的规则遵循问题。基于当代语义学视域，以规则问题为切入点，以意义归因为主线，系统梳理和比较语言及规则之间关系的不同研究进路，同时结合规则遵循相关论证重新审视语义实在论并为其预设寻求辩护。在此基础上进一步澄清规范性的内涵和本质，进而深入心灵哲学和科学知识社会学领域，在科学语境中结合规则问题的内在主义与外在主义解释，阐明意义自然化与规范性之间的关系。我们试图以语义分析方法为核心，并结合心灵哲学、科学知识社会学、科学心理学等领域全面考察规范性问题，同时对规则遵循、语义实在论和社会建制等问题做出阐释和建构，并在语义分析中尝试一种语境化进路。

意义与规范性论题在当代西方哲学的诸多领域已产生很大影响，"规范性"不仅为伦理学所关注，而且已扩展到语义学的相关研究，成为语言哲学和科学哲学等领域的前沿论题。规范性问题可追溯到以康德为代表的义务论伦理学。在当代伦理学中，规范性主要涉及元伦理学和实践哲学。然而，规范性在当代语义学领域中的影响很大程度上应归于克里普克，该论题在他关于规则遵循与私人语言的论述中居于核心地位。当代语义学中关于规范性的探讨涉及规则、意义、内容、心灵等重要概念，其论域包括：语言和规则的关系问题，意义归因、非事实论和规范性问题，意义自然化与规范性之间的关系，规则与规范性的社会建构论等问题。

可以肯定，语义学相关问题的理解与哲学本体论和认识论紧密相关，而科学语义学蕴含了为语义学理论建立的相对统一的认识论基础。在语义学的研究过程中，哲学的"解释学/修辞学转向"为语义学的发展产生了影响，这使得内在论语义学与外在论语义学由对峙走向融合，而实在论语义学与反实在论语义学也从相互论争走向了相互借鉴，由此当代英美语义学与欧洲大陆语义学之间逐渐从方法论层面上趋于对话与融合。在理论上，语义学的"认知"与"博弈"研究模型都在很大程度上具有理论解释的包容性，而"语境语义学"思想则在语义学的"自然性"与"规范性"协调的立场上为科学语义学的方法论模型研究提供了重要启示。

第四是科学时代的宗教信仰问题。19世纪以来理性与信仰的双重危机，引发了欧洲文明的现代性危机，以及与之共生的当代人的精神危机。这场危机仍然在蔓延的同时也有了新的变化。宗教与科学的关系由对立走向了对话，宗教也没有如科学主义者预言的那样随着科学的发展而消亡，反而伴随着宗教世俗化的进程迎来了宗教与科学共处的"蜜月期"。但不容忽视的是，这种越来越世俗化了的宗教信仰即便在当代人的生活中大行其道，却离传统意义上的宗教信仰越来越远。我们正是立足于这些新的变化，通过对科学时代宗教信仰的反思，宗教经验的直观，以及世俗化宗教信仰的合理性分析，揭示宗教信仰可以作为一种内化的精神力量平衡于理性外化的物质力量，可以以其神秘主义对抗现代科学技术的去蔽，还自然以面纱，还世界以崇高。

在方法上，运用现象学方法和案例分析如关于尼采、克尔凯郭尔、詹姆斯、弗洛伊德、胡塞尔、海德格尔、萨特、伽达默尔等的相关理论和一些宗教现象的案例，对制度宗教观、基督教神学以及其他理性的宗教信仰研究方法进行悬搁，回到宗教信仰本身，通过对宗教信仰现状和宗教信仰活动的直观，探究宗教信仰的由来，分析宗教与科学关系的演变，反思科学时代的宗教信仰，解释宗教信仰经验，论证世俗化宗教信仰的合理性，最终是要寻求科学与宗教的融合、理性与非理性的平衡、人与自然的共设。

第五是宗教的"希望"范畴问题。莫尔特曼（J. Moltmann）是 20 世纪西方最具影响力的宗教哲学家和基督教神学家之一。他的思想以"终末论的希望"为起点和方向，对传统基督教神学中的上帝论、基督论、三一论、创造论、圣灵论、终末论、教会论等主题进行了创新性研究。这些研究与战争、解放、和平、人权、生态等社会现实问题联系密切。其早期思想从时间维度探讨上帝的应许以及对来临的上帝的期盼，并引申至政治神学领域。后期则在时间框架内引入上帝的自限（self-limitation）与内住（insedere）等空间概念，通过对创造论信仰的重新解释，回应了生态自然领域的危机与挑战。我们正是从时间、空间和实践三个维度对莫尔特曼的"希望"范畴进行哲学诠释，具体是对"希望"范畴做细致的语词分析、意义阐述和哲学史梳理，从哲学维度对一个典型的神学主题进行深入的哲学分析，强调希望神学作为一种处境神学，对社会、历史和实践的关怀和反思。相信这一研究有利于启发读者从一种理性的视角认识宗教，了解宗教主题的深层内涵，正视其学术价值和现实意义。

魏屹东

2015 年 10 月 10 日

前　言

　　20世纪，现代形式逻辑的产生是一件令人激动的大事。它不仅带来了逻辑学的"新生"和哲学的"语言学转向"，而且还使得真与意义的研究有了新突破。正是在现代形式逻辑的语境下，弗雷格提出了基于真研究语句涵义的意义理论，开创了基于现代形式逻辑对语句真的分析来澄清语句意义的先河，使得哲学中意义理论的研究必然与真、与逻辑密切相关，从而为真与意义的研究开辟了新的方向，真与意义联系在了一起，逻辑与哲学结盟。"这并非出于偶然，而且由于这样的事实，即每一个哲学问题，当它接受必要的分析和净化时，都可发现它要么根本不是哲学问题，要么在我们使用逻辑一词的意义上说是逻辑问题。"① 即"逻辑对于哲学来说是基础性的"②。

　　然而，自20世纪60年代哲学领域出现认知转向以来，越来越多的学者认为哲学要面对世界向它提出的问题，否则就没有意义。这样，逻辑的弱点在哲学领域似乎突出起来，"说哲学里我们考虑的是与日常语言相对立的理想语言，乃是错误的，因为这使得我们好像认为我们可以改进日常语言，但是日常语言却是完全正确的"。于是，哲学家、逻辑学家都热衷于研究实践中自然语言的意义理论，侧重于形式研究的逻辑似乎被哲学的光环所掩盖。尤其是他们探讨意义理论、研究自然语言的意义时，与认知主体、认知实践相结合，真成为隐蔽于意义之后的东西，而实质上，意义是真的显现，是对真的不同理解和解释。真与意义的关系由此变得更复杂，逻辑在哲学中的作用似乎被削减了。有学者认为，与50年前相比，"哲学家们不再把逻辑分析看作哲学研究的主要法则和标准……"③约翰·范·本特姆也说："乍一看，认识论的现代进程与逻辑几乎

---

① [英]罗素. 我们关于外在世界的知识. 任晓明译. 北京：东方出版社，1992：28.
② [英]罗素. 我们关于外在世界的知识. 任晓明译. 北京：东方出版社，1992：359.
③ 江怡. 走进历史的分析哲学. 中国高校社会科学，2013，4：30.

没有关系。"①笔者认为事实并非如此，即使在哲学、逻辑学领域发生认知转向的今天，逻辑依然是解决自然语言意义问题的关键所在，也仍然是哲学问题研究的基础。

为此，本书试图打破以往意义理论研究的哲学惯例，从逻辑这一新视角进行研究。笔者把这场争论界定为"真与意义的融合与分离之争"。本书要突出"真"的逻辑意义，指出逻辑与真才是这场争论解决的关键所在，逻辑的发展、"逻辑意义上的真"的统一必将促进人们对意义理论这种"哲学意义上的真"问题的解决，逻辑仍是哲学问题解决的基础，从而为逻辑学研究及自然语言意义理论的构设提供一种新思路。

但是这一目标也给本书造成很大的困难。在认知转向的背景下，在逻辑似乎被哲学消解了的情况下，要想真正从真与意义的复杂关系中把真与意义剥离开来并不是一件容易的事情。这是难点一。要在把真与意义剥离开来之后，指出认知转向以来真与意义之争归根结底在于对"真"界定的不清，对逻辑基础的忽视，进而论证真与意义之争的终结在于逻辑的发展及"逻辑意义上的真"的统一，凸显逻辑在意义理论等哲学问题研究中的基础地位。这是难点二。

于是，笔者另辟蹊径地从逻辑的视角对真与意义理论的研究历史进行了较系统的梳理，以期理出一条主线——基于逻辑与哲学而形成的两种不同的求真方式及两类"真"，并突出"逻辑意义上真"的独特特征，从而以此为切入点，独创性地把自然语言意义理论中的真与意义剥离开来，深入分析、挖掘真与意义本质上的一致性及特征上的各自不同，最终指出逻辑与真是这场争论的归结，并提出自己的观点：基于逻辑对"逻辑意义上的真"的一致回答，即在逻辑上对真的语义论达成合理共识时，必将消解自然语言意义理论中的真与意义之争。这样，一方面为意义理论的进一步研究提供了新思路，另一方面也厘清了逻辑与哲学的关系，突出了逻辑的基础性。

本书得到了教育部人文社会科学重点研究基地"科学技术哲学研究中心"基金、山西省优势重点学科基金、山西大学人文社会科学科研基金（2015SDGT012）资助，在此深表感谢！

郭建萍
2016 年 4 月

---

① van Benthem J. Epistemic logic and epistemlogy：the state of their affairs. Philosophical Studies，2006，128：49.

目　录

第一章

逻辑境域下真与意义理论的历史沿革

真与意义是很重要的问题。"达到真不能是哲学的一种特殊特权，真一定与人类兴趣有本质的联系。"①古往今来，人们都以"真"为最大的追求。而且，我们共有着一个世界，我们都在运用语言进行交流，"我们在显示我们语言的大部分特征时，也显示了实在的大部分特征"②。所以，我们通过对语言意义的理解来实现对世界的认识，意义对我们把握世界是至关重要的。正因为如此，真与意义很早就已经被人们关注，并有着悠久的研究历史。

第一节　传统形式逻辑境域下对真与意义的探究

对"真"的探讨，可以追溯到公元前 6 世纪的赫拉克利特，他最早提出："健全的思想是最优越最智慧的：它能说出真理并按真理行事，按照事物的本性（自然）认识它们。"③在赫拉克利特看来，思想是人人都有的，而健全的思想才是最智慧的，智慧就在于认识到真，即客观的逻各斯。巴门尼德也曾借女神之口指出了两条道路：真理之路与意见之路。"巴门尼德只关心探求真理……他严格地将自己限制在知识领域之内，将探求真理看作是至关重要的事情，这是新的东西"④。在哲学史上，人们普遍认为："是巴门尼德第一个从认识的角度，将以前哲学家的种种观点统统贬为凡人的意见，认为哲学的任务是要寻求更高一级的真理。"⑤古希腊哲学的集大成者亚里士多德也把求知当作是人的

---

① [美]唐纳德·戴维森. 真与谓述. 王路译. 上海：上海译文出版社，2007：7.
② Davidson D. Inquiries into Truth and Interpretation. 2nd ed. Oxford：Clarendon Press，2001：199.
③ 汪子嵩，范明生，陈村富，等. 希腊哲学史. 第一卷. 北京：人民出版社，1988：463.
④ Bowra C M. Problems in Greek Poetry. Oxford：Clarendon Press，1953：48.
⑤ 汪子嵩，范明生，陈村富，等. 希腊哲学史. 第一卷. 北京：人民出版社，1988：591.

第一本性。他甚至宣称：吾爱吾师，吾更爱真理。而且，亚里士多德坚持真之符合论，他对符合论做了经典的描述："认为分开的东西分开，结合的东西结合，就是表真，所持的意见与事物相反就是作假。……并不是由于我们真的认为你是白的，你便白，而是由于你是白的，我们这样说了，从而得真。"[①]在亚里士多德看来，是客观事实决定了认识的真假，与客观事实相符合的认识为真，与客观事实不相符的则为假。真就在于认识与事实相符合。亚里士多德表述的这种符合的真理论显然是一种最直观、最合乎常识的真理论。然而，也就在这种最直观的真理论中却存在着两个理论上难以准确回答的问题：其一，如何理解"事实"？什么是"事实"？其二，如何理解"符合关系"？如何判定具有"符合关系"？对这两个问题的不同回答与理解又形成了不同的真理论。于是，在亚里士多德这种直观的真之表述的直接或间接影响下，学者们对"什么是真？"进行了孜孜不倦的探求，并形成了各种真之理论。

　　苏珊·哈克在《逻辑哲学》中，把历史上的真理论分为符合论、融贯论、实用论、冗余论、语义论五种。[②]格雷林在《哲学逻辑导论》中对真理论的分类基本沿袭了哈克的分法。这种分法也已得到了大多数学者的认同。这几种真理论的关系及代表人物可用图 1-1 厘清。

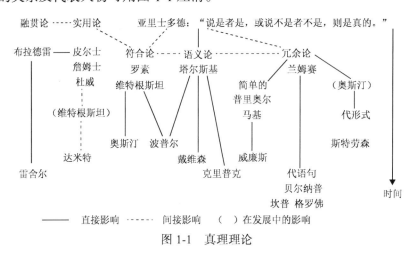

图 1-1　真理理论

　　从图 1-1 中可以看出，对真的思考在很长一段时间里也仅是一种"亚里士多德式"的直观理解，即如果谓词对主词的表述符合事实，那么这个命题或句

---

① 苗力田. 亚里士多德选集·形而上学卷. 北京：中国人民大学出版社，2000：225.

② Haack S. Philosophy of Logics. Cambridge：Cambridge University Press，1978：100-148.

子就是真的。为什么呢？

"简单地说，这个问题与逻辑相关。"①亚里士多德不仅是哲学的集大成者，而且也是逻辑学的创始人。他不仅以哲学的方式探求对世界的真的认识，而且还提供了一种以"必然得出"为内在原则，基于三段论推理进行求真的逻辑理论。在他的逻辑学说中，最基本的句式就是"S 是 P"。亚里士多德的逻辑体系对"S 是 P"的形式句法做了详细的明确阐述。基于这种句式，亚里士多德构建了他的词项逻辑体系。亚里士多德词项逻辑的基本单位是概念。但是，对于"S 是 P"这种句式怎样为"真"，亚里士多德没能从形式上做出清晰的刻画，只是直观地说："至于作为真的存在和作为假的不存在，在于结合与分离，总之，与矛盾的调配有关，因为，真就是对结合的肯定，对分离的否定，假则和这种调配相矛盾。"②这种对"真"的语义阐述仍然是直观的，与内涵相关的，是不太明确的。因此，既然在亚里士多德逻辑为主导的时代人们主要是应用亚里士多德逻辑进行哲学研究，那么，对真的思考必然也不会像句法那样在形式上是清晰明确的，而是仅限于内涵性的、直观的理解。

对意义的思考，从公元前 4 世纪的斯多葛学派就已经开始了。斯多葛学派认为，记号、意义（lecton）和事物互相联系，意义是非物质的，它是声音所表示的而我们理解为存在于我们思想中的东西。在斯多葛术语中，意义叫"lecton"，可以直译为"所意谓的东西"。这可以说是最早的意义指称论③。意义理论是这个学派最有常见的、最值得称道的贡献之一。④在这里，"意义成了逻辑的主要题材，而且确实成了形式逻辑的唯一主题"⑤斯多葛学派关于意义的这些理论"是逻辑哲学里的一个重要的新事物，值得密切注意"⑥。此后的中世纪和近代，意义理论继续得到了不同程度的研究，并形成了各种意义理论，如观念论⑦。观念论自笛卡儿后开始流行，英国近代经验论者几乎都是观念论者，其中洛克则是观念论的集大成者⑧。

但是，这一时期人们对意义理论的研究仍然深受亚里士多德逻辑的主谓结

---

① 王路. 从"是"到"真"：西方哲学的一个根本性变化. 学术月刊，2008，8：48.
② 苗力田. 亚里士多德选集·形而上学卷. 北京：中国人民大学出版社，2000：149.
③ 指称论，即一个语词的意义就是它所指示的对象。
④ 江天骥. 西方逻辑史研究. 北京：人民出版社，1984：98-101.
⑤ Bochenski I M. A History of Formal Logic. Notre Dame：University of Notre Dame Press，1961：110-111.
⑥ [英]威廉·涅尔，玛莎·涅尔. 逻辑学的发展. 张家龙，洪汉鼎译. 北京：商务印书馆，1995：180.
⑦ 观念论，即语词的意义就是它所代表的观念。
⑧ 陈波. 逻辑哲学引论. 北京：中国人民大学出版社，2000：22.

构影响，把语词作为意义研究的基本单位，无法清楚地表述出由这些语词组合而成的各种语句所指的对象或表达的意义。因此，奥斯汀把"语词的意义"这种说法斥为是"危险的一派胡言"；奎因甚至极端地认为："意义本身，当作隐晦的中介物，则完全可以丢弃。"①哲学家们对意义理论进行着艰难而不懈的探讨。

第二节　现代形式逻辑产生后对真与意义研究的突破

因为弗雷格，意义理论成为哲学领域中的一门显学。达米特认为，弗雷格的意义理论是一种语言的意义理论的第一个实例，这种理论仍然主导着语言哲学②。而且，对意义理论研究的这种新突破还得归功于现代形式逻辑的发展。

弗雷格是现代形式逻辑的奠基者、语言哲学的创始人。弗雷格认为，自然语言是不完善的，从而导致在科学的较抽象部分，人们一再感到缺少一种既能避免被曲解又能避免自己思想中出现错误的工具。于是，在莱布尼兹（G. W. Leibniz）"以数学的方法发展逻辑"的思想启发下，弗雷格创造了概念文字，构建了第一个一阶公理演算系统，这标志着现代形式逻辑的诞生。弗雷格明确指出："逻辑以特殊的方式研究'真'这一谓词，'真'一词表明逻辑。"③在现代形式逻辑中，对"真"的研究突破了传统的内涵性思考，转变为一种基于现代形式逻辑的外延的、形式的刻画，真成为可以通过逻辑推理演算而能行可判定的。更令人欣喜的是，20世纪30年代，塔尔斯基在《形式化语言中的真概念》中提出了真的语义论，并给出了一个实质上充分的、形式上正确的句子真定义，这成为20世纪逻辑学上里程碑式的成就。塔尔斯基真定义的提出促使人们对真的理解也实现了重大的突破。菲尔德曾做过这样一个生动的说明："30年代初期，在有科学头脑的哲学家中间盛行一种观点，这种观点认为像真和指谓这样的语义概念是不合法的：不能或者说不应该使它们融入一种科学的世界构想。但是，当塔尔斯基关于真的研究被人们知晓以后，一切都变了。波普尔写道：'由于塔尔斯基的教导，我不再迟疑谈论真和假了'，而且，波普尔的反应得到广泛的赞同。"④

---

① [美]威拉德·奎因. 从逻辑的观点看. 江天骥等译. 上海：上海译文出版社，1987：21.
② Dummett M. The Seas of Language. Oxford：Clarendon Press，1993：100.
③ [德]弗雷格. 思想：一种逻辑研究. 弗雷格哲学论著选辑. 王路译. 北京：商务印书馆，2006：199.
④ Field H. Tarski's theory of truth. The Journal of Philosophy，1972，69（13）：347.

"20 世纪哲学最突出的特征是逻辑的复兴以及它在哲学的整个发展中扮演着发酵剂的角色。"①

现代形式逻辑以其符号化、形式化、演算化为特征使逻辑获得了"新生"，实现了复兴，这种独特的、全新的思维方式，也为哲学研究提供了一种不同于以往的、严谨的、精确的工具，从而使哲学发生了巨大的变化，实现了哲学的"语言学转向"。从此，这种基于现代形式逻辑对语言进行分析的方法在哲学研究中发挥着不可替代的重大作用。现代形式逻辑突破了传统逻辑理论框架，以命题为基本单位，认为任一句子都是由专名和概念词构成的。概念词是不饱和的、带空位的函项，空位必须由专名补充完整，这就构成句子。基于这种逻辑分析，弗雷格提出了涵义和意谓理论：认为句子的涵义是思想，句子的意谓是真值。"当我们称一个句子是真的时候，我们实际上是指它的涵义。"②这就是说，弗雷格的意义理论是基于现代形式逻辑的技术手段对语句真进行分析，从而澄清了语句的意义，这种对意义的研究方法使意义理论的研究走向了新的可行方向：意义与真相联系，基于语句的真来理解语句的意义。所以，达米特指出，没有弗雷格，我们可能不会有一点儿关于如何构建这种意义理论的设想。③戴维森认为："除非在现代逻辑的语境下，在弗雷格起了主要作用的发展中，否则不可能获得这种令人难忘的结果。"④

因此，在 20 世纪现代形式逻辑产生后，逻辑与哲学实现了融合，真与意义联系了起来，基于对语句真的研究进而阐明该语句的意义成为 20 世纪意义理论研究的特点。

第三节　20 世纪意义理论中的真与意义之争

20 世纪以来，在现代西方哲学中，意义理论成为一种显学。"可以把哲学家全神贯注于意义理论研究描述为盎格鲁-撒克逊和奥地利哲学家的职业病。"⑤石里克认为，哲学不是一种知识体系，而是一种活动体系，这充分表现出了当

---

① 冯·赖特. 20 世纪的逻辑和哲学//冯·赖特. 知识之树. 陈波选编，陈波，胡泽洪，周祯样译. 北京：生活·读书·新知三联书店，2003：146.

② [德]弗雷格. 思想：一种逻辑研究. 弗雷格哲学论著选辑. 王路译. 北京：商务印书馆，2006：132.

③ Dummett M. The Seas of Language. Oxford：Clarendon Press，1993：38.

④ [美]唐纳德·戴维森. 真与谓述. 王路译. 上海：上海译文出版社，2007：137.

⑤ 赖尔. 意义理论. 英美语言哲学概论. 涂纪亮译. 北京：人民出版社，1988：124.

代哲学伟大转变的特征；哲学是那种发现或确定命题意义的活动。科学使命题得到了证实，哲学则使命题得到了澄清。科学研究的是命题的真理性，哲学研究的却是命题的真正意义。于是，意义理论成为逻辑哲学、语言哲学中的核心。现代的逻辑学家、哲学家，尤其是英美逻辑哲学家、语言哲学家们相信，我们的语言表达了世界，也表达了我们对世界的看法，因此我们可以通过分析我们的语言而达到对世界的认识。分析语言的方式可以有很多种。语言学家有自己的方式，如语音的分析、语法的分析、语词意义的分析等。但是分析哲学家的分析则是逻辑分析。他们在研究意义理论时必然要牵涉到基于逻辑的方法而对语句真的理解和解释。这样，哲学中对意义理论的研究就必然与逻辑和"真"密切相关。正是对"真"的不同理解和解释，才形成了不同的意义理论。也就是说，正是基于不同的真理论选择，哲学家们才构筑了异彩纷呈的意义大厦。也正因为如此，真与意义的关系就更加复杂：一方面，当逻辑哲学家、语言哲学家们热衷于意义理论的研究、探讨语言的意义时，真成为隐蔽在意义之后的东西；另一方面，在实质上，意义却是对真的解释和理解，这又使得意义指向了真。于是，在哲学与逻辑融合的大背景下，真与意义的这种复杂关系，再加上学者们各自的理论背景，导致他们对意义理论中真与意义关系的不同理解，造成了 20 世纪逻辑哲学、语言哲学中意义理论研究的争论，也更加剧了逻辑哲学家、语言哲学家们关于真与意义的长久争论。

总的说来，20 世纪意义理论中的真与意义之争主要表现为两种观点：一种观点继承并发展了弗雷格的意义理论，认为真是意义理论的核心，理解了一语言中某语句的真值条件也就理解了该句子的意义。也就是说，他们坚持真与意义是融合的。罗素、前期维特根斯坦、逻辑实证主义者及戴维森等都持有这种观点。笔者把这类观点称为"真与意义融合论"。另一种观点认为，对语句真的掌握只是对语句意义理解所做的很小一步，对意义的彻底理解还需要知道更多，所以应该弱化真在意义理论中的地位。也就是说，真与意义是分离的。后期维特根斯坦、达米特等持有的就是这种观点。笔者把这类观点称为"真与意义分离论"。

20 世纪 60 年代，哲学领域出现了认知转向，戴维森率先反用塔尔斯基的真概念来研究自然语言中的意义理论，接着，达米特在对戴维森意义理论批判的基础上又构建了其自然语言中反实在论的意义理论。于是，随着他们意义理论的日渐成熟，戴维森和达米特逐渐成为自然语言意义理论中真与意义融合论与分离论两大阵营的代表人物。

对于真与意义的融合与分离之争，大多数哲学家（包括戴维森、达米特等）从哲学角度把这场争论称为是"实在论与反实在论"的争论①。也有学者把它称为是外在主义与内在主义的讨论。他们认为，"哲学家们对内在主义和外在主义的讨论构成了当今意义理论中的重要内容。所谓的'内在主义'，是指这样一种立场，即认为句子的意义就是它的用法，否定理解一个句子就是理解它的真值条件；与之相反，所谓的'外在主义'则是指，要描述性地理解一个句子，就是要知道这个句子在什么条件下是真的"②。但从其解释中我们可以看出，实质上，外在主义即真与意义融合论，内在主义即真与意义分离论。

所以，尽管从不同的视角分析研究这场争论，可能会对争论名称进行不同的界定，但对真与意义之争来说，无论其争论名称如何界定，其实质都与"真与意义融合论"和"真与意义分离论"的区分相类似。

本书对真与意义融合与分离之争的探究框架如图 1-2 所示。

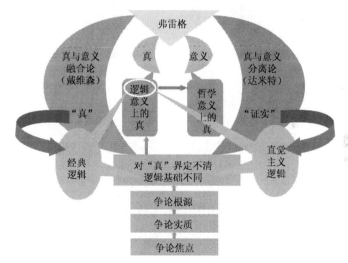

图 1-2　真与意义融合与分离之争的探究框架图

① 参见 Davidson D. Inquiries into Truth and Interpretation. 2nd ed. Oxford：Clarendon Press，2001；Żegleń U M. Donald Davidson：Truth，Meaning and Knowledge. London：Taylor & Francis e-Library，2005；Dummett M. The Seas of Language. Oxford：Clarendon Press，1993；Grayling A C. An Introduction to Philosophical Logic. Sussex：The Harvester Press，1982；Norris C. On Truth and Meaning：Language，Logic and the Grounds of Belief. London：Continuum，2006；张庆熊，周林东，徐英瑾. 二十世纪英美哲学. 北京：人民出版社，2005. 张尚水. 当代西方著名哲学家评传. 济南：山东人民出版社，1996；等等.

② 江怡. 近十年英美语言哲学研究最新进展. 外语学刊，2009，1（2）：1-4.

第四节 "truth"的涵义——"真"与"真理"

在对真与意义的融合与分离之争进行逻辑探究之前，我们有必要对"truth"的涵义做出准确的界定，以避免一些不必要的歧义。

英文中的"真"即"truth"。"truth"译为中文时，作为名词形式的"truth"既可译为"真"，又可译为"真理"。然而，"真"与"真理"的哲学涵义在我国传统哲学界却并不完全相同。有些译者常常不细加分析，随自己喜好或译为"真"或译为"真理"，从而致使"truth"在中西哲学理解中产生歧义。鉴于此，我们必须首先弄清楚西方哲学与逻辑中所谈"truth"的恰当涵义。

"真"与"真理"在我国传统哲学中的意义是不一样的。"真"是指语句或命题的真，意为"是真的"，实际上是谓词或形容词"真的"（true）的名词化，它是针对一个个孤立的语句或命题而言的。而《中国大百科全书（哲学卷Ⅱ）》（1988年版）中对"真理"的解释为："认识主体对存在于意识之外、并且不以意志为转移的客观实在的规律性的正确反映。"真理是指人们对客观事物及其规律的正确认识，真理是一个系统化、理论化的科学体系。显然，"真"是孤立的语句或命题，而"真理"则是由许多真语句、真命题组成的系统化的科学理论体系；"真"用来描述一种性质，而"真理"则指一种理论，是一个认识论的范畴。所以，"真"与"真理"既有联系又有区别，绝不可把两者混为一谈。

但在英文中，不论是作为形容词或谓词"true"的名词化的"真"，还是作为一种理论的"真理"，都是用"truth"来表达的。那么，在现代西方哲学与逻辑中这个"truth"我们该如何理解呢？是理解为"真"还是"真理"更为恰当呢？

在西方形式逻辑史上，自其创始人亚里士多德以来，逻辑学家谈论"truth"往往就是对一个语句或命题而言，"truth"是作为谓词出现的，自然应理解为"真"。亚里士多德在《解释篇》中指出："真和假隐含着组合和分离。名词和动词如果不加任何东西，就像没有组合或分离的思想一样。……没有真假，除非以现在时或其他某种时态加上'是'或'不是'。"[①]这就是说，亚里士多

---

① Aristotle. The Complete Works of Aristotle；Barnes J（ed.）. Princeton：Princeton University Press，1991：16a10-16a18.

德创建的传统形式逻辑认为，单独的概念没有真假，只有加上"是"或"不是"的概念组合才有真假，而由"是"或"不是"联结的概念组合就构成了语句或命题。那么换句话说就是，只有语句或命题才有真假。现代形式逻辑学家同样也认为真是针对句子的。现代形式逻辑的奠基者弗雷格就明确表示："我把一个句子的真值理解为句子是真的或句子是假的的情况。再没有其他真值。为了简便，我分别称它们为真和假。"①以弗雷格、罗素等为代表的现代形式逻辑学家认为语句或命题是一个不饱和的函数，真假就是这些函数的真值，显然他们所谈论的"truth"也是句子的性质，应理解为"真（或真值）"，也可以统称为"真"。事实上，对于逻辑学家所谈的"truth"，学者们一般也没多少异议，普遍赞同理解为"真"。

苏珊·哈克在《逻辑哲学》中，把历史上的真理论（theories of truth）分为符合论、融贯论、实用论、冗余论、语义论五种。②"符合论"（correspondence theories）的基本思想是：语句的真在于它与客体和世界的关系，在于它与客体在世界中的存在方式或存在状况的符合与对应。与有关客体的事实相符合的语句为真，不符合的为假。"融贯论"（coherence theories）认为，如果一个命题与系统中的其他命题相一致（即融贯）时，就是真的，不一致时，就是假的。换言之，真在于一个集合里信念或命题间的融贯关系。"实用论"（pragmatist theories）认为，命题的真来自命题与实在的对应，但同时强调真的证实要通过命题的存在由经验检验及命题与其他命题的连贯性来实现。实用主义认为真是"好的"或"有用的"。简要地说，"冗余论"（redundancy theories）就是认为谓词"真"和"假"是多余的，因为把它们从所有的语境中消除不会造成语义的损失，它们只具有风格上的或其他方面的语用上的作用。"语义论"（semantic theories）指出了它的任务，即"针对一种给定的语言建立一个实质上适当的、形式上正确的关于'真句子'这个词的定义"。综上所述，我们可以看出：这五种真理论实质上都是在探究"一个命题或句子为真意味着什么？"这样一个问题应该是五种有关"真"的理论，分别应是真之符合论、真之融贯论、真之实用论、真之冗余论和真之语义论。

然而，对于西方哲学中所涉及的"truth"却是见仁见智，混译者甚多。对

---

① [德]弗雷格. 弗雷格哲学论著选辑. 王路译. 北京：商务印书馆，2006：103.

② Haack S. Philosophy of Logics. Cambridge：Cambridge University Press，1978：100-148.

这种现象，近些年来，王路等一些学者曾多次撰文加以规范[①]，他的观点已引起了学术界的重视。王路认为：①"truth"是"true"（真的）的名词形式，本意应为"be true"（是真的），当它作为对象来谈论时，一般我们都要用其名词形式"truth"，这样就有了两种理解——是"真"还是"真理"？"真理"概念中"理"的色彩太重，易使人想到认识论、道理等，而不会想到"是真的"这一本意，故王路建议都译为"真"。②不管是西方逻辑学家还是西方哲学家，他们所探讨的"truth"都是同一个东西——"真的"意义上的"真"，尽管他们对这同一个东西做出了不同的解释。③西方逻辑学家与西方哲学家对这同一个东西"truth"的理解也是一致的。正因为西方哲学家与逻辑学家对"truth"的理解是一致的，所以他们谈论到"truth"时，对"truth"的哲学理解与对"truth"的逻辑理解是无法区别的[②]。④"是真的"这种意义上的东西，是西方哲学家所关注的最重要的少数核心问题之一，而不是"真理"，这恰恰是中西哲学的重大差异问题之一。所以，王路坚持对西方逻辑学与哲学中的"truth"应一律译为"真"。

　　另外一些学者认为应该分情况而论。例如，四川师范大学的张桂权并不完全赞同王路的观点。一方面，他同样认为当针对语句或命题谈论"truth"时，应把它理解为"真"，逻辑学中的"truth"指真值，应译为"真"，分析哲学与语言哲学一般很少谈论本体论的问题甚至认识论的问题，大多情况也是就语句或命题的真而言的，所以也应理解为"真"；但另一方面，他又认为对于其他哲学中的"truth"就不能这么简单地理解了，在这些哲学中，"真"相对于"真理"还是有些太过宽泛，不能因为"真理"在中国传统哲学中的独特涵义是"对客观规律的正确反映"，而西方哲学中对"真理"的理解与此不同，就把"真理"这一概念从西方哲学中驱逐出去。我们不能只局限于中国传统哲学，马克思主义哲学中的"真理"观还是吸收了黑格尔真理观的合理内核，才建立了辩证唯物论的"真理"观。张桂权认为，事实上，"真理"这个概念的要点在于"理"或"道理"，"道理"是关系而不是简单的事实，而且这种"道理"是真

---

　　① 清华大学人文社会科学学院哲学系的王路曾对这个问题做了多次精辟严谨的论述，例如：《论"真"与"真理"》，中国社会科学，1996（6）；《"是真的"与"真"——西方哲学研究中的一个问题》，清华大学学报（哲学社会科学版），2005（6）；《"是"与"真"——形而上学的基石》，北京：人民出版社，2003；《"真理"与"真"——中西理解的巨大差异》，博览群书，2007（10）；等等，笔者做了认真参考。
　　② 在这里，王路有一个预设，预设"西方哲学家一般都学过逻辑"。见王路. "是真的"与"真"——西方哲学研究中的一个问题. 清华大学学报（哲学社会科学版），2005，6：7-13.

实的，不是虚假的、歪曲的，这种事理或道理的真才是这些哲学家（即除逻辑学家、分析哲学家和语言哲学家之外）孜孜以求的。因此，这些西方哲学家谈论的"truth"完全可以理解为"真理"，而不能一律用"真"来代替。[①]

又如，北京大学的陈波也对王路的看法存有异议。陈波曾针对"truth"及其在汉语中的适当用法专门撰文《语句的真、真的语句、真的理论体系——"truth"的三重含义辨析》[②]一文。在陈波的这篇论文中，他认为"truth"有三重含义：语句的真、真的语句和真的理论（语句体系），并由此区分了原子论的真理观与整体论的真理观。他认为，把"truth"看作就一个个语句或命题而言，是原子论的；而整体论的真理观则认为单个的语句、命题、断言或信念作为"真理"的单位显得太小了，真正的"真理"应该是"真实的""理论"，至少应该作为一个理论体系而存在。也就是说，原子论的真理观是关于语句的真，指一些真的语句；整体论的真理观是围绕真理理论体系而言的。

从这篇论文中，我们可以看出，就"truth"针对语句而言时，陈波与王路、张桂权的观点是一样的，都主张理解为"真"。陈波在这篇论文中专门指出：英文单词"truth"的第一种用法就是形容词"true"的名词化，"falsehood"是形容词"false"的名词化，它们都是抽象名词，只能取单数形式，有时候前面要加定冠词，如"the truth of a sentence"（语句的真）。塔尔斯基在 *The Concept of Truth in Formal Language* 和 *The Semantic Conception of Truth and The Foundations of Semantics* 这两篇著名的论文中，所讨论的正是这样的"真"概念，故应该将它们译作"形式化语言中的真概念"和"真的语义学概念和语义学的基础"。过去，我国哲学界一遇到"truth"一词，常常不加区别地一律译作"真理"，这是不妥的，至少是有欠考虑的。[③]陈波与王路观点不同之处在于，他不认为所有的"truth"都应理解为"真"，当涉及理论体系的"truth"时，则应译为"真理"，这种观点事实上是与张桂权的观点一致的。

通过大家对"truth"理解的争论，可以发现，大家争论最多的其实是如何理解就一个理论体系而言的"truth"，即对这类"truth"究竟是理解为"真"

---

① 张桂权. "真"能代替"真理"吗? 世界哲学, 2003, 1: 100-104.

② 陈波. 语句的真、真的语句、真的理论体系——"truth"的三重含义辨析. 北京大学学报（哲学社会科学版）, 2007, 1: 27-34.

③ 当然，大家在看陈波的《语句的真、真的语句、真的理论体系——"truth"的三重含义辨析》这篇论文时，会发现陈波偶尔也会对"真"与"真理"使用混乱的时候，比如，正文中的第二个小标题"原子论的'真理'概念：真理作为真的语句"，可以看出这里的"真理"一词同样是针对语句而言的，那么也应是"真"而不是"真理"了。不过，这点问题不会太妨碍我们理解他的主要观点。

还是"真理"？而对一个个语句或命题而言的"truth"来说，意见还是比较统一的，基本都赞同理解为"真"。

因此，笔者认为，"真"与"真理"的区别至少有两方面：①它们属于不同的概念类别并处于不同的层次。"真"是作为"true"的名词形式，突出"是真的"的意思，是谓词，表述一种性质。"真理"侧重于"道理、事理"，是一个理论体系、知识体系。②从形式上看，真命题（或语句）是一条一条的、一丝一丝的，是分开来说的；而"真理"是真命题（或语句）的总结构，更多地表现为命题系统。当然，"真"与"真理"也有联系：①二者都是客观的。相对于某一具体领域、系统或就一定条件而言，真就是真，真理就是真理，它们的内容不以人的意志为转移。②它们都是相对性与绝对性的统一。离开了一定的条件，真就可能变成假，真理就可能变为谬误。不存在绝对的真与真理。③真理是由若干个真命题组成的，"真理"是"真"的系统化、理论化。

本书主要是研究各种意义理论中因对语句"真"和语句"意义"关系的不同理解而引起的争论，进而从逻辑的视角探究其争论的根源。通过以上分析，我们看到，就语句或命题而言，无论王路、张桂权还是陈波都一致认为，在这种意义上的"truth"的中文翻译，应为"真"，这是学界最没有争议的情况。在本书中所涉及的"truth"，都是关于语句或命题的，是作为谓词意义上，因此，统一译为"真"。

第五节　探究真的两种方式

关于语句或命题的真有不同的研究方式、探求方式。从逻辑或哲学的不同视角出发，就会得到对真的不同理解与解读。从逻辑的视角出发、基于逻辑推理或逻辑分析的方法所得到是"逻辑真"或"逻辑意义上的真"，从哲学的视角出发，基于认识论，涉及语句表述与实在特征的关系时所得到的则为"事实真"或"哲学意义上的真"。在本书中，笔者统一区别为"逻辑意义上的真"与"哲学意义上的真"。

在历史上，莱布尼兹第一次指出："只有两种真：推理的真与事实的真。推理的真是必然的，而它的否定是不可能的；事实的真是偶然的，而它的否定是可能的。"[①]"事实的真"基于认识论，依赖于经验，所以，我们认为这种

---

① 莱布尼兹. 单子论//北京大学哲学系外国哲学史教研室. 十六—十八世纪西欧各国哲学. 北京:商务印书馆，1961：297.

"事实的真"是"哲学意义上的真";而推理的真,因它们的证明只能来自天赋的内在原则,也就是说,依赖于其内部的推理,所以,我们把推理的真看作是逻辑意义上的真。自此,人们有了两种探求真的方式。

人们一直认为,莱布尼兹第一次提出了"真"的两种探求方式。事实上,"逻辑之父"亚里士多德在其创立逻辑之时,就已有了两种不同的求真方式的思想,具体体现在他认识论中的真理论及其逻辑学中的真理论中。

亚里士多德坚持真之符合论,他认为真就是认识与客观实际相符合。基于这种真之一元论观点,亚里士多德在其认识论中认为命题或断言的真就在于:"认为分开的东西分开,结合的东西结合,就是表真,所持的意见与事物相反就是作假。……并不是由于我们真的认为你是白的,你便白,而是由于你是白的,我们这样说了,从而得真。"①显然,他认为主观认识与客观实际相符才是真,这是一种典型的真之符合论观点,而且,这种真依赖于经验,取决于认识与实在的是否相符,因此,这种基于事实的、认识论中的真是一种"哲学意义上的真"。但是,作为逻辑学的创始人,亚里士多德在其创立逻辑以来,也是以求真作为自己的使命的。亚里士多德强调:"我们无论如何都是通过证明(apodeixis,英译为 domonstration)获得知识的。我所谓的证明是指产生科学知识的三段论。"②毋庸置疑,三段论理论是亚里士多德逻辑理论的核心,亚里士多德认为,"真"也能基于他的三段论得到。而这种真自然是不同于认识论中的事实真的,它是通过三段论推理,即其逻辑方法得到的,那么,这种真应该就是我们所说的基于逻辑推理的真,即"逻辑意义上的真"。但是,值得注意的是,亚里士多德的逻辑远未像现代形式逻辑那样形式化,也不像现代形式逻辑那样彻底与人的认识、心理相脱离,亚里士多德逻辑学说受其哲学思想影响很深,所以,其逻辑学说中的"真"也是真之符合论境域下的,突出体现在其三段论格式的得到就是经过了经验的无数次重复检验,与客观实际相符才固定下来的(尽管三段论格式固定以后,就基本上不再依赖于经验)。也正因为如此,导致我们常常忽视了亚里士多德真之符合论境域下的"逻辑意义上的真"。很明显,亚里士多德不仅作为哲学大师提出了基于真之符合论的与事实相符合的"哲学意义上的真",而且作为"逻辑之父",他也充分认识到了真之符合论境域下的遵循三段论推理所得的"逻辑意义上的真"。对这两种"真"的探

---

① 苗力田. 亚里士多德选集·形而上学卷. 北京:中国人民大学出版社,2000:225.

② [古希腊]亚里士多德. 工具论(上). 余纪元等译. 北京:中国人民大学出版社,2003:245-246.

求也是亚里士多德的最大追求。由此可见，这种区分"哲学意义上的真"与"逻辑意义上的真"的倾向，早在亚里士多德时就已有所表露。

莱布尼兹对"推理的真"与"事实的真"的区分可以看作是在亚里士多德之后，对"哲学意义上的真"与"逻辑意义上的真"做出的明确区分。但莱布尼兹与亚里士多德对二者的区分存在很大的不同。亚里士多德对"哲学意义上的真"与"逻辑意义上的真"的辨别是基于真之一元论的。在亚里士多德那里，尽管基于逻辑与基于认识论所得到的这两类真有所不同，但它们都是真之符合论境域下的，即一切"真"最终必须与客观实际相一致。而莱布尼兹的区分却是基于真之二元论的，"哲学意义上的真"与"逻辑意义上的真"不仅在性质上有偶然的与必然的不同，而且在判别标准上也是不一样的："哲学意义上的真"依赖于其与事实的一致，而"逻辑意义上的真"则依赖于它与其内部推理原则的一致，这实际上是真之先验论的起源，由此也就导致了真之二元论观点。

莱布尼兹之后，许多逻辑学家、哲学家接受并继承了他的真之二元论及"逻辑意义上的真"的先验论思想。在康德哲学中，莱布尼兹的这一区分就演变为分析判断和综合判断的分歧，并被一些西方哲学家和逻辑学家长期奉为天经地义的公理。

随着现代形式逻辑的迅速发展，基于逻辑的真所具有的形式化、符号化及其与经验相脱离的特点变得更为显著。现代形式逻辑与传统形式逻辑的重大区别在于现代形式逻辑使用了形式语言，建立了形式化的公理系统，整个逻辑系统建立在一些初始概念和公理基础上，推理的过程转化为公式的推导和符号的变换，遵循推理规则，推导出逻辑真的结论，而与思想内容无关。元逻辑一致性、可靠性、独立性等的研究又使一阶逻辑臻于完善。这样，"逻辑意义上的真"看起来似乎仅取决于推理的形式，和经验内容没有任何关系，似乎可以超越经验世界而独立存在。由此，分析哲学家和逻辑学家中相当一大批人更加坚持在"逻辑意义上的真"与"哲学意义上的真"之间作出严格的、绝对的区分。

逻辑实证主义者把这种区分进一步推向极端。在他们看来，凡分析命题都是必然的、先天的，凡综合命题都是偶然的、后验的。逻辑和数学命题是分析命题，没有包含任何经验内容，完全独立于经验，证实原则对它们失效，它们是必然的、先天的。其他综合命题，由于包含经验内容，其真假取决于经验的证实，是后验的、偶然的。这样，他们既坚持了经验论立场，又保持了逻辑和数学命题真理的先天性和必然性。分析命题和综合命题的区分也就成为逻辑经验主义的一个重要基石。

　　综上所述，我们认为从莱布尼兹、康德至逻辑实证主义坚持区分"逻辑意义上的真"和"哲学意义上的真"是有一定道理的。"逻辑意义上的真"确实具有不同于"哲学意义上的真"的特点：①"逻辑意义上的真"依赖于符号及命题的形式，与事实的具体内容相脱离，与经验世界保持着相对的独立性；而"哲学意义上的真"则依赖于客观世界的经验事实，与经验世界紧密相关。②"逻辑意义上的真"相对于特定的逻辑系统而言，只需借助逻辑分析、语义分析，因逻辑关系、逻辑结构，逻辑的内在规则为真；而"哲学意义上的真"则决定于命题或断定与客观事实的相一致。但是，我们不能因此在"逻辑意义上的真"与"哲学意义上的真"之间构筑一条无法逾越的鸿沟，把二者的区别绝对化。

　　1951 年，蒯因就在其论文《经验论的两个教条》中，批判了把"逻辑意义上的真"与"哲学意义上的真"的区别绝对化的观点，他认为："分析陈述和综合陈述之间的分界线却一直根本没有划出来。认为有这样一条界线可划，这是经验论的一个非经验的教条，一个形而上学的教条。"①接着，他又基于他的整体主义知识观进一步批判，我们关于外界的陈述不是个别的，而是作为一个整体来面对感觉经验的法庭的，我们所谓的知识和信念的整体，从地理和历史的最偶然的事件到原子物理学甚至数学和逻辑的最深刻的规律，是一个人工织造物。它只是沿着边缘同经验紧密接触。②这并不是说，只有这个整体中最边缘的命题才具有经验内容，才能被经验所证实或证伪。事实上，处于这个科学整体中的任何命题，包括逻辑的和数学的命题，都通过一系列中介而与经验联系着，并或多或少具有经验的内容，就此而言，逻辑的和数学的命题与处于最边缘的命题"只是程度之差，而非种类的不同"③。

　　确实，无论是亚里士多德眼中的"逻辑意义上的真"，还是现代形式逻辑体系下的"逻辑意义上的真"都不是绝对地与经验无关的，它们总是通过一系列的中间环节与经验世界发生着间接的联系。如前所述，"逻辑意义上的真"是依赖于一定的逻辑公理和推理规则的。而逻辑公理和推理规则的必然性则是根据其中常项和变项的解释来的，更重要的是这些解释并不是逻辑学家随意约定的，而是来自人们长期社会实践过程中基于经验形成的直觉，它是人们对日常的语言经验和思维经验进行逻辑抽象的结果。而且，无论是亚里士多德的三

① [美]威拉德·奎因. 从逻辑的观点看. 江天骥等译. 上海：上海译文出版社，1987：35.
② [美]威拉德·奎因. 从逻辑的观点看. 江天骥等译. 上海：上海译文出版社，1987：40-42.
③ [美]威拉德·奎因. 从逻辑的观点看. 江天骥等译. 上海：上海译文出版社，1987：40-42.

段论系统还是现代形式逻辑的逻辑演算系统中的那些正确形式（即人们思维中常用的那些正确推理形式），都是用经验科学方法从思维或语言中概括出来的。系统中的公理和推理规则实质上是对真值联结词某些特性的刻画。由于逻辑公理和推理规则具有经验性，它们又将其经验性遗传给逻辑定理，这样就使全部逻辑真都间接地带上了经验的成分。

"逻辑意义上的真"不仅具有间接经验性，而且与"哲学意义上的真"一样具有相对性。"逻辑意义上的真"是相对于一定的逻辑系统的。定理是逻辑真的命题，但一个逻辑系统的定理却不一定是另一个逻辑系统的定理。例如，在经典命题逻辑中，就没有包含量词和谓词的定理；二值系统的定理，如排中律，在多值逻辑、直觉主义逻辑中就不是定理，不是逻辑真的。

对于"逻辑意义上的真"与"哲学意义上的真"的关系，还可进一步表述为："逻辑意义上的真"与"哲学意义上的真"具有交叉关系[①]。"哲学意义上的真"总是表达为日常语言中的一个特定的真语句。而现代逻辑的符号化与形式化，使得"逻辑意义上的真"只是形式语言中的真语句。形式语言在语义上是日常语言的高度抽象，是对日常语言形式化而得出的，也就是说形式系统中的每一个公式都是日常语言中相应语句的具体意义或内容的抽象概括。在日常语言中，语句的具体内容、具体关系是千差万别的，但形式化之后，在形式语言中就表示为一个个真值函项，这种逻辑表达式撇开了它在日常语言中的更丰富的其他语义及内涵，仅仅表示出日常语言中该语句的基本语义。然而，随着逻辑学的不断发展，"逻辑意义上的真"与"哲学意义上的真"的交叉容量必然会越来越大。无论是基于逻辑还是基于认识论对真的认识必然都会促进我们对世界的正确认识。

实质上，客观世界的"真"只有一个，不管是"逻辑意义上的真"还是"哲学意义上的真"都在表述同一个客观世界的"真"，只不过采取了不同的探究方式："逻辑意义上的真"注重其间的逻辑形式，强调通过逻辑分析、有效推理"必然得出"真；而"哲学意义上的真"却重视对客观实际的正确反映，突出与世界相关联，基于认识论获得真。

---

① 笔者的导师毕富生教授有关于此思想的详细阐述：1996 年提出了在认识论视野中，逻辑真理与事实真理是交叉关系的观点（见《关于"逻辑真"的认识论思考》，《自然辩证法研究》增刊，1996 年；《关于"逻辑真"的再思考》，《自然辩证法研究》增刊，1997 年；《三思"逻辑真"》，《自然辩证法研究》增刊，2000 年）。2004 年，毕富生把这些论文与此后发表的其他相关论文加以整理糅合成《逻辑真理与事实真理》一文，收录于《哲学堂（第一辑）》（山西大学哲学社会学学院编辑）。

　　在此，笔者想要指出的是，本书以下阐述都是基于语句、命题来谈论"真"的。

　　一个语句的表述，从认识论出发，其表述是与其所反映事物的实际相符的，那么就为真，这是一种"哲学意义上的真"。而"一个句子是逻辑真的，如果所有分享其逻辑结构的句子都是真的"[①]，也就是说"逻辑意义上的真"是基于对语句形式结构的逻辑分析考虑的，是形式上的真，是依赖于逻辑分析、逻辑推理的真。但不论"哲学意义上的真"还是"逻辑意义上的真"，都只是从不同视角对同一世界的真的思考与解读。

---

① Quine W V. Philosophy of Logic. Cambridge：Harvard University Press, 1970：49.

真与意义理论的渊源

对"真"与"意义"的渊源予以追溯，是希望在这种追根溯源中能更深入地探究、准确地把握真与意义的本质特征，夯实我们对真与意义实质的界定，从而为探究真与意义的融合与分离之争打下扎实的基础，也为我们的充分论证提供一个严谨的出发点。

第一节 真的渊源

从苏珊·哈克《逻辑哲学》中对真理理论关系及代表人物所做的图中（图 1-1），我们可以看到，各种真理论思想来源于亚里士多德对"真"的典型表述，因此，我们对"真"的渊源分析也从亚里士多德开始。

一、亚里士多德认识论及其传统形式逻辑中的"真"

亚里士多德是"真之符合论"的典型代表，"凡以不是为是，是为不是者，这就是假。凡以是为是，以不是为不是，这就是真"①是他关于"真"的经典表述。亚里士多德用语言来表达客观事物的实际状况，"是"是对事物实际状况"在"的肯定，"不是"是对事物实际状况"在"的否定。这就是说：一方面，说在的为不是或不在的为是的人为假；另一方面，说在的为是或不在的为不是的人则为真。这个表述具体清楚地表达了语句或认识的"真"是对事物实际状况"在"的肯定和对"不在"的否定，这充分体现了"真之符合论"的实质——"真"就在于与客观实际相符合，与客观实际相符的为真，与客观实际

---

① Aristotle. Metaphisics. Ross W D（trans.）. 350 Bc，Book Ⅳ，7（1011b 26-28）.

不相符的，即为假。

亚里士多德宣称"吾爱吾师，吾更爱真理"。"真"是亚里士多德一生最大的追求。亚里士多德既是哲学的集大成者，又是传统形式逻辑的创始人。无论其哲学还是逻辑学的研究中都渗透着对"真"的不倦追求及对"符合论的真"的精心阐释。

（一）亚里士多德认识论中的"真"

亚里士多德的真之符合论思想突出地体现在他的认识论中。

亚里士多德认为，灵魂中被称为心灵的那个部分，在还没有进行思维时，实际上没有任何东西，所以，他反对柏拉图的"天赋观念说"及"回忆说"。他认为，"用不着说，并没有什么先前就有的前在的知识"[①]。"感觉就是从个别对象出发并抵达灵魂"[②]。亚里士多德认为，具体的个别对象就是我们的认识对象，没有它们的存在就不会有感觉。也就是说，认识是从感觉开始的。"就感觉来说，使感觉成为现实的东西都是外在的，如视觉对象、听觉对象，以及这一类的感觉对象。"[③]显然，在亚里士多德看来，认识对象是客观的，并且不以人的意志为转移，既然这样，那么，这些客观对象就犹如一枚图章，而心灵恰似一个蜡块，当图章盖在蜡块上时，蜡块就会留下图章的印痕，符合图章状态的这个印痕就是人们获得的认识。这个"蜡块说"的比喻形象恰当地体现出亚里士多德"认识是对客观事物的反映"的思想，而且也是符合论在认识论中的通俗刻画。

感觉是实现真正认识必需的第一步，在感觉中，我们会获得感觉对象形式的影像，基于这些客观的影像我们会有想象或者记忆，对过去影像的有规律的唤起就是回忆。我们会在记忆中获得对客观对象的经验，经验的累积会促进我们对本质的认识。但要最终懂得事物的本质和普遍必然性必然要发挥人的理性思维能力（动物也有感觉和记忆，却没有思维）。对真理的认识必然要经历由感觉、记忆、回忆形成的感性认识，进而通过人所独有的理性思维能力达到对事物本质及普遍必然性的认识过程。

亚里士多德坚持感觉得到的绝不是真理性的认识。因为事物的偶性是多种

① 苗力田. 亚里士多德选集·形而上学卷. 北京：中国人民大学出版社，2000：37.
② 苗力田. 亚里士多德全集. 第三卷. 北京：中国人民大学出版社，1997：21.
③ 苗力田. 亚里士多德全集. 第三卷. 北京：中国人民大学出版社，1997：44.

多样的，它并不表示其所以为是的是，不能把该事物与另一事物区分开来。那么，我们怎样才能获得对事物的真理性认识呢？亚里士多德指出事物总是有相同而普遍的性质的，"甜当其为甜的时候，绝不会有所改变，而总是同样地真，能为甜必然如此。……因为必然不允许一会儿这样，一会儿那样"[①]。所以，事物的本质、普遍必然性才是使一事物与另一事物相区别的根本所在，只有认识了事物的本质、普遍必然性，才是真正认识了事物，也就是说真理性的认识必须是对事物本原、本质及普遍必然性的认识。而事物存在和发展的根本原因有四种——质料因、形式因、动力因和目的因，最终又可归为二因——质料因和形式因。质料是形成事物的原料，形式是质料运动的动力及追求的目的，是事物的形式与模型，是决定一个事物是其所是的本质。对于任何具体事物来说，质料是消极、被动、无定形的"潜能"，形式是积极主动"现实"，人们对事物的认识过程也就是对事物实现由潜能到现实的认识过程。低一级事物的形式是高一级事物的质料并以高一级事物的形式为追求目的。因此，必定有一个自身是形式而不是质料的绝对现实——"纯形式"——成为一切事物存在及发展的终极原因，那就是永恒不动的本体，一个至善而永生的"实是"——神。既然亚里士多德认为真正的智慧是关于最初本原的认识，这样，真就成为对纯形式、神的认识。当然，对这样的结论我们感到遗憾：亚里士多德从批判柏拉图独立存在的"理念"出发，以个别事物为认识的对象，坚持感觉唯物主义，最后却又把理念化的"纯形式"——神——作为最根本的存在，对普遍必然的"实是"的真理性认识由此也就成为对这个"纯形式"即神的认识，最终也滑向了唯心主义。然而，抛开他客观唯心主义的神学外衣，我们还是能够看到他的真之符合论思想：真是对事物的本质及普遍必然性的认识，也就是说，真体现的是认识与客观事物本质及普遍必然的属性的一种符合关系，符合即为真，不符合即为假。只不过具体到要符合的"客观事物的本质及普遍必然性究竟是什么"时，在亚里士多德那里出现了两个层次的"形式"：一是感觉所接受的形式，这种形式与质料相关，是低一级事物的形式、高一级事物的质料，与这种形式相符合的认识也是真理性的，却不是最终的，可以认为是相对真理；二是理性接受的"纯形式"，即神，它是脱离质料的、永恒不变的，是理性追求的最初本原，与这种形式相符合的认识是最终的真理性认识，虽然被扭曲了但也可以看作是绝对真理。亚里士多德的两个层次的"形式"在一定程度上也表达

①　苗力田. 亚里士多德选集·形而上学卷. 北京：中国人民大学出版社，2000：94.

了由相对真到绝对真的真之认识过程，充分体现了亚里士多德哲学中所闪现的辩证法火花。

纵观亚里士多德认识论中的"真"，他始终坚持"不能因为我们认为你是白的，你就是白的，而是因为你是白的，而我们恰好这样说了，所以，这个认识为真"这样的符合论思想。这种符合论的"真"突出表现为认识与客观事物属性的一种符合关系，这种"真"就是一种基于"事实的真"，它是由事物的客观实际决定的，是一种"哲学意义上的真"；而且与客观事物两个层次的"形式"符合还实现了由相对真到绝对真的辩证过程。亚里士多德坚持了认识论中"真"的符合论，也坚持了"真"的辩证性，更坚持了认识论中"真"的客观性。遗憾的是，亚里士多德提出的这一经典的真之符合论太过直观，没有具体可操作的方法来解决怎样才能证明具有了"符合"的关系，从而也引来了很多质疑。当然，对亚里士多德来说，他认为，"一般而言，不可能对万事万物都有证明，不然便会步于无穷"[1]。他似乎认为没有必要对"怎样证明"这个问题进行深究。当然，这与他的时代局限性有关。

（二）亚里士多德传统形式逻辑中的"真"

亚里士多德作为哲学大师，他关注世界的本原，关注客观事物，在认识论中他强调"哲学意义上的真"，坚持与事物客观实际相符合的认识才为"真"。

但同时，他还是逻辑学的创始人，他也关注推理形式的有效性，关注通过推理而进行的"必然得出"，因此，他也重视因分享共同的逻辑形式遵循有效推理而得到的另一种"真"——"逻辑意义上的真"。这种"真"在他的逻辑学说中得到了充分的展现。

1. 逻辑："必然得出的"求真的科学

亚里士多德在《前分析篇》（*Prior Analytics*）开篇就指出："我们首先要说明我们的研究对象以及这种研究属于什么科学：它所研究的对象是证明（demonstration），它归属于证明的科学。其次，我们要给'前提''词项'和'三段论'（deduction）（这里的'deduction'以及此后的都译为'syllogismos'——*Prior Analytics* 英译者 A. J. Jenkinson 注）下定义，要说明什么样的三段论是完满的，什么样的三段论是不完满的。此后，我们将解释在什么意义上一个词项可以说

---

① 苗力田. 亚里士多德选集·形而上学卷. 北京：中国人民大学出版社，2000：81.

是或不是被整个地包括在另一个词项之中，我们还要说明一个词项完全指称或不指称另一个词项指的是什么意思。"①

"三段论（deduction）是一种论证，其中只要确定某些论断，某些异于它们的事物便可以必然地从如此确定的论断中推出。"②

"推理（deduction）是一种论证（argument），其中有些被设定为前提，另外的判断则必然地由它们发生。"③

"证明是一种三段论，但并非一切三段论都是证明。"④

"我所谓的证明是指产生科学知识的三段论。所谓科学知识，是指只要我们把握了它，就能据此知道事物的东西。"⑤

亚里士多德是逻辑学的创始人，但他并没有使用"逻辑"一词，从以上几段引文中，我们可以看出：①亚里士多德的逻辑学说就是他所建立的关于证明的学科。证明就是逻辑，关于证明学说的定义及相关内容也就是亚里士多德对逻辑学说的界定与阐述。而且，关于词项、前提及三段论的问题也都属于逻辑内容。②如果说"证明是一种三段论"，那么，我们应该认为亚里士多德研究的三段论有广义与狭义之分。广义的三段论与推理的定义基本上是一样的，所以，广义的三段论就是推理。狭义的三段论特指证明的三段论（即证明）。亚里士多德逻辑研究的核心就是证明的三段论。③既然证明是三段论（即推理），那么，证明必须首先满足三段论的定义。对于任何三段论来说，它由两部分组成：一是"确定的某些论断"，它们是三段论的"前提"；二是由确定前提而推出的"某些异于它们的事物"，它们是三段论的"结论"。而且必须注意的是：任何三段论从前提到结论的推出都不能是随便得出的，前提与结论之间必须是"必然得出"的。无论是完满的还是不完满的三段论，无论其推理有效性明显与否，从前提到结论的得出都必须以"必然得出"为内在原则。这种理解

---

① Aristotle. The Complete Works of Aristotle. Barnes J（ed.）. Princeton：Princeton University Press，1991：24a10-24a15.

② Aristotle. The Complete Works of Aristotle. Barnes J（ed.）. Princeton：Princeton University Press，1991：24b19-24b20.

③ Aristotle. The Complete Works of Aristotle. Barnes J（ed.）. Princeton：Princeton University Press，1991：100a25-100a26.

④ Aristotle. The Complete Works of Aristotle. Barnes J（ed.）. Princeton：Princeton University Press，1991：25b30-25b31.

⑤ Aristotle. The Complete Works of Aristotle. Barnes J（ed.）. Princeton：Princeton University Press，1991：71b17-71b19.

可以说是对"逻辑"的最初定义。④并不是任何三段论都是证明，换句话说，并不是任何三段论推理都是逻辑，只有证明——这种能产生科学知识的三段论理论——才是逻辑。而科学知识是关于"真"的理论，那么，也就是说，只有求真的科学才是逻辑学，当然，这种求真必须通过三段论尤其是基于证明的三段论。⑤综上分析，我们可以更进一步做出总结：亚里士多德对逻辑学的理解及界定是：逻辑学是以"必然得出"为内在原则的，基于证明的三段论的求真的科学。

亚里士多德关注世界的本原是什么，关心事物、事物的属性等，因此，他的提问及回答方式都是"（ ）是或不是（ ）"。在认识论中，亚里士多德以"（ ）是或不是（ ）"的方式提问，把具体的个体事物作为认识对象，由感性到理性，探求着事物的"形式因"乃至"纯形式"，又以"（ ）是或不是（ ）"的方式回答了最初的提问，进而追求世界的"真"、事物的"真"。在逻辑学中，亚里士多德构建了词项逻辑，基于三段论，探求事物与事物间——也就是大项与小项间——的包含或谓述关系，以不同于认识论的方式回答着"（ ）是或不是（ ）"，把求真作为自己逻辑学的使命。

2. 四谓词理论："必然得出"的尝试

在亚里士多德的逻辑学说中，"（ ）是或不是（ ）"中的空位中需要填充的是指称事物（事物的属性事实上也是和一类具有这样属性的事物相关联的）的词项，亚里士多德非常重视运用他的逻辑学说中的这些词项，因为这些词项作为主词或谓词构成命题，一个个命题恰是三段论的前提或结论，所以对作为命题主词或谓词的词项的关注是必需的，他更为重视的是谓词。

亚里士多德《工具论》中的第一篇《范畴篇》就是在讨论词项。在《范畴篇》里，他提出了"十范畴"："一切非复合词包括：实体（substance）、数量、性质、关系、何地、何时、何处、所有、动作、承受。"①在《论题篇》讲了四谓词理论之后，他又指出："接下来，我们必须区分范畴的种类，以便从中发现上述的四种述语。它们的数目是十个，即本质（what a thing is）、数量、性质、关系、何地、何时、所处、所有、动作、承受。事物的偶性、种、特性和定义总是这些范畴之一，因为通过这些谓项所形成的任何命题都或者表

① Aristotle. The Complete Works of Aristotle. Barnes J（ed.）. Princeton: Princeton University Press, 1991: 1b25-1b27.

示事物的本质，或者表示它的性质、数量或其他某一个范畴。"①亚里士多德从这十类非复合词自身不能产生任何断定，只有把这样的词彼此结合起来才成为命题，产生断定，有了真假。这些非复合词也就是命题的主项或谓项。而从《论题篇》中的"因为通过这些谓项……"可见他这十大范畴是对词项的分类，更是对命题谓词的分类。他把实体分为第一实体和第二实体，第一实体指个别的、具体的事物，第二实体指事物的类即属或种。除了第一实体既不述说一个主体，也不存在于一个主体之中，也就是说只能做主词不能做谓词外，其他范畴都可以既做主词又做谓词。

亚里士多德的"十范畴"既对谓词种类进行了区分，又为四谓词理论的阐述做了铺垫。亚里士多德的四谓词理论是在《论题篇》讨论推理时提出的。《论题篇》共八卷，他在第一卷提出四谓词理论之后，第二至第七卷都在讨论四谓词理论在辩论、推理中的应用。

"四谓词理论是亚里士多德逻辑的开端，也是逻辑史的开端"②，在四谓词理论的分析研究中，亚里士多德进行了"必然得出"的尝试。

亚里士多德首先指出："推理是一种论证，其中有些被设定为前提；另外的判断则必然地由它们发生。"推理由前提与结论组成，而且必须以"必然得出"为内在原则；然后又谈到推理方法在智力训练、交往会谈及哲学中都有很大的作用；但究竟怎样的具体方法才是满足从前提到结论"必然得出"的、恰当的"推理"呢？

亚里士多德指出，首先应考察这种方法所依据的那些东西，"因为如果我们把握了论证相关的那些东西、它们是什么以及依据什么，并且知道如何有效地利用它们，那么，我们就会如愿以偿地达到目的"③。显然，他认为如果对将要谈到这种方法从"是什么"及"依据什么"又"如何有效利用"都做了恰当的回答，那么，它就是一种"必然得出"的恰当推理。

接着，他就着手阐述这种方法：鉴于论证或推理的始点是命题或问题，他也从命题或问题考察起，命题由主词和谓词构成，于是，他从谓词与主词的关系角度指出："所有命题和所有问题所表示的或是某个种（genos，或做

① Aristotle. The Complete Works of Aristotle. Barnes J（ed.）. Princeton：Princeton University Press，1991：103b20-103b26.

② 王路. 亚里士多德的逻辑学说. 北京：中国社会科学出版社，1991：63.

③ Aristotle. The Complete Works of Aristotle. Barnes J（ed.）. Princeton：Princeton University Press，1991：101b13-101b15.

'属'，现按原意译为'种'——译者），或是一特性（a property），或是一偶性（an accident）；因为属差（differentia）具有类的属性（being generic），应与种处于相同序列。但是，既然在事物的特性中，有的表现本质，有的并不表现本质，那么，就可以把特性区分为上述的两个部分，把表现本质的那个部分称为定义，剩下的部分按通常使用的术语称为特性。根据上述，因此很明显，按现在的区分，一共出现四个要素，即特性、定义（definition）、种和偶性。但是，千万不要误以为上述四个要素中每一个自身独立的就是一个命题或问题，我们只是说任何命题或问题都要由它们构成。"①这就是亚里士多德的四谓词理论。我们现在通常把他说的"属差"（differentia）称为"种差"，而他这里所谈的"种"，我们现在习惯称为"属"，为了与现在习惯一致，笔者使用"种差"和"属"。这样，亚里士多德的四谓词就是：特性、定义、属和偶性。亚里士多德指出，"定义"是揭示事物本质的短语；"特性"不表示事物的本质，只是属于事物，而且它的逆命题也能成立；"属"是表示事物本质的范畴；"偶性"不是以上任何一种，并且它可能属于也可能不属于同一的某个个体。这四谓词只是谓词，属于命题的一部分，是对主词进行的谓述或表述，也就是说，谓词或者是对主词的"特性"进行表述，或者是对主词"定义"进行表述，或者是对主词"属"进行表述，或者是对主词"偶性"进行表述。例如，"人是动物"这个命题中，"动物"这个谓词就是对主词"人"的属的表述；"人是能学习文化的"中，谓词"能学习文化的"就是主词"人"的特性。这四谓词是从谓词与主词的关系角度来界定的。亚里士多德认为这样的划分既正确又完全。严谨的他不仅通过归纳法证明：假如有人愿意逐一考察每个命题和问题，就会明白它们都形成于定义或特性或属或偶性，而且通过演绎法证明："因为主词的每个谓词必然或者能够与其主词换位或者不能够。如果能够互换，谓词则是定义或特性；因为如果它表示本质，它就是定义；如果不表示本质，则是特性；因为特性就是这样，可以互换表述却不表示本质。另一方面，如果它不能与谓述的事物换位，那么它或者是或者不是主词定义中所包含的诸词之一；如果它是陈述主项定义的诸词之一，则是属或种差，因为定义是由属加种差构成的；但是，如果它不是定义的诸词之一，很显然它是偶性……"②

---

① Aristotle. The Complete Works of Aristotle. Barnes J（ed.）. Princeton：Princeton University Press，1991：101b17-101b26.

② Aristotle. The Complete Works of Aristotle. Barnes J（ed.）. Princeton：Princeton University Press，1991：103b7-103b19.

从对四谓词理论的证明中，一方面我们看到了亚里士多德对四谓词理论提出的审慎态度及四谓词理论的合理性；另一方面我们还看到了他划分四谓词的两个标准：①谓词与主词是否能够换位；②谓词是否表示本质。根据这两个标准，可以很清楚地区分出这四个谓词：既能换位又表示本质的是"定义"，能换位但不表示本质的是"特性"，不能换位但表示本质的是"属"，既不能换位又不表示本质的是"偶性"。也就是说，根据四谓词理论的两条原则，对任一命题"S 是 P"来说，若 P 可以和 S 互换谓述并表达了 S 的本质，那么，P 就是 S 的定义；若 P 和 S 可以互换谓述却不表达 S 的本质，那么，P 是 S 的特性；若 P 虽然不能和 S 互换谓述但表达了 S 的本质，那么，P 是 S 的属；若 P 既不能和 S 互换谓述又不表达 S 的本质，那么，P 则是 S 的偶性。这样，通过对谓词与主词关系的分析，我们知道，命题形式除了有外在的诸如主词、谓词之类的语法结构区分外，还有谓词与主词间"定义、属、特性或偶性"这些不同的内在逻辑关系。

至此，我们不仅知道了这种推理的方法是什么以及依据什么，而且也明白了，在《范畴篇》中，亚里士多德只是很泛泛地从非复合词的角度来谈论谓词的各类，因此，第一个范畴是"实体"；而在《论题篇》中，刚讲过四谓词理论，再次谈论十范畴，他是要讲清这四谓词与十范畴间的关系，他要指出四谓词中的任何一种谓词都是这十范畴之一，十范畴作为谓词的类与主词的关系必然是这四谓词中的一种，而"本质"恰恰是区分四谓词的关键标准之一。在这种情况下，亚里士多德以"本质"作为十范畴中的第一个，也就体现出了这样的思想。在"（　　）是（　　）"命题中，谓词一方面与主词具有偶性、特性、属或定义逻辑关系，另一方面又是主词的本质、性质、关系等。

接下来，亚里士多德就讨论"如何有效运用"四谓词理论这一方法。他先运用四谓词理论解释了"相同"的涵义，比如，虽然有许多事物，但它们在属上并无区别，这就叫属方面的相同。在此后的第二至第七卷他还运用四谓词理论讨论如何在辩论中立论和驳论。亚里士多德认为，断定一个命题正确与否，就是要看它的谓词是否能正确表述主词。那么，就需要首先断定谓词是四谓词中的哪一种，然后再根据谓词的定义或特点进行检验，看谓词与主词的关系是否符合四谓词理论。如果符合，那么该命题正确；如果不符合，则该命题不正确。例如，他在谈到驳论的方法时，提到了对一个源于偶性的特定名称的换位，他说这是最困难的事，因为偶性只可能是特定的而不是普遍的。然后，他举例"例如白色或公正。所以，证明了'白色或公正是甲的一种属性'对于证明'甲是白色或公正的'并不充分；因为能用'甲只是部分的白或部分的公正'去反驳；因此，在偶性方面，换位不是必然的"①。这就是在驳论时运用四谓词理论，首先看谓词是四谓词中的哪一种，如果是偶性的，那么，根据四谓词理论中对偶性的界定，偶性既不表示本质又不能换位，以此反驳由"白色或公正是甲的一种属性"推出"甲是白色或公正的"，指出该证明不充分。

这样，亚里士多德既告诉我们四谓词理论"是什么"及"依据什么"，又知道了"如何有效运用"四谓词理论，因此，我们可以"如愿以偿地达到目的"了——四谓词理论就是他认为的那个完整的、合理的、能够实现从前提到结论"必然得出"的恰当的推理方法。

是的，从四谓词理论中，我们看到了"必然得出"："谓词与主词是否能够换位"，这是从语形上或形式上考虑的，对它的回答只有两个选择：一是能换位，二是不能换位。而且"换位"或者"不换位"也是有具体操作步骤的，只需把主词和谓词的位置做个调换就可以，前提中的主词在结论中做谓词，前提中的谓词在结论中做主词。因此，这个依据是可以保证"必然得出"的。

但是，四谓词理论中"谓词是否表示本质"这一依据却使得"必然得出"不那么彻底。"谓词是否表示本质"是就内容而言的，当然，对它的回答也只有两个选择：一是表示本质，二是不表示本质。然而，"本质"是一个既无法具体刻画又无法严格说清楚的范畴。例如，人的本质，亚里士多德就有三个不同的认识："求知是所有人的本性""人是理性的动物"及"人是天生的政治动物、社会动物"。马克思在不同的时期也有不同的论述。他在《1844年经济学哲学手稿》中写道："人是有意识的类存在物"；在《关于费尔巴哈的提纲》中的经典之说则写道："人的本质并不是单个人所固有的抽象物。在其现实性上，它是一切社会关系的总和。"本杰明·富兰克林却提出："人是制造工具的动物，动物不制造工具，唯有人才能做到这一点。"这句名言最早提出了劳动和创造是人的本质特征。可见，对事物的"本质"，不同的人可能有不同的认识，人们在不同阶段也可能有不同的界定，对"本质"这一涉及内容、历史的哲学范畴，我们无法有"必然"的理解，因此，我们也无法对"是否表示本质"做出"必然得出"的回答。

亚里士多德提出四谓词理论，希望能实现推理的"必然得出"，但由于其第二条依据中所选择的"本质"是一内容性范畴而无法准确刻画，故使得这一

---

① Aristotle. The Complete Works of Aristotle. Barnes J（ed.）. Princeton：Princeton University Press，1991：109a22-109a26.

尝试难以实现"必然得出"的愿望。但是，他第一条依据"谓词与主词能否换位"，从形式结构出发，却给他将来实现"必然得出"带来了希望，使他找到了"必然得出"的可行性方法。从这两个依据的失败与成功中，亚里士多德受到了启发：注重形式方面的思考会帮助他达到想要的"必然得出"。

亚里士多德的四谓词理论不仅是进行"必然得出"的尝试，而且"确切地说应该是一个雏形的逻辑理论"①。

3. 亚里士多德三段论逻辑推理体系："必然得出"的求真

在进行了不成功的尝试后，亚里士多德获得了通达"必然得出"的重要启示：基于形式化的推理才能真正实现"必然得出地"求真。于是，他注重对命题、推理形式的思考。基于十范畴及四谓词理论中对谓词的分析，他在《前分析篇》中提出了逻辑学说的核心——三段论逻辑推理体系，以求能真正实现基于形式推理的"必然得出"。

亚里士多德逻辑学说中广义的三段论有诡辩的三段论、辩证的三段论和证明的三段论。

诡辩的三段论实际上是一种强词夺理，是一种诡谬的论辩。它的前提、推论及结论都是似是而非、不足以凭信的。对于这类三段论，亚里士多德在《辩谬篇》里做了相应的揭露。辩证的三段论是从或然性的道理或以多数人所能接受的一些道理或辩论一方暂时接受另一方的论断为前提而进行的三段论。而证明的三段论是以普遍的、真实的原理为依据的，或是以由第一性的真实原理所推导出来的原理为依据的。广义的三段论实质上就是泛泛而谈的"推理"，只要有被设定的前提及由它们而必然地产生的结论就行。狭义的三段论仅指证明的三段论，它强调必须有两个包含一个共同概念的判断做前提，得出一个必然的判断做结论，这种三段论才是亚里士多德关注的、能产生科学知识的三段论，也才是亚里士多德逻辑学说的核心所在。

在四谓词理论的两个标准中，"谓词与主词能否换位"这一标准完全是形式的，只是看主词与谓词在句子中的位置，与语词表达的内容没有关系，从而使得四谓词理论成为逻辑史上第一个较为系统的逻辑理论，但因"是否表示本质"中的"本质"要依赖于人的思辨理解，与语词的具体内容相关，才导致四谓词理论"必然得出"的功败垂成。

---

① 毕富生. 真之视野中的亚里士多德逻辑. 山西大学学报，2010，1：11.

经过四谓词理论的尝试，亚里士多德在其证明的三段论中，特别注重形式方面的刻画。在他的三段论[①]中，他向形式化又大大地迈进了一步，构筑了基于形式化推理的、以"必然得出"为内在原则的三段论逻辑体系。

1）三段论体系的形式化准备

（1）为了更好地实现从前提到结论的"必然得出"，在《前分析篇》的三段论中，亚里士多德引入了变项，以使三段论基于其自身的形式结构达到"必然得出"。他在对三段论的系统阐述中，对正确的三段论的表述，一般都不用具体的词项，而是用变项，例如，"如果 A 可以作为一切 B 的谓项，B 可以做一切 C 的谓项，那么 A 必定可以做一切 C 的谓项"，"如果 M 属于所有 N，但不属于任何 O，那么 N 也不属于任何 O"。很明显，其中涉及具体内容的主项、谓项都是以字母 A、B、C、M、N、O 等来代替的，这些字母就是具体三段论形式的逻辑变项。逻辑变项的引入无疑是亚里士多德最伟大的发明之一，运用这些变项就可以暂时撇开具体内容的干扰，使结论的得出只是因为形式上具备了相应的结构，从而实现从前提到结论的真正"必然得出"。也就是说，只要具备了有效三段论的某种形式，那么不论具体内容是什么，都能得到必然的结论。亚历山大第一个明显地体会到了亚里士多德的这个想法，他说："理论借助于字母来叙述，以便证明结论的得出不是由于内容的缘故，而是由于格、前提的组合和式的缘故。在三段论的活动方式中，主要的作用不在于内容，而在于结合本身；字母能够证明，所得到的结论具有普遍性，永远保持自己的作用，和适用于所有被理解的东西。"[②]这段话清楚地表达出亚里士多德构建三段论所采取方式的目的所在：字母的运用、变项的引入，能使思维暂时撇开思辨的内容干扰，避免一些语言内容的歧义、模糊，从而深入地研究三段论的形式结构，既有利于三段论推理的形式化，又使得结论的得到具有普遍性，能更有效地实现由前提到结论的"必然得出"。

（2）亚里士多德注重从语法和形式上对三段论前提进行刻画。他认为，三段论由三个词项（分别是"大项""小项""中项"）、三个判断（即两个前提和一个结论）组成。三个词项中，被两个前提共同包含的概念就是"中项"。在亚里士多德的三段论体系中，他不再用系词"（　）是（　）"，而是用"（　）

---

① 此后所涉及的"三段论"都是狭义意义上的，都是证明的三段论。

② [波兰]卢卡西维茨. 亚里士多德的三段论. 李真，李先昆译. 北京：商务印书馆，1995：17.

属于（　　）”或“（　　）谓述（　　）”或“（　　）包含（　　）”或“（　　）做（　　）的全体的谓项”来表述判断，更多的是使用“（　　）属于（　　）”，而且总是把谓项放在前面，把主项放在后面，例如，他不说“所有 B 是 A”，而代之以“A 属于所有 B”。之所以这样，是因为：①在希腊文中，主项与谓项在“S 是 P”这种形式中的主谓关系是很模糊的，希腊文用“是”表述的判断中，S 和 P 都是以主格的形式出现的，而且位置不固定，S 和 P 既可以是主词也可以是谓词。用“属于”来表述判断的话，在“P 属于 S”这样的形式中，P 是主格，S 是第三格，S 和 P 的主谓关系很清晰，便于从语形和形式上明确主词与谓词的区分及其主谓关系。②以“属于”来表述判断，更便于体现三段论第一格的显然性、完满性。亚里士多德认为，一个三段论如果除了所说的东西外，不需要其他东西就可以明确地得出必然的结论，那么，这个三段论就是显然的、完满的。在第一格中，中项位置居中，即中项 M 处于主项 S 与谓项 P 的中间，形式化表示就是：PM，MS，$\vdash PS$。亚里士多德曾指出第一格中的所有三段论都是显然的、完满的，因为它们都是通过原来设定的前提而完成的。但是对于为什么它们能这样，他却未加解释。帕兹希认为，第一格的显然性、完满性就在于词项外延间“属于”关系的传递性上[①]。他认为由 P 属于 M，M 属于 S，必然可以得出在外延上 P 属于 S，“属于”关系是表述词项的外延关系的，它所具有的传递性就是第一格推理显然性、完满性所依赖的基础。事实上，亚里士多德在《范畴篇》对谓词种类的十范畴划分及《论题篇》对谓词与主词关系的四谓词分析，以及在《前分析篇》中对三段论前提成分的分解，都是对三段论前提进行语法和形式上的主谓结构剖析；对三段论前提采取“（　　）属于（　　）”的表述方式，就是从词项外延间关系考虑主词与谓词的联结，从而避免了词项内容上的模糊、歧义。这些都为更好地对三段论进行形式化研究做准备。

（3）亚里士多德从形式与量化的角度对命题做了分类。亚里士多德指出，并不是任何句子都是命题，只有那些自身或者是真实的或者是虚假的句子才是命题。这在逻辑上是很重要的，它一方面区分了命题与句子，另一方面又为逻辑研究确定了真值承担者。从语法形式上看，各种命题又分为简单的和复合的。简单命题是肯定或否定某一事物在过去、现在或将来的存在。复合命题则是由简单命题构成的命题。在亚里士多德看来，简单命题是最基本的，因此，他重笔墨阐述简单命题，对复合命题则未加细说。亚里士多德还从不同的时态对简单命题进行了分

---

① 当然，用现代形式逻辑的观点来看，这种说法是有问题的，“属于”关系应该是一种非传递性关系。

析，但他认为将来时态与过去时态相对于现在时来说是同样的，所以他的研究主要以简单命题的现在时态为主。根据肯定与否定的不同（后人称之为"质"的不同），把简单命题分为肯定命题与否定命题。亚里士多德还对主项进行了量化分析。在《解释篇》中，亚里士多德把主项量化为全称的或单称的，指称单个事物的主项是单称主项，如"加里亚斯"；指称一类事物的全部主项称为全称主项，如"所有的人"；在《前分析篇》研究三段论前提时，他又把主项分为全称的、特称的或不定的。指称一类事物的部分的主项称为特称主项，如"有些动物"，而主项没有表明是全称还是特称的，统称为不定主项，如"快乐不是善"中的"快乐"。由这些量化了的主项构成的命题分别叫作"全称命题""单称命题""特称命题"和"不定命题"。实际上，依据不定命题用于推理时的效力，在《前分析篇》中，不定命题都归为特称命题，所以后人认为特称量项就是断定一类事物中至少存在一个具体数量是不确定的。而在《前分析篇》中，再没有涉及单称命题。把命题主项进行量化分析，通过看主项前面有没有"所有的""每一个""没有"等来区分是全称的还是特称的，实际上就是引入了量词。这些词是有特殊涵义的。"'所有的'与'非'这两个形容词，无论是在肯定命题还是在否定命题中，只不过表明主词自身是周延的而已。"①当然，"周延"一词到了中世纪才成为一个专门的逻辑术语，在亚里士多德这里它只是一个描述性的用语。但是，"周延"是就一个类的外延而言的，也就是说，它是从外延方面对一个类概念进行了限制，如果断定了一类事物的每一分子，那么就是"所有的"，它就是周延的；如果没有断定一类事物的每一分子，那么就是"有些""有的"，它就是不周延的。所以，"所有的""有的""非""每一个""没有"等就是量项。

量项的引入，无疑也是亚里士多德三段论逻辑研究的又一大进步，量化主项使得对命题的研究更加精确化，这样，把量与质相结合考虑，我们就得到了全称肯定命题、全称否定命题、特称肯定命题与特称否定命题四类命题形式。正是通过量化主项，再结合命题肯定或否定的逻辑关系及真假值分析，才使得亚里士多德得以从形式方面对命题和命题之间的关系做更深入、更细致的分析，进而更精致地研究三段论推理的逻辑结构。

（4）为了有利于对三段论的形式化进行研究，亚里士多德还在用词方面做了精心的考虑，他排斥单独概念。在《前分析篇》中，亚里士多德再没有涉及

---

① Aristotle. The Complete Works of Aristotle. Barnes J（ed.）. Princeton：Princeton University Press, 1991：20a12-20a14.

单称命题，没有使用单称主项，即个体词。亚里士多德在《范畴篇》中曾谈到第一实体，即单独概念、个体词，只能做谓词不能做主词。在《前分析篇》第一卷第二十七章中，他又把一切事物分为三类：①不可能在普遍的意义上表述其他事物，却可被表述，如"克莱翁"等个别事物，即个体词；②可表述其他事物但自身却不能被表述，如范畴词；③有些能表述其他事物同时也能被表述，如"人"，既能表述"克莱翁"，又能被"动物"表述。亚里士多德在此实际上区分了三类语词：个体词、范畴词和普遍概念（即类概念）。他最后总结道："居于普遍与特殊之间的事物显然具有这两种情形，因为它们既表述其他事物，其他事物也能表述它们。大略地说，论证和研究的对象主要是这类事物。"这就是说，作为三段论的用词，必须既能表述其他事物又能被其他事物表述，也就是说，既能做主词又能做谓词，而个体词和范畴词都不能满足这一点，所以，亚里士多德三段论的主项都是类概念、普遍概念。之所以这样，是与三段论的"必然得出"的求真理念分不开的：首先，三段论是以获求科学知识为目的的，而科学研究的就是类事物的普遍本质与原因，三段论的这样用词恰恰符合这一目的；其次，亚里士多德为实现"必然得出"，整个三段论体系讲求的是遵循推理规则，由真的前提必然得出真的结论，其中有四条换位规则是很重要的推理规则之一，依据换位规则，除 SOP 不能换位外，$SAP \vdash PIS$，$SEP \vdash PES$，$SIP \vdash PIS$。可见，变项所代表的词项必须是既能做主词又能做谓词才能满足换位规则的要求。因此，亚里士多德三段论中只用类概念，排斥单独概念，正是为了保证三段论体系的完整和一致，体现出了他严谨的"必然得出"求真思想。

（5）亚里士多德对三段论的格、式也做了形式上的句法说明。他根据中项在前提中的位置把三段论分为三个格。第一格："小词整个包含在中词中，中词整个包含在或不包含在大词中"[①]，亚里士多德根本不去想小词、中词、大词它们各自所代表词项的涵义，而是像摆积木似的从形式上对它们做了安置：中词居中，是其中一个前提的谓项，另一个前提的主项，即 PM，MS，$\vdash PS$。对第二格、第三格也是这样从形式上做了规定。第二格："如果相同的词项属于一个主项的全部，而不属于另一个主项的任何部分，或者属于两个主项的全部，或者不属于两个主项的任何部分"[②]。这里"相同的词项"就是"中词"，

① Aristotle. The Complete Works of Aristotle. Barnes J（ed.）. Princeton：Princeton University Press，1991：25b32-25b33.

② Aristotle. The Complete Works of Aristotle. Barnes J（ed.）. Princeton：Princeton University Press，1991：26b34-26b35.

在这个格里，中词居前，是两个前提的谓项，即 *MP*，*MS*，⊢*PS*。第三格："如果一个词项属于一个主项的全部，另一个不属于这同一主项的任何部分；或者两个主项都属于同一主项的全部；或者两个词项都不属于同一主项的任何部分"[①]，显然，这一格中，相同的是主项，中词是两个前提的主项，所以，第三格中词居后，即 *PM*，*SM*，⊢*PS*。亚里士多德认为，第一格是完善的格，其必然性具有自明性，第二、三格是不完善的格，需要借助其他来显示其有效性。亚里士多德以清晰的语言表述构建了三个格的形式结构，并指出任何三段论都是通过这三个格实现的。任何三段论也都是以全称肯定、全称否定、特称肯定、特称否定四种命题的组合为前提的，对于它们的组合在三个格中的各种可能情况，亚里士多德运用换位法、归谬法与显示法验证，得出十四个有效的式。这些有效的三段论格与式的论述都是以形式的、句法的方式完成的，而且它们都是普遍有效的推理形式结构，亚里士多德认为如果三段论形式符合这些格式，那么，只要前提真，遵守推理规则，就必然会得出真的结论。

在上述严谨细致的工作中，亚里士多德对三段论的用词、前提结构及格与式都做了精细清晰的形式结构构建，为实现"必然得出"提供了充分的形式化基础。

2）三段论体系的形式化构造

经过了四谓词理论的失败尝试，亚里士多德吸取了失败教训，意识到，要想以"必然得出"的方式求真，在他的三段论体系中，就不仅要有清晰明白的形式结构构建，还要避免因涉及具体内容而引起的模糊与歧义。因此，在他看来，有效的三段论推理并不需要分析前提的涵义及思想，而是只要遵守推理规则，就能由真的前提必然得出真的结论。逻辑是研究推理的有效性的，也就是说，任何逻辑推理都要具有逻辑性、有效性，而推理是否具有逻辑性，是否具有有效性，就是要看推理是否遵循了推理规则。所以，推理规则在逻辑中具有非常关键的作用。亚里士多德在他的逻辑学说，也就是其三段论体系中，充分注意到了这一点。

在亚里士多德的三段论体系中，他基于对三段论的形式句法描述，还给出了保证三段论"必然得出"的一系列推理规则。《波尔·罗亚尔逻辑》第三卷中这样说：亚里士多德把这些形式整理成绝对正确的规则，因而实际上成为在数学领域之外用数学方法写书的第一个人，这个功绩实在不小。

---

① Aristotle. The Complete Works of Aristotle. Barnes J（ed.）. Princeton：Princeton University Press，1991：28a10-28a11.

　　三段论推理规则之一：对当关系。亚里士多德根据命题主词的不同量化及命题肯定或否定的不同表述形式，明确指出：具有相同主项与谓项的命题之间具有相反关系（即现在所说的反对关系）和矛盾关系。如果两个具有一个全称主项的命题，一个是肯定的，一个是否定的，那么这两个命题就是"相反命题"，如"所有人都是白的"与"没有人是白的"。相反命题从语义——也就是真假值关系——上来说，不可能同时是真的。如果两个相同主项的命题，否定命题的主项是全称的，肯定命题的主项不是全称的，那么，这两个命题就是"矛盾命题"，如"有些人是白的"和"没有人是白的"。矛盾命题从语义上来说必然是一个真而一个假。亚里士多德认为，单称肯定命题与单称否定命题也是矛盾关系，其真值关系必然也是一个为真而另一个为假。另外，他还提到了"一对相反命题的矛盾命题"[①]，一对相反命题即主项为全称的肯定命题与否定命题，那么一对相反命题的矛盾就是主项为特称的否定命题与肯定命题，如"有些人不是白的"和"有些人是白的"。所以，"一对相反命题的矛盾命题"必然是指特称肯定命题与特称否定命题之间的关系，也就是我们现在所谓的"下反对关系"。亚里士多德指出这种具有"下反对关系"的两个命题可以同时是真的。他没有说到全称肯定命题与特称肯定命题及全称否定命题与特称否定命题间的关系，即"差等关系"，更没有说具有差等关系的两命题间的真假关系。但我们仍然要对亚里士多德致以无比的敬意，尽管他做得不是那么完美，但是正是基于他从句法形式及语义上对"相反关系""矛盾关系"，包括他暗示的"下反对关系"的细致完整定义，才有了"对当关系"的雏形。中世纪逻辑学家基于亚里士多德的工作，用 A、E、I、O 分别表示全称肯定命题、全称否定命题、特称肯定命题和特称否定命题，又明确增加了差等关系与下反对关系，建立了"对当方阵"，构筑了完整的对当关系，如图 2-1 所示。

　　对当关系已成为进行性质判断直接推理时经常运用到的推理规则之一。

　　三段论推理规则之二：换位法。作为三段论前提的命题，它的主项与谓项还可以通

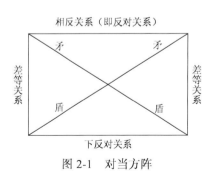

图 2-1　对当方阵

　　① Aristotle. The Complete Works of Aristotle. Barnes J（ed.）. Princeton：Princeton University Press，1991：17b24-17b25.

过有效换位，而真值不变。当然，这种换位是不同于四谓词理论中依据是否反映本质而做的换位，它依据的是命题中主项、谓项外延的量化范围而做的纯形式上的换位，不涉及任何具体内容分析，只有这样，才能保证在遵循该推理规则进行推理时，达到前提与结论的"必然得出"。具体的换位规则有四条：①全称否定前提的词项可以换位，也就是 $SEP \vdash PES$，即由"A 不属于任何 B"可必然得出"B 也不属于任何 A"；②全称肯定前提只能转换成特称肯定陈述，也就是 $SAP \vdash PIS$，即由"A 属于任何 B"可必然得出"B 属于某些 A"；③特称肯定前提必然也能得出特称肯定陈述，也就是 $SIP \vdash PIS$，即由"A 属于有些 B"可必然得出"B 属于有些 A"；④特称否定前提却不必然可以换位，也就是 SOP 不能换位，例如，由"人不属于有些动物"推不出"动物不属于有些人"。依据换位法，亚里士多德证明不完善的三段论格式是否有效。通过换位法，他把第二格、第三格不完善的式化归为第一格完善的式，从而得到证明。换位法是亚里士多德三段论重要的化归还原法之一。

三段论推理规则之三：化归还原法。前面也谈到过，亚里士多德认为三段论的三个格中，第一格是显然的、完善的格，第二、三格是不显然的、不完善的格，所有不完善的三段论都可以借助第一格而变得完善，换句话说，第二格、第三格不很显然的逻辑有效性可以通过第一格而变得显然。亚里士多德把这个过程叫作化归、还原。而这个化归还原是通过换位法、归谬法与显示法实现的。其中，换位法是他最常用的，但换位法不能使第二格的 Baroco 式和第三格的 Bocrardo 式完善，因为在这两个式中，前提为 A 和 O，O 类命题不能换位，A 类命题换位后是 I 类命题，而 I 和 O 都是特称，两个特称前提不能得出结论，所以，这两个式不能用换位法来实现化归还原。因此，他又补充了归谬法与显示法。归谬法就是先设欲证明的三段论式的结论为假，然后由假设为假的结论与前提之一结合形成一个第一格的三段论式，所得的新结论恰与欲证三段论的另一前提相矛盾，由此可知，假设不成立，则欲证三段论的结论是有效的，进而证明欲证三段论是有效的，这样也就实现了通过第一格来证明其他格的目的。显示法就是引入一个新的词项，按照第一格词项间属于或不属于的自明关系，来显示现有的三个词项之间的逻辑关系的一种方法。这几种还原化归法也是亚里士多德很重要的推理规则。

公理：第一格的 Barbara 式和 Celarent 式。依据这几种还原化归法，第二、第三格的各个式都可以化归还原为第一格的四个式而得到证明，由此可见，第一格四个式其实是起到了公理的作用。这体现了亚里士多德的公理化思想，而亚里士多德后来又把第一格的后两个式进一步化归还原为它的前两个式，即 Barbara 式和 Celarent 式[①]，这样，他的公理数目就减少到了最少。卢卡西维茨曾经赞叹："这个细节是不无兴趣的。现代形式逻辑倾向于将一个演绎理论中的公理的数目简化到最少限度，而这个倾向在亚里士多德的著作中有了它的最初的表现。"[②]亚里士多德是科学史上第一个典范地使用了公理化方法的思想家。

定理：第一格的后两个式及第二格、第三格的所有式。它们都是可由第一格的 Barbara 式和 Celarent 式推导出来的普遍有效式，因此是三段论体系中的定理。

现代形式逻辑中的形式系统通常是由两部分构成的：一是形式语言，包括初始符号和形成规则；二是演绎系统，包括公理、推理规则和定理。通过上面的论述，我们可以看出，在亚里士多德的三段论体系中已有了相应的演绎系统。那么，三段论体系中具备相应的形式语言吗？

现代形式逻辑中，形式语言由初始符号和形成规则构成。初始符号表示系统中使用的基本概念，这些符号是不加定义的，可以组成各种符号序列，但哪些符号序列在系统中有意义则是由形成规则规定的。形成规则就是系统中公式（即本系统的命题）的定义，它规定什么样的符号组合在系统内是有意义的，即所谓的合式公式。符合形成规则的符号序列是合式公式，即公式；不符合形成规则的符号序列则不是合式公式，即不是公式。

例如，在现代形式逻辑命题的自然推理系统中，初始符号有：

（1）命题变元：p，q，r，s……；

（2）联结词：$-$，$\wedge$，$\vee$，$\rightarrow$，$\leftrightarrow$；

（3）辅助符号：（，）。

形成规则是这样规定的：

（1）命题变元是公式（原子公式）；

（2）如果 A 是公式，那么 $-A$ 是公式；

（3）如果 A 和 B 是公式，那么（$A \wedge B$），（$A \vee B$），$(A \rightarrow B)$ 和 $(A \leftrightarrow B)$ 是公式；

（4）除此之外均非公式。

---

① 王路. 亚里士多德的逻辑学说. 北京：中国社会科学出版社，1991：132-135.

② [波兰]卢卡西维茨. 亚里士多德的三段论. 北京：商务印书馆，1995：60.

　　由此可见，现代形式逻辑中的形成规则是规定合式的符号序列应当如何建立或应当如何产生的规则。

　　形成规则：在我们现行的词项逻辑教材中，都有对三段论一般规则和格的特殊规则的介绍，这些规则是用来检验任一三段论是否有效，是一些检验规则、推理规则。但事实上，亚里士多德并不是以现行逻辑教材里的这种方式论述他的三段论的。对于三段论的一般规则及各格的规则，亚里士多德在阐述他的三段论时也已谈到，但他不是用它们来做检验规则，而是要探讨"每个三段论是通过什么途径，在什么时候以及以何种方式产生的"①。很明显，这是概括地指出他是要以如何建立合式的三段论的方式来探讨论述三段论的产生、形成的，这显然是类似于现代形式逻辑中的形成规则的。所以，我们认为，接下来所涉及的、我们在现行逻辑教材称为一般规则或格的规则的那些规则，应该被看作是亚里士多德逻辑系统中表示有效三段论应当如何建立或产生的形成规则。

　　对于第一格，亚里士多德说："如果有一个端词跟中词发生全称关系，另一个端词与中词发生特称关系，当全称陈述（无论是肯定的还是否定的）与大词相关，特称陈述是肯定的并且与小词相关时，那么，三段论必定是完善的；但如果全称陈述与小词相关，或者词项间以其他方式相联系时，三段论便不能成立。"②在这里，亚里士多德很细致地分析了大词、小词与中词的排列位置，并对其前提主词的量化及联词的质做出了规定：大词属于（或不属于）全部中词，中词属于有些小词；大词、小词和中词如果不是这样排列，那么就不能得到合式的三段论。这显然是在说怎样才能产生一个正确的第一格的三段论。③亚里士多德对三个格的特殊规则都谈到了，而且对第二格和第三格的阐述方式与第一格的阐述方式相同。这种表述类似于现代形式逻辑中的形成规则，所以，我们可以把这些表述看作是其有效三段论格式的形成规则。同时，亚里士多德也提出了三段论的几条一般规则："两个特称前提不能得出结论"，"如有一个前提是特称的，则结论是特称的"，"两个否定前提不能得结论"，"如果

----

　　① Aristotle. The Complete Works of Aristotle. Barnes J（ed.）. Princeton：Princeton University Press，1991：25b27-25b28.

　　② Aristotle. The Complete Works of Aristotle. Barnes J（ed.）. Princeton：Princeton University Press，1991：26a16-26a21.

　　③ 这些规则在我们现行的词项逻辑教材中表述为第一格的规则，即"大前提是全称的，小前提是肯定的"。这在现行教材中是作为检验第一格三段论形式是否正确的标准，这种做法分明与亚里士多德的初衷是不相符的。亚里士多德对于不合式的三段论往往是采取举例的方法来排斥的。

有一个前提否定，则结论否定；如果结论否定，则有一个前提否定"，等等。[①]
而且，对这些一般规则的阐述也是在探讨如何才能建立有效的三段论。例如，亚里士多德说："在每个三段论中，一个前提必须是肯定的并且必须有一个全称前提。如果没有全称前提，那么就要么三段论不能成立，要么结论与设定无关，要么犯'预期理由'的错误。"[②]这里所说的就是通过怎样的前提组合，才能得到一个合式的、有效的三段论，其中，"一个前提必须是肯定的"，就是指两个前提不能都是否定的；"必须有一个全称前提"，则指两个前提不能都是特称的。可见，这两条规则也是在表述三段论在什么情况下能够成立，在什么情况下不能成立。因此，这些规则同样是正确有效的三段论的形成规则。

初始符号：亚里士多德没有专门罗列他所用的初始符号，但我们可以把他三段论体系中的基本概念总结如下：

（1）词项变元：A，B，C，M，O……；

（2）逻辑常项：属于一切（任何、所有），属于无一（不属于任何），属于有些，不属于有些；

（3）联结词：如果……那么……，并且，非；

（4）辅助符号：（，）。

综上所述，我们可以看出，用现代形式逻辑的观点来看，亚里士多德三段论体系其实是一个较完整的公理演绎体系。在这种体系中，基于少数不加定义的原始概念及不加证明的公理，根据一系列的推理规则及定理，一定能保证从前提到结论的"必然得出"。

在现代形式逻辑中，一个逻辑推理系统确定下来之后，就会成为一个对象理论，然后就会有另一个理论（即元理论）来对这个对象理论是否科学进行研究，具体说来，就是会对该逻辑推理系统的一致性、完全性和独立性等问题进行研究。一致性就是指该系统语法、语义上的无矛盾性，无论是语法还是语义的一致性，它们都不仅指该系统中没有逻辑矛盾，而且是指它不可能产生矛盾，这是任何科学的逻辑推理系统必须具备的性质。独立性是指该系统公理的不可推出性。完全性指论域中的真命题都是系统中的可证公式（即定理）。如果这个逻辑推理系统作为对象理论通过了元理论的检验，那么，它就是一个科学的

---

① 张家龙. 逻辑学思想史. 长沙：湖南教育出版社，2004：338-339.

② Aristotle. The Complete Works of Aristotle. Barnes J（ed.）. Princeton：Princeton University Press，1991：41b7-41b10.

理论体系，这些元理论特征无疑也为在该系统中从前提到结论的"必然得出"又加了一层强保险。

元理论特征：贯穿亚里士多德三段论公理演绎体系的还有他在《形而上学》第四卷中提出的逻辑基本规律，即矛盾律、排中律和同一律，作为重要的元定理。它们都是从不同的角度要求保证整个三段论系统各词项及词项组合在语法及语义上的一致性、无矛盾性，从而使三段论能够从真的前提必然得到真的结论。

我们认为，亚里士多德对自己的三段论公理演绎体系也有类似于现代形式逻辑完全性的元理论证明。亚里士多德说，只有通过设定一个中词存在，并且使它以某种方式通过谓项与其他每一个词项相联系，我们才有可能得到任何三段论，从而证明一个词项表述另一个词项。而如果要证明一个词项与另一个词项相联系的三段论成立，我们就必须采用与两者相联的中词，它能把各种指谓联系在一起。所以，我们必须采用与两者都相联的共同词项。这有三种方法，即以 A 表述 C，以 C 表述 B；或以 C 表述 A、B 两者；或以 A、B 两者表述 C。这就是已经论述过的格。"很显然，每个三段论都必定是通过这三个格中的一个格而产生的，如果 A 通过几个中词与 B 相联系，则结论亦相同，因为无论中词是一个还是多个，格总是一样的。"[①]由以上论述可知，亚里士多德指出要想证明一个词项表述另一个词项就必须借助一个中词，通过中词与这两个词项相联结，形成一个合式的三段论，从而得出相应的结论。而任何一个合式的三段论必然体现为三段论的三个格，或其中的某个式。任何一个正确有效的三段论都在亚里士多德的三段论体系中，换句话说，由亚里士多德的三段论体系能得出一切正确有效的关于一个词项表述另一个词项的证明。这无异于亚里士多德对他的三段论体系给予了完全性的证明。

在任何一个对象理论的元理论特征中，一致性是最重要的特性。因为如果一个理论系统不一致，那么它就包含着逻辑矛盾，而从逻辑矛盾能推出任何命题，也就是说，真命题和假命题都会无一差别地被推出，那么，这样的理论系统必然是无用的、没有价值的。既然一致性关系到一个理论系统是否有效、能否成立的问题，因此，它是最重要的。在元理论的其他特征中，完全性涉及一个系统的推演能力，独立性涉及一个系统选择公理时是否经济。既具有一致性

---

① Aristotle. The Complete Works of Aristotle. Barnes J（ed.）. Princeton: Princeton University Press, 1991: 41a12-41a20.

又具有完全性、独立性的理论系统是最经济、最适用、最理想的，这样的理论系统当然是逻辑学家们追求的目标。

可贵的是，亚里士多德对他的三段论系统似乎也做了这些元理论特征方面的考察。完全性在前面已经提及。而亚里士多德将三段论体系中的公理数目减少到了最少，作为公理的第一格的 Barbara 式和 Celarent 式彼此不能互相推出，这显然是独立性的雏形表现。整个三段论体系都要符合逻辑基本规律，即矛盾律、排中律与同一律，而这三个基本规律也是为了保证系统的无矛盾性，又与一致性的要求相似。亚里士多德也许并没有意识到，他已对他的三段论体系做了最初级的、尚不很成熟的元理论特征检验，而事实上，他却以自己独特的理性精神及追求真理的严谨品格，为自己的三段论体系做了尽量充分的元理论性科学保证，从而使得在他的三段论逻辑演绎体系中，强有力地保证了由前提到结论的"必然得出"，在这样的三段论体系中，由真的前提必然能得到真的结论。

4. 基于亚里士多德逻辑的"真"

亚里士多德虽然没有明确地使用"逻辑"这个词，也没有明确地给"逻辑学"一个准确的定义，然而，作为逻辑学的创始人，亚里士多德逻辑学说的核心是他的三段论推理体系。我们在前面已经深入地分析了亚里士多德对三段论的定义及解释，我们已经明白，亚里士多德的逻辑就是以"必然得出"为内在原则的，基于证明的三段论（推理）的求真的科学。

亚里士多德之所以认为只有基于证明的三段论才能求真，只有证明的三段论才能产生科学知识，是因为他认为证明的三段论有着区别于辩证的三段论和诡辩的三段论的重要特点。

首先，证明的三段论对前提有特殊的要求。①证明的三段论的前提必须是真实的。而辩证的三段论的前提或诡辩的三段论的依据却有可能是虚假的。②证明的三段论的前提是直接的、首要的、不证自明的初始前提。很明显，如果证明的三段论的前提还需要证明，那么，由这样的前提所得到的知识就失去了可以依赖的可靠根据，而且将会陷于无穷后退。证明的三段论（即狭义的三段论，以下称作三段论）的初始前提有两类：一是公理，规范全部科学知识的逻辑基本规律及其他特殊科学的特殊公理；一是定义或假设，它们判定了一类事物的本质意义，也是不证自明的，基于它们，我们可以在三段论中获得一系列的定理或推论。③证明的三段论的前提是本性上在先的，是结果的原因。本性上在先是指事物的普遍本质对具体事物的本性在先，也就是说，证明的三段论的前提是关于事物的普遍本质的。而在亚里士多德看来，原因就是事物的普遍本质，因此，这类前提也是结果的原因。只有掌握了事物的普遍本质，才能知道更多关于事物的知识。在亚里士多德的三段论体系中没有个体词，涉及的都是普遍词项、类概念，这就是说，证明的三段论前提所针对的是一类事物的普遍本质，从而使得三段论前提的表述不会此时为真，彼时为假。

其次，证明的三段论的结论具有永恒性。亚里士多德认为，"显然，如果三段论的前提是普遍的，那么，这类证明——总体意义上的证明——的结论必定是永恒的"①。前提是关于事物普遍本质的，也就是说，证明的三段论前提中的谓项是和主项有本质的必然联系的普遍属性，这种普遍属性属于一类中的所有事物，必然能揭示出主体的本质意义和必然特性，而且是结果的原因，因此，结论必然是永恒的。科学知识就是要揭示出对象自身的本质属性及规律性，要求一个永恒的结论。证明三段论前提的普遍性及结论的永恒性恰恰保证了这一点。

最后，证明的知识是具有必然性的。对于证明的三段论，亚里士多德侧重于从语法和形式上做精心的构造与阐释，这样，对三段论的研究就能暂时撇开内容，更多地研究它的形式结构或词项组合。依赖于这种形式化的推理，使得在三段论演绎体系中，任何正确有效的三段论推理都能实现从前提到结论的"必然得出"。再加上，亚里士多德又对所完成的这个三段论演绎体系进行了类似于现代元逻辑理论的研究，虽然很粗糙、很初级，但也近似于从一致性、完全性、独立性方面对他的三段论演绎体系进行了规范，从而，为亚里士多德的三段论演绎体系的科学性及"必然得出"又做了进一步的保证。既然如此，我们可以毫不犹豫地说，在亚里士多德的三段论演绎体系中，只要正确地遵循推理规则，那么，从真的前提必然能够得出真的结论。而且证明三段论前提是本性在先的、真实的、普遍的，因此，基于证明的三段论所得到的结论必然是真的。

亚里士多德三段论的公理化逻辑体系基于不证自明的公理及一系列推理规则、定理，从而保证三段论从前提到结论的必然得出，也就是说，由真的前提必然能得出真的结论，所得结论也是永恒的。事实上，这就是从逻辑形

---

① Aristotle. The Complete Works of Aristotle. Barnes J（ed.）. Princeton：Princeton University Press，1991：75b22-75b24.

式方面保证了亚里士多德逻辑所得结论的有效性；更关键的是，亚里士多德三段化逻辑体系中的前提必须是普遍的、真实的，又保证了前提的真实性。既然如此，那么在亚里士多德的三段论逻辑体系中，必然能实现由真的前提得出真的结论。

正是基于证明三段论的以上特点，亚里士多德认为，通过他的三段论逻辑体系能得出科学知识，这种知识就是基于少数不加定义的原始概念和少数不加证明的公理，根据一系列的推理规则和定理，而必然得出的真理性的结论。这些真理性的结论必然是一些真命题，而且，它们是基于亚里士多德逻辑的，是一种依赖于形式结构及推理规则而得出的真命题，也就是一种"逻辑意义上的真"。这种"逻辑意义上的真"当然不同于亚里士多德认识论中的"哲学意义上的真"，是一种别样的"真"。

而且，即使"逻辑意义上的真"是基于三段论逻辑体系推出的，但也没有完全脱离经验，还是"真之符合论"境域中的。这表现在以下几个方面：

（1）亚里士多德认为三段论逻辑体系中的那些不证自明的初始前提或原理，是在反复经验中通过归纳与理性直观获得并确认其真实性的。对"至于如何认识基本前提及如何保证这种知识的问题"，亚里士多德认为，我们原来一直就以为这些知识是不成立的，但是如果我们一无所知，并且也没有确定的能力，那么就不可能获得它们，所以我们必定具有某种能力。而这种能力就是感官知觉。感觉知觉本来是所有动物都具有的，但后来有的动物的感觉知觉被固定下来了，而有的却没有。如果感觉知觉能被固定下来，那么，在感觉活动过后，这些动物仍能在灵魂中保存感觉印象，进而产生记忆，再从对同一事物不断重复的记忆中获得关于普遍的经验。亚里士多德认为，经验的任务就是把每门特殊学科的本原传达给我们。"很显然，我们必须通过归纳获得最初前提的知识。因为这也是我们通过感官知觉获得普遍概念的方法。"[①]这样，亚里士多德既承认了"逻辑意义上的真"不能完全脱离经验，又避免了证明的无穷后退，还肯定了"逻辑意义上的真"是从可靠的终极前提出发而连续推导获得的有限系列，必然也是可靠的。并且，证明的初始前提或原理都是命题，既然它们来源于实践中的经验归纳与理性直觉，那么其真实性也要依赖于其与客观实在的相符合，是基于"符合论"的真。亚里士多德指出，单独的概念没有真假，

---

① Aristotle. The Complete Works of Aristotle. Barnes J（ed.）. Princeton：Princeton University Press，1991：100ba3-100b5.

只有概念与概念组合形成命题时才有真假。在三段论中，概念就是各个词项，命题则是由词项组合而成的前提。因此，亚里士多德对命题真的界定也就是对三段论前提真的界定。对命题或前提的真，亚里士多德说："至于作为真的存在和作为假的不存在，在于结合与分离，总之，与矛盾的调配有关，因为，真就是对结合的肯定，对分离的否定，假则和这种调配相矛盾。"[①]调配就是对部分的搭配与安排。部分指主项与谓项，搭配与安排则是指主项与谓项的结合与分离。亚里士多德认为，如果相结合的主项和谓项肯定了，或者对相分离的主项与谓项否定了，那么就是真；如果对相结合的主项与谓项否定了，或者对相分离的主项与谓项肯定了，那么就是假。亚里士多德认为，命题或前提的真假就在于其主项与谓项的结合与分离是否与客观实际相符合，符合则为真，不符合则为假，可见，三段论前提的真假是基于符合论的。

（2）三段论的有效格式也是亚里士多德在反复实践中，通过经验的无数次重复获得的。在实践中，为了求得有效的三段论格式，亚里士多德认为："我们必须寻求每个词项和属性和主体，尽可能地找得多一些，然后通过三个词项研究它们，以这种方式反驳，以那种方式证实。如果要寻求真理，则必须从以真实联系为根据而排列的词项出发；如果要寻找辩证的三段论，则必须从以意见为根据的前提出发。"[②]由此可以概括出普遍有效的三段论格式的形式结构。可见，亚里士多德三段论体系中正确有效的格式也是在实践中由经验归纳而来的，也是经过经验的无数次重复没有发现反例才最后固定下来的。而它们正确与否，必然也是在实践中根据每个格式中各命题所涉及词项的组合是否符合客观实际而断定的，对不符合客观实际的格式予以排斥，对符合客观实际的则确定为正确有效的三段论格式。显然，正确有效的三段论格式是基于"真之符合论"而得到的普遍有效式。因为这些三段论格式的普遍有效，从而保证了由真的前提必然得出真的结论。

（3）既然三段论前提的真实性及三段论正确有效格式的得到都是基于"真之符合论"的，这就使得亚里士多德的整个三段论体系也处于"真之符合论"境域之下，自然地，由三段论逻辑体系推演得出的"逻辑意义上的真"也就在"真之符合论"境域下了。

---

① 苗力田. 亚里士多德选集·形而上学卷. 北京：中国人民大学出版社，2000：149.

② Aristotle. The Complete Works of Aristotle. Barnes J（ed.）. Princeton：Princeton University Press，1991：46a5-46a10.

5. 小结：亚里士多德逻辑及两种求真方式

亚里士多德对其模态逻辑思想及理论花费了很大的精力与笔墨，但与他的实然的三段论逻辑体系相比，在论证的充分性及严谨性上还是有些欠缺的，有些地方还易引起误解，并且当谈到模态逻辑时，我们更多地想到的是刘易斯。由于篇幅有限，笔者没有阐述他的模态逻辑思想及理论。

通过对亚里士多德逻辑学说的研究分析，我们明白：亚里士多德开创的逻辑学是以"必然得出"为内在原则的，是基于证明的三段论（推理）的求真的科学。既然单独的概念无所谓真假，唯有由概念与概念的组合所产生的命题才会有真假，所以，逻辑研究的真值承担者就是命题。这就是说，我们研究逻辑，就是要研究如何基于推理求真，如何基于推理求得命题的真。

从亚里士多德认识论及逻辑中关于"真"的思想及理论分析中，我们发现，亚里士多德以求真为第一本性。为了探寻世界的本原、世间事物的本质及规律性，他从哲学和逻辑两种不同的角度、基于哲学和逻辑两种不同的方法孜孜以求：作为哲学的集大成者，亚里士多德从认识论出发，在实践中重视与客观实际相符合的正确认识，积极探求着与经验密切相关的符合的"哲学意义上的真"；作为逻辑学的创始人，亚里士多德构建了精致的三段论公理化逻辑体系，开创了以逻辑的方法，从真的前提出发，遵循着推理规则，必然得出真的结论的新途径，从而获得形式上的"逻辑意义上的真"。

尽管"逻辑意义上的真"不像"哲学意义上的真"那样总是依赖于在实践中对事物的经验，能够暂时撇开内容，根据三段论中词项组合的形式结构，遵循推理规则而必然得出。但在亚里士多德看来，这两类"真"其实也只是研究角度、方法不同而已，二者的宗旨都是一样的。亚里士多德指出：一切证明科学都涉及三个因素：它提出的主体（即它研究其本质属性的种）；作为证明的根本基础的所谓的共同公理；它肯定其各种涵义的属性。[①]亚里士多德的证明科学就是他的证明的三段论体系，也就是他的逻辑学说。由此可见，亚里士多德基于共同公理，通过三段论推理得到的就是关于主体的属性的认识的"真"。而认识论也是要在实践中获取对事物的各种经验认识，进而由感性认识上升到理性认识，最终根据这种认识是否与客观实际相符合而达到对事物属性的正确认识的"真"。所以，不论是"逻辑意义上的真"还是"哲学意义上的真"都

---

① Aristotle. The Complete Works of Aristotle. Barnes J（ed.）. Princeton：Princeton University Press，1991：76b12-75b15.

是要反映事物的本质，探究世界的真。

但是，尽管亚里士多德关于"哲学意义上的真"和"逻辑意义上的真"都是"真之符合论"境域中的，都是针对命题、语句的，而且都是对同一个世界的真的反映，然而，它们毕竟还是从哲学或逻辑的不同视角出发而获得的，"哲学意义上的真"与"逻辑意义上的真"毕竟还是两种不同意义上的"真"。

在哲学及逻辑史上，人们都把对"哲学意义上的真"和"逻辑意义上的真"的第一次明确的区分归功于莱布尼兹，当我们说到"逻辑意义上的真"与"哲学意义上的真"的区分时，往往习惯于从莱布尼兹开始。现在，我们不得不说，事实上，早在古希腊时期，在亚里士多德创立他的逻辑学时，就已经意识到了这两者的不同。他既提出了认识论中根据认识与客观实际相符合而加以断定的"哲学意义上的真"，又指出了基于逻辑推理，依据推理规则，由真前提而必然得出的真结论，即"逻辑意义上的真"。

同时，我们还需要看到的是，亚里士多德逻辑对直言命题及直言三段论的分析及形式刻画得很细致具体，从而使我们在涉及直言命题及直言三段论推理时，可以较少地受到自然语言含混性的影响，能够在有限的步骤内精确地由真的前提必然地得到真的结论。亚里士多德逻辑在这些句法上是很清楚的。但是，他对于如何为"真"，怎样为"真"，却没有像直言命题及直言三段论这样清晰的形式句法说明，从而使得他认为的"真"仍是一种直观的符合论的"真"，这种"真"在于命题与客观实际之间的符合。而这就有了很多模糊之处，致使我们不能在有限的步骤内具体地、必然地得出怎样为"真"。亚里士多德对于"真"的阐述是直观的，但并不具体，而且掺杂着太多内容的东西，对"说是者是，不是者不是，就是真的，而说不是者是，是者不是，就是假的"中的"是"如何理解及怎样为"符合"等问题见仁见智，难有一致的说法，这都使得对于"真"的解释从不同的角度有不同的看法，产生了各种不同的真理观。

二、现代形式逻辑中的"真"

自亚里士多德之后，亚里士多德的弟子及斯多葛学派对逻辑学又进行了补充和发展，形成了传统形式逻辑。但此后历经中世纪、文艺复兴1000多年，逻辑学都没有很大的发展。康德曾在他1787年出版的《纯粹理性批判》第三版序言中认为，从亚里士多德以来，逻辑没能前进一步，因此看起来逻辑似乎是完成并且结束了。

（一）中世纪、近代缓慢的逻辑发展

事实上，在莱布尼兹构设现代形式逻辑之前，哲学家、逻辑学家也在为逻辑学的发展而努力，只不过他们没有抓住逻辑的基于形式推理的"必然得出"这个本质，从而无法实现对传统形式逻辑的实质性发展而已。

在中世纪时，逻辑、文法与修辞并称学校技艺课程的"三艺"。虽然这时期加强学生的逻辑训练是为了从事法律及神学的研究，但在学校把逻辑作为"三艺"之一予以教授，无疑极大地促进了逻辑学的传播、普及与创新。因此，中世纪的人们对于传统形式逻辑的重新复苏做了巨大的贡献。12世纪之前，中世纪主要接受的是波伊提乌翻译、注释的亚里士多德的《范畴篇》和《解释篇》，以及波菲利的《导论》及波伊提乌对《导论》的注释；直到13世纪，《工具论》中的其他四篇——《前分析篇》《后分析篇》《论辩篇》和《辨谬篇》才被重新翻译成拉丁文。这时，西欧学者才得以了解掌握亚里士多德的全部逻辑著作及逻辑思想。所以，中世纪初期，人们更多的是致力于对传统形式逻辑尤其是亚里士多德逻辑的翻译、注释等普及和应用工作，中后期又创新性地研究了非范畴词、指代理论等，这些多是集中于更好地探讨自然语言中词项的意义问题研究，而且更多的是把它们应用于哲学与神学。也因为此，在中世纪，逻辑与哲学、神学混合在一起，作为哲学、神学的工具加以广泛应用，使人们很难看到以"必然得出"为内在原则的纯逻辑的真正发展。文艺复兴时期是一个批判的时期，很多人文主义逻辑学家对烦琐的经院逻辑进行了批判，他们认为中世纪逻辑在形式上是枯燥的，在内容上是僵死的，亚里士多德逻辑的绝对统治地位受到了质疑。

尽管经历了中世纪的亚里士多德逻辑有许多地方被经院哲学家歪曲，但不可否认的是，亚里士多德逻辑在整个逻辑史的发展中仅是一个开始，还只是一个初级的、简单的、不很完善的系统。首先，亚里士多德逻辑乃至传统形式逻辑对命题形式的研究和对正确的推理形式的研究都存在巨大的局限性。人们日常思维中常见的关系命题和关系推理无法在传统形式逻辑中表示。例如：由（1）所有的明星都有人喜欢，得不出结论（2）有人喜欢所有的明星。可是由（2）无疑可以推出（1）。但在传统逻辑中既无法表示（1）、（2）这样的命题，更无法分析由（2）到（1）这样的推理并概括出这种推理形式。其次，亚里士多德逻辑乃至传统形式逻辑对推理形式的分析不精细、不严格，把不同前提与结论之间的关系看作是相同的，把实际上并不是某种推理形式的前提与结论之间的关系，看成是某种形式的推理。例如：

（a）如果一个数的各位数字的和是 3 的倍数，那么该数是 3 的倍数；369 的各位数字的和是 3 的倍数，所以，369 是 3 的倍数。

（b）如果 369 的各位数字的和是 3 的倍数，那么 369 是 3 的倍数；369 的各位数字的和是 3 的倍数，所以，369 是 3 的倍数。

在传统形式逻辑中，（a）和（b）都被看作充分条件假言推理的肯定前件式，具有相同的形式。显然，这样的理解是错误的。（b）是一个充分条件假言推理的肯定前件式，但（a）中的第一个前提是一个一般性的充分条件假言命题，它的前件与第二个前提的前件不同，当然，它的后件与结论也不同。从这两个前提并不能直接得出结论，还要通过其他的步骤和推理规则。（a）的推理形式要比充分条件假言推理的肯定前件式复杂得多。但是传统形式逻辑并没有揭示这种差别，对推理缺乏精细、严格的分析，从而某些正确的推理形式并没有被包括在传统形式逻辑中。而以上的缺陷最主要的还是因为，传统形式逻辑中用以表达命题及推理的逻辑形式的是自然语言，传统形式逻辑还没有专门的逻辑符号来处理各种命题及推理形式，它还没有完全脱离自然语言。所以，受自然语言的多义性、歧义性影响，必然不能很精确地表示各种思维形式，更不能把推理转化为演算，对于许多复杂的命题及推理形式就无法解决了。

针对亚里士多德逻辑的这些缺点，从近代开始，逻辑学家、哲学家都在做着不同的努力，希望对传统形式逻辑能有所突破与发展。

随着近代自然科学，特别是实验科学的发展，人们对实验非常重视，因此立足于实验研究的经验科学就得到了迅速的发展，科学方法的研究被提上了日程。第一次尝试系统阐述科学方法论的是弗兰西斯·培根（Francis Bacon），他在 1620 年出版了《新工具》。很显然，这部著作是因为反对亚里士多德的逻辑而作的。在培根看来，经院逻辑带来的只是令人生厌的无谓争论，一味地玩弄一些词句，进行一些抽象的议论，陷入没有实际内容的三段论真空中，讲空洞的形式规则，把自然与形式分离开，根本不能成为认识的方法。经院逻辑使得亚里士多德逻辑更加烦琐而枯燥。在培根看来，当时的逻辑与其说是帮助着追求真理，倒不如说是帮助把许多基于流行概念上的错误沉淀下来，弊远大于利。亚里士多德逻辑并不是科学发现的工具。亚里士多德的三段论式也并不是可以应用于科学的第一原理，它根本难以表述自然的精微，只是就命题逼人同意，根本抓不住事物本身。当时的逻辑并不能帮助人们找出新的科学。他反对亚里士多德通过一般的公理或原理来证实个别的命题，主张必须经过中间公理来实现由个别事物到最高公理，而且中间公理的真理性不依赖于最高公理，是要由经验来证明的。他认为，我们唯一的希望就是得到一个真正的归纳法。他主张的这套"确实而易行的规则"叫作"三表法"，包括存在表、缺乏表及程度表，这是一种不同于简单枚举归纳法的另一种求因果的不完全归纳法，他希望人人都能用这种方法发现事物的本质、自然的规律。他的这种归纳法后被穆勒（J. S. Mill）继承并加以发展形成求因果的"穆勒五法"——一致法、差异法、一致差异并用法、剩余法和共变法，从而建立了古典归纳逻辑体系。"穆勒五法"比培根的"三表法"更加精密化、系统化。由培根提出并创建、穆勒发展并加以固定的归纳法无疑为人类认识提供了另一种区别于演绎法的新的科学方法论，这是值得称道的。但是，培根和穆勒都是立足于狭隘的经验论立场，都强调前提的真实性及由前提到结论必须具有内容上的因果性，从前提到结论具有的是由这种因果性而带来的较可靠的或然性。这些都是与亚里士多德开创的逻辑界定、逻辑的本质相背离的。逻辑学强调的是从前提到结论的"必然得出"，而且这种"必然得出"是可以暂时撇开内容而依赖于命题的形式结构，依赖于前提中词项或命题的组合、形式结构而实现的由前提到结论的"必然得出"，这是一种基于形式推理基础上的"必然得出"。因此，虽然培根和穆勒都希望自己做的能对当时的逻辑有所突破与发展，但是现代形式逻辑学家却并没有认为他们所研究的属于逻辑，大多把他们的归纳只当作一种重要的科学方法。

不过，从中世纪经文艺复兴到近代的逻辑学家、哲学家在逻辑学的传播、普及、应用及发展方面还是做了不少贡献的。他们或者钻研指代理论致力于对自然语言中词项意义的解释，或者运用三段论推理致力于运用已有的逻辑学在各种需要的场合去解释论证，或者立足经验，结合内容上的因果联系创建新的归纳的科学方法，等等。遗憾的是，他们似乎忽视了逻辑学内在的基于形式而"必然得出"的根本原则，也忽视了逻辑学的首创与数学原是紧密相连的，因此，他们的研究未能使传统形式逻辑本身得以突破并获得真正的发展。

（二）莱布尼兹的逻辑及其"真"思想

德国逻辑学家肖尔兹曾这样评价莱布尼兹："人们提起莱布尼兹的名字就好像是谈到日出一样。他使亚里士多德逻辑开始了'新生'……"①莱布尼兹是现代形式逻辑——数理逻辑——的构设者、奠基者，也是逻辑史上继亚里士

---

① [德]亨利希·肖尔兹. 简明逻辑史. 张家龙译. 北京：商务印书馆，1977：48.

多德之后最伟大的逻辑学家之一。

　　莱布尼兹非常欣赏亚里士多德的三段论，并给予其很高的评价："我主张，三段论形式的发明是人类心灵最美好、甚至也是最值得重视的东西之一。这是一种普遍的数学，它的重要性还没有被充分认识。"[①]尽管莱布尼兹承认他从现有的逻辑中也得了不少有益的、有用的东西，但他对已有的逻辑还是不满意。他认为逻辑应该是可以与数学相匹敌的精密科学，然而，显然旧逻辑已经是不充分的了，而且迄今为止的一切逻辑著作仅仅是个影子，远远不能达到他所希望和所远远望见的东西。所以，创建新的逻辑已成为迫切需要解决的问题。莱布尼兹作为杰出的数学家、逻辑学家，他敏锐地看到逻辑与数学的紧密关联，并认为，如果要将逻辑改造成能与数学相匹敌的精密科学，那么，就必须把逻辑加以数学化，将推理的一般规则改造成计算的规则，这也就是莱布尼兹构想的逻辑演算。

　　而要想实现莱布尼兹的这个构想，必须先得有一种数学类型作为必要条件，这种数学类型在古代是完全不存在的，这就是近代的符号化的数学，莱布尼兹对这种数学有很大的功绩，因为他发明了微积分。

1. 莱布尼兹逻辑演算思想产生的背景

　　随着文艺复兴运动的开始，宗教神学的精神桎梏逐渐被打破，经院哲学也逐渐为人们所抛弃。怀疑一切成为一种普遍的倾向，然而，数学却奇迹般地得以保存，于是人们对数学是绝对真理的信念进一步加强。正如克莱因所言，在各种哲学系统纷纷瓦解、神学上的信念受人怀疑及伦理道德变化无常的情况下，数学是唯一被大家公认的真理体系。数学知识是确定无疑的，它给人们在沼泽地上提供了一个稳妥的立足点；人们又把寻求真理的努力引向数学。笛卡儿、伽利略等甚至相信自然界也是数学设计的，伽利略在 1610 年的著名叙述中说道："哲学（自然）写在那本永远展现在我们眼前的伟大书本里——我指的是宇宙——但是，我们如果不先学会书里所用的语言，掌握书里的符号，就不能了解它。这本书用数学语言写出，符号是三角形、圆和其他几何图形，没有它们的帮助，是连一个字也不会认识的；没有它们，人就在一个黑暗的迷宫里劳而无功地游荡着。"[②]显然，一个数学化的时代开始了，人们以数学为范例进

---

①　[德]莱布尼兹. 人类理智新论（下）. 陈修斋译. 北京：商务印书馆，1982：573.

②　Kline M. Mathematical Thought from Ancient to Modern Times, Vol. 1. New York：Oxford University Press，1972：328-329.

行其他科学的研究，并努力地扩展着数学方法的应用范围。近代数学的发展，尤其是代数、解析几何和微积分的巨大发展，是现代形式逻辑得以产生的科学前提，也是莱布尼兹构想实现需具备的必要前提。

　　从历史上看，既是哲学家又是数学家的笛卡儿对于数学方法的普遍应用起了很大的促进作用。笛卡儿认为科学的本质是数学。数学能够为人们提供确实性和明晰性的知识。为了获得可靠的知识，笛卡儿从方法论的角度进行了探索，并由此得出了应以数学为典范从事科学研究的结论。他写道，任何试图寻求真理的人们，都不应去涉及那些不可能具有与算术及几何的证明同样可靠的对象。这就是说，人们应当用数学方法去从事一切科学理论（包括哲学）的研究，于是，笛卡儿提出了"普遍数学"的思想。他说他在幼年的时候曾研究过逻辑学，后研究了解析几何与代数，这三种艺术（或称科学）对他的计划有很大的帮助，但对它们细加考察，他看到在逻辑方面，三段论等只能解释已知的东西，不能使人知道新的东西，虽然逻辑也包含很多真的和好的方法，但也混杂有不少有害的或肤浅的别的方法，要想将这两方面截然分开颇为困难，正如一块未经雕刻的大理石要分出里面的条纹与脉络是一样困难。至于古代的分析与近代的代数，除了他们只是含有最抽象的材料与似乎最无用之外，前者仅以符号的研究为主，没有很强的想象力是很不容易了解的；后者则是服从规则与公式，结果造出一种很难明白的艺术，使心灵发生障碍。因此，他觉得一定要寻找别的方法，这种方法要含有前面所述三种方法的长处，而避免它们的缺点。①而笛卡儿想要找到的这种既融合逻辑学、几何、代数的优点又适合于解决一切科学问题的共同方法就是他所谓的"普遍数学"。与此相关，笛卡儿也有"普遍语言"（"通用语言"）的观念，而在这种普遍语言中，思想与思想的结合乃是借数学符号加以表述的。虽然笛卡儿关于"普遍数学""普遍语言"的想法最终没能实现，但他的这种以数学的方法去研究科学、发展逻辑的普遍数学化思想对莱布尼兹数理逻辑的构想有着直接的、重要的启迪作用。

　　另一位极大地推动了逻辑"数学化"，并启发了莱布尼兹逻辑演算思想的是英国哲学家霍布斯（Hobbes）。霍布斯认为，逻辑是以名称的形式表示的符号与记号的演算。表象在思维里的联结最纯粹地表现为计算，即加与减。他提出"思维就是计算"，即逻辑与计算合一。具体地说，霍布斯指出：概念就是符号，思维的过程就是符号的加和减。他认为逻辑学家是在教导名称的加与减。

---

① [法]笛卡尔. 方法论. 彭基相译. 北京：商务印书馆，1933：20-21.

两个名称加在一起形成一个肯定判断,两个肯定判断相加则是一个三段论推理,许多三段论则构成一个证明,如果从总和或三段论的结论中减去一个判断可找出另一个判断,所有推理都可理解为两种心智的运算,即相加和相减。因此,凡有加减存在之处就有思维存在,而凡无加减之处也与思维无关,即思维就是计算。霍布斯这种思维就是计算的思想对现代形式逻辑特别是数理逻辑的发展具有重大的启示作用。莱布尼兹关于逻辑的符号演算思想,以及把证明主要当作处理一系列定义的程序的看法也基本来源于他。

在这个数学化的时代潮流中,数学方法作为有效的普遍认识方法是毋庸置疑的,因此,逻辑再一次与数学紧密结合,以数学方法来发展逻辑已是一种必然。

2. 莱布尼兹的逻辑演算思想——"必然得出"的求真

莱布尼兹继承了笛卡儿和霍布斯的数学化思想,希望创造一种新的逻辑,从而使人们的推理不依赖于对推理过程中对命题涵义、内容的思考。正像近代数学使得广义的计算(包括微积分的高超技巧在内)可以不依赖于对计算中出现的符号和涵义内容的思考一样。威廉·涅尔夫妇这样说:莱布尼兹从亚里士多德逻辑中得到的最有成效的思想,是形式证明的概念。尽管莱布尼兹也认识到,在经院哲学争论中使用三段论可以堕落为蠢笨迂腐的学究,但他也看到没有形式化就不能有严格性,他正确地强调用这种方式,即它们的必然性依赖于它们的形式的方式,来表述数学新进展的重要性。[①]莱布尼兹作为具有创造性的逻辑学家,他不仅看到了亚里士多德逻辑中的不足,例如,他认为亚里士多德所运用的三段论论证形式并不是唯一和最好的手段,更看到了亚里士多德逻辑中闪光的精华,看到了基于形式的"必然得出"所具有的严格性、可行性。作为杰出的数学家,他清楚地明白数学在"必然得出"方面的力量。所以,他希望建立一种逻辑:其中一般的推理规则改变为演算规则,这便是逻辑演算。肖尔兹对此称赞道:"我们必须把这种对演算规则的真正作用的见解,看作是莱布尼兹的最伟大的发现之一,并看作是一般人类精神的最精彩的发现之一。"[②]有了这种新的逻辑,哲学问题也将会用演算来解决,也就是说,要造成这样一种结果:使所有推理的错误都只成为计算的错误,这样,当争论发生时,两个哲学家同

---

① [英]威廉·涅尔,玛莎·涅尔. 逻辑学的发展. 张家龙,洪汉鼎译. 北京:商务印书馆,1995:418.

② [德]莱布尼兹. 人类理智新论(下). 陈修斋译. 北京:商务印书馆,1982:50.

两个计算家一样，用不着辩论，只要把笔拿在手里，并且在算盘面前坐下，说：让我们来计算一下吧！①

显然，莱布尼兹创造的这种新的逻辑的本质也在于要实现一种清楚的、无歧义的"必然得出"，并且这种"必然得出"在莱布尼兹看来也是需要暂时撇开内容，基于逻辑的形式结构，通过推理来实现的。可见，莱布尼兹创造的新逻辑正确地追随了亚里士多德首创逻辑时对逻辑本质、宗旨的界定，是与亚里士多德逻辑一脉相承的，都是一种基于形式推理的"必然得出"。更为重要的是，莱布尼兹所创造的这种新逻辑基于数学"算"的方法，从而使得逻辑"必然得出"的内在原则更具有可操作性。

莱布尼兹把他的这种逻辑演算称为"通用代数""一般数理""逻辑斯蒂"或"数理逻辑"。他在致一友人的信中曾指出："我将作出一种通用代数，在其中一切推理的正确性将化归于计算。它同时又将是'通用语言'，但却和目前现有的一切语言完全不同，其中的字母和字将由推理来确定；除却事实的错误以外，所有的错误将只由于计算失误而来。要创作或发明这种语言或字母将是困难的，但要学习它，即使不用字典也是很容易的。"②可见，莱布尼兹的新逻辑思想（也即数理逻辑思想）主要体现为他的"通用代数"和"通用语言"。

莱布尼兹认为，在亚里士多德逻辑中，概念、判断、推理等思维形式是与语言密切结合的，并分析得非常精确，但亚里士多德没有看到这些思维形式不仅具有语言的形式，而且还具有数学演算的性质。事实上，概念、判断、推理的推演程序与代数的演算程序一致。概念的组合与算术的乘法相类似。每一个单纯的概念，即"词"，类似于数学中的素数。所有的概念都可以还原为少数基本的原始概念，这些基本的原始概念就是"思想的字母表"。这些原始概念之间没有矛盾，复合概念是式，类似于数学上的复数，它们可以由原始概念通过逻辑乘法从基本概念中推演得出。这样看来，逻辑中的式子即词与词的联结，在数学上则是以"和"或"积"的记号来联结词。逻辑中的命题则可表现为数学上的等式、方程式、不等式或比例式。任何命题都是谓项性的，即都可以还原为一个谓项对于主项有所述说的命题。任何肯定命题都是分析命题，表示谓项包含在主项之中。逻辑中推理的基础就是数学中的推演结构。

基于以上思考，莱布尼兹建立了一套普遍的"通用语言"，在这种普遍的

---

① [德]肖尔兹. 简明逻辑史. 张家龙译. 北京：商务印书馆，1977：54.

② 马玉珂. 西方逻辑史. 北京：中国人民大学出版社，1988：268.

"通用语言"中,每一种复合概念都可以用基本的表意文字的组合来表示。同时,在这种"通用语言"中每一种复合概念都可借与简单概念相应的符号结合来加以表述,以使认识这些符号的人们都可以懂得这种语言。这种语言也就是现代形式逻辑所谓的"人工语言"。

莱布尼兹对这种"通用语言"有一段专门的卓越的表述:"关于符号的科学是这样的一种科学,它能这样地形成和排列符号,使得它们能够表达一些思想,或者说使它们之间具有和这些思想之间的关系相同的关系。一个表达式是一些符号的组合,这些符号能表象被表示的事物。表达式的规律如下:如果被表示的那个事物的观念是由一些事物的一些观念组成的,那么那个事物的表达式也是由这些事物的符号组成的。"①

这就是说,莱布尼兹的"通用语言"有以下要求:①这些符号(就它们不是空位的符号而言)与它们所要表达的思想之间具有一一对应的关系。也就是说,对每一个所要表达的思想而言,都有一个并且仅仅有一个符号,作为所要表达思想的"映象";每个符号必然有一个而且仅仅有一个所要思考的东西,这就是符号的"意义"。②创造出来的这些符号必须能够满足:如果所表达的东西可以分解成各个组成部分,那么这些组成部分的"映象"必须是所表达的东西的映象(就是用这些符号构成的)的组成部分。③附属于这些符号的运算规则的系统必须满足:无论在何处,如果所表达的东西 F_1 对所表达的东西 F_2 有前件和后件的关系,那么,F_1 的"映象"与 F_2 的"映象"也具有前件和后件的关系。

这样,"人是有理性的动物"就可像方程式那样表示为"人 = 理性 + 动物",用符号表示为"$H = Rm$",这个符号与数学中的"$6 = 2 \times 3$"是一样的。很显然,莱布尼兹这里所要建立的这种表意符号与亚里士多德逻辑所使用的符号是不一样的。亚里士多德逻辑中的符号是对直言命题中主项或谓项的简单代替,而且亚里士多德逻辑中只有逻辑变项是使用符号代替的,从整体而言,亚里士多德逻辑所使用的还是自然语言。但在莱布尼兹演算系统中的"通用语言"所使用的符号却不仅仅是简单代替,并且还是表意符号,不只适用于逻辑变项,而且适用于逻辑常项,因此,整个莱布尼兹演算系统使用的都是这种特殊的"通用语言",即"人工语言"。

而且,莱布尼兹认为,有了这些"通用语言",就能依据逻辑及其词项、

---

① [德]肖尔兹. 简明逻辑史. 张家龙译. 北京:商务印书馆,1977:52.

命题和三段论同数学及其字母、方程式和变换的相似，加以模仿，把逻辑也表示成一种演算，从而构造出一套推理的普遍演算，创立一种基本科学，有时他称这种新的科学为"通用数学"。

为实现这一目的，莱布尼兹也试图和卢禄[①]一样发明一种方法，凭借这种方法他能借少数基本概念的组合构设一个概念体系。在这个概念体系中要求：

（1）所有的概念都可以还原成少数原初概念（这些原初概念就是"思想的字母表"）；

（2）复合概念由这些原初概念通过逻辑相乘得出；

（3）这些原初概念集并不自相矛盾；

（4）所有的命题都是谓项性的，即都可还原为一个谓项对一个主项有所陈述的命题；

（5）任何真的肯定命题都是分析命题，也就是说，它的谓项包含在主项之中。

为了进一步发展他的演算，莱布尼兹通过与属性组合的关系来表达亚里士多德逻辑中的四种直言命题，形成其代数式的表述：

$$A：每一 A 是 B \qquad AB = A$$
$$E：没有 A 是 B \qquad AB = 0$$
$$I：有的 A 是 B \qquad AB \neq 0$$
$$O：有的 A 不是 B \qquad AB \neq A$$

亚里士多德逻辑的这四个直言命题 A、E、I、O 事实上表现了主词与谓词间不同的包含关系。因此，莱布尼兹很注意逻辑中的包含关系。他认为，逻辑上的重要问题基本上是包含关系问题，所以，莱布尼兹认为我们要通过推理演算证明一个命题也就是指明它的谓词概念是包含在它的主词概念中。为此，我们必须分析这两个概念，一直到它们之间的关系弄清楚为止。这样看来，构造一个证明的主要程序就是陈述一系列定义，通过这些定义使我们看出被证明的

---

① 卢禄，中世纪时西班牙经院哲学家，神学家，诗人。卢禄在逻辑方面是一名改革者。他之所以在中世纪享有一定的地位和声誉，主要是因为他发明了一种"思维机器"。他的想法是可以用概念的组合代替思维，因此他创了这种"思维机器"：它由围绕一个中心旋转的半径相同的许多圆组成，因这些圆的角度不同，所以这些圆的交错便构成复杂的网络，在这些网络的交叉点上写上标志概念的各种词及标志各种逻辑关系、逻辑联结词的词，用机械把手摇动这些圆，就能够得到所有可能的概念组合，形成判断，由判断的组合又可构成三段论类型的各种格式的推理。卢禄企图用这种概念组合和判断组合的方法从已给前提推出要得到的结论。莱布尼兹直接受到他的思想影响，1666 年，在他 20 岁时出版的《论组合术》一书中，就提出改革逻辑的两项计划，即"通用语言"和"普遍演算"。

命题是一种实质上同一的命题。例如：

给出定义：

$$(1)\ 2 = 1 + 1$$
$$(2)\ 3 = 2 + 1$$
$$(3)\ 4 = 3 + 1$$

那么，我们就可以断言：

$$
\begin{aligned}
2 + 2 &= 2 + 2 &&\text{据同一律}\\
&= 2 + (1 + 1) &&\text{据定义（1）}\\
&= (2 + 1) + 1\\
&= 3 + 1 &&\text{据定义（2）}\\
&= 4 &&\text{据定义（3）}
\end{aligned}
$$

亚里士多德的三段论也可以转换为判断间概念的包含关系。例如：

$$
\frac{\text{所有}A\text{是}B\quad\text{所有}B\text{是}C}{\text{所有}A\text{是}C}
$$

可以用包含关系表示为

$$A \leq B \ \text{与}\ B \leq C$$
$$\therefore A \leq C$$

从以上分析我们可以看出，莱布尼兹运用的也是撇开内容，分析思维的逻辑形式的方法，并且莱布尼兹比亚里士多德做得更彻底。他使用的不是直接代表声音间接代表概念的表音文字，而是直接代表概念的表意文字。他设计的符号要适用于：①所有概念的、可认作最根本的不可分析的符号；②适当表述诸如断定、合取、析取、否定、条件联结、全称、特称这些形式概念的符号。莱布尼兹采用的也是公理演绎方法，但是比亚里士多德三段论逻辑体系更加形式化，他的逻辑推理演算系统使用具有确定意义范围的变元，且只是借助符号本身依据一定的规则进行代数演算来研究其间的变化，这就是完全以人工语言取代了自然语言，从而可以将含糊歧义、冗赘拖沓及可能牵涉到的逻辑以外的政治、伦理等因素影响减到最小。显然，莱布尼兹希望通过"通用语言"和"通用数学"的改革建立一种符号逻辑，这比亚里士多德的传统形式逻辑更加精确。事实上，以人工语言代替自然语言，正是现代形式逻辑与传统形式逻辑在表现形式上的实质性差异。莱布尼兹的这两项改革要涉及并解决的恰恰是这一本质问题。所以，我们认为他初步奠定了现代形式逻辑（即符号逻辑）的基础，把他看作是现代形式逻辑的最初构设者与奠基者，认为他是继亚里士多德之后逻辑史上最伟大的逻辑学家。

莱布尼兹基于"通用语言"建构逻辑演算即"通用数学"的改革不仅开创了现代形式逻辑的新时代，而且更重要的是，莱布尼兹的这两项改革还充分体现了逻辑的本质——"必然得出"的求真的思想。莱布尼兹希望我们表达的思想能够通过他设计的这种符号（"通用语言"）体系避免日常语言中所带来的一些模糊、歧义等局限，成为一种涵义确定的、人人能懂的、全世界共用的符号系统；并且莱布尼兹希望基于这个符号系统，运用形式化的公理演绎方法进行逻辑推理演算，使推理规则成为演算规则，从而能够更加精确、更加严谨地把推理从不必要的思维过程中解放出来，使我们的思维尽量减少错误、安全进行。这样，既大大地简化了推理程序，又能够基于这种符号推理演算系统使从前提到结论实现逻辑上的"必然得出"，进而由真的前提必然得出真的结论，实现科学求真。莱布尼兹的这个设想及他的"通用语言""通用数学"（"推理演算"）的改革实践无疑是与亚里士多德逻辑的本质一脉相承的。这种逻辑本质由两代逻辑学的创始人——亚里士多德与莱布尼兹，通过传统形式逻辑与现代形式逻辑的特点向我们传递：

> 逻辑是以"必然得出"为内在原则，基于形式化推理而求真的科学。

当然，我们也不得不提的是，尽管莱布尼兹提出了"通用语言"和"通用数学"的构想，但是他在提出一个确定的、具有"通用语言"和"通用数学"功能的现代形式逻辑的体系方面却未取得成功。这一方面是由于时代的局限，科学研究各部门当时还远未进展至完善，至少未接近完善的境地，所以要构设这种新的"通用语言"和"通用数学"是不可能的；另一方面，虽然在莱布尼兹看来，主谓词间的包含关系有两种涵义：一是从外延而言，种概念包含在属概念之中；另一是从内涵而言，属包含在种之中；而且莱布尼兹也正确地认识到有可能建构一种符号系统可做内涵解释或外延解释，然而遗憾的是，他在发展了这种可以用外延的方式加以解释的推理演算——也就是关于类关系的命题序列的演算——的同时，却常常首先想到了内涵解释，根据这种解释，要求谓词的意义包含于主词的意义之中。这就使逻辑推理演算总要陷入内涵解释的困境，从而使得莱布尼兹始终局限于亚里士多德的主谓式结构，而不能真正解决传统形式逻辑进一步形式化发展的问题。

　　3. 莱布尼兹的"真"思想——"推理的真"与"事实的真"

　　莱布尼兹在历史上第一个明确地区分了"推理的真"与"事实的真"。
　　莱布尼兹在《单子论》中指出："有两种真理：推理的真理和事实的真理①。推理的真理是必然的，它们的反面是不可能的；事实的真理是偶然的，它们的反面是可能的。当一个真理是必然的时候，我们可以用分析法找出它的理由来，把它归结为更单纯的观念和真理，一直到原始的真理。"②显然，莱布尼兹所说的这种"分析法"，即"通过把它归结为更单纯的观念和真理，一直到原始的真理"的方法，就是逻辑的方法，以这种逻辑分析的方法所得到是一种必然的真理，这种真理就是莱布尼兹明确区分出的"推理的真"，即"逻辑意义上的真"；而另一种"事实的真"，则是一种"偶然的真"。莱布尼兹认为，充足理由也必须存在于"偶然的真"或"事实的真"之中，亦即存在于散布在包含各种创造物的宇宙中的各个事物之间的联系中，可见，这种偶然的"事实的真"与具体事物相关，是通过归纳一类事物的性质得到的结论，是与经验相联系的，是基于认识论得到的，因此，这种"事实的真"实际上就是"哲学意义上的真"。

　　在莱布尼兹的认识论中，知识是由理性和感性两方面因素构成的。然而，在他看来，感觉对于一切现实认识来说虽然是必要的，但还不足以向我们提供全部的认识。因为通过感觉得到的永远只能是一些例子，即特殊的或个别的真理。然而，印证一个一般真理的全部例子，无论数目怎样多，也不足以建立起这个真理的普遍必然性，因为不能得出结论说：过去发生过的事情，将来也必然会同样发生。③但是，莱布尼兹坚信，具有普遍性、必然性的知识是普遍存在的，数学、逻辑学、伦理学、法学及神学的基本原则都是普遍的、必然的。既然后天的感性经验不能提供普遍性、必然性的知识，那么，它们就只能是人

---

① 这里应该是"推理的真与事实的真"，仍是对"真"和"真理"的混用。
② 北京大学哲学系外国哲学史教研室. 西方哲学原著选读（上）. 北京：商务印书馆，1997：482.
③ [德]莱布尼兹. 人类理智新论. 陈修斋译. 北京：商务印书馆，1982：3-4.

心先天地具有的了。可见，莱布尼兹在这里确实触及了经验主义忽视理性的能动性的缺陷，但是和经验主义者一样，他也不能正确处理普遍和特殊、必然和偶然的辩证关系，以致陷入先验论。其实，反映事物普遍性、必然性的知识就包含在带有特殊性、偶然性的感觉经验材料之中。人们只有对这些带有特殊性、偶然性的感觉经验材料进行科学的抽象，才能得到具有普遍性、必然性的理性认识。遗憾的是，莱布尼兹在这里只看到二者的差别和对立，否认二者的联系和统一。他认为，感性认识不具有普遍性、必然性，只有理性认识才具有普遍性、必然性，这是对的；但是否认理性认识来自感性认识，这就势必要陷入先验论。

莱布尼兹正是从认识的两个源泉的这种明确区分的观点出发，提出了两种真理，即"推理的真"和"事实的真"的学说。"事实的真"在一定意义上可以说是根据经验的，"推理的真"或"必然的真"则不是依赖经验而是来自一些"天赋的内在原则"。莱布尼兹这样做其实是一种折中调和。莱布尼兹作为一位科学家，他本来也不能完全抹杀经验或事实。但我们看到，莱布尼兹所说的经验，并不是外物印入人类心灵中的印象或观念，而只是心灵固有的某种较"理性"为模糊或混乱的"知觉"，因为心灵作为没有"窗子"的单子是始终不能从外界接受什么东西的。所谓"推理的真"和"事实的真"的区别，归根到底只是同一种内在固有的"知觉"较清楚明白和较混乱模糊的程度上的差别而并不是种类或本质上的差别。真正说来，"推理的真"和"事实的真"的区别只是对凡人来说才有意义的，而对上帝来说是根本不存在的。莱布尼兹认为，每一个单子都是孤立存在的，其全部发展过程都已由上帝预先决定因而形成"前定和谐"的学说，在他看来，上帝的存在既是"推理的真"又是"事实的真"。莱布尼兹重复经院哲学关于上帝存在的"本体论"的证明，断言上帝存在是可以"先天地证明"的真；同时，他还认为，认识一个具体事物就是寻求它的原因，可是这个原因本身还会有它的原因，即作为世界的充足理由的上帝，这就是关于上帝存在的所谓"后天证明"。

这样看来，莱布尼兹区分"推理的真"和"事实的真"，其实是想告诉我们，这两类"真"都只是对潜在于人心的自然禀赋的不同唤醒方式。换句话说，莱布尼兹认为不论是"推理的真"还是"事实的真"都是对世界本真的不同认识方式，只不过"推理的真"即"逻辑意义上的真"，是运用理性，根据矛盾律，以逻辑的方式从自明的公理推论出来的（由于莱布尼兹没有建立起一个确定的、具有"通用语言"和"通用数学"功能的现代形式逻辑的体系，所以在莱布尼兹这里还没有"推理的真"或"逻辑意义上的真"的具体能行的逻辑推演方式，但这并不影响他提出这种类似于数学证明的逻辑推演的求真方式）；"事实的真"即"哲学意义上的真"，则是基于经验，根据充足理由律以认识论的方法归纳而来的。

4. 小结

至此，我们要思考这样一个问题：为什么隐含地或者明确地试图区分"逻辑意义上的真"与"哲学意义上的真"的恰恰是亚里士多德和莱布尼兹呢？

在亚里士多德之前，没有人试图区分以逻辑的方式求真与以认识论的方法求真的不同；在亚里士多德之后、莱布尼兹之前也没有人隐含或明确地试图区分这两种不同方式的求真以及这两种不同的真。为什么是他们两人有了这种不谋而合的想法与行动？如果再考虑一下亚里士多德和莱布尼兹的身份，我们可能会有点启发。亚里士多德是传统形式逻辑的创始人，莱布尼兹是现代形式逻辑的创始人，笼统说来，尽管他俩是不同阶段逻辑学的创始人，但都是逻辑学的创始人。

那么，我们也许能够这样说，不管是亚里士多德隐含地区分还是莱布尼兹明确地区分基于认识论的"哲学意义上的真"与基于逻辑方法的"逻辑意义上的真"，都是因为他们发现了"逻辑"——这样一种不同于哲学的科学；他们发现了"逻辑"——这样一种不同于哲学的思维方式；他们发现了"逻辑"——这样一种不同于哲学以内涵思辨方法而是以一种基于形式化推理的"必然得出"的方法求真的途径。毫无疑问，亚里士多德和莱布尼兹的共同想法是，尽管世界的"真"是唯一的，但是我们可以以不同的方式去发现真，去探求真。而基于逻辑的求真与基于哲学的求真一定是不一样的，于是就产生了认为"逻辑意义上的真"与"哲学意义上的真"是不一样的这样的观点与学说。

因此，我们可以说，正是由于逻辑学的出现，才为我们开辟了另一条不同于哲学的求真的新方式与新途径。

（三）弗雷格的逻辑演算系统及其"真"理论

弗雷格，德国著名的逻辑学家、数学家、哲学家。他是现代形式逻辑的奠基人之一，也是语言哲学和分析哲学的创始人。在现代形式逻辑的发展史上，他是第一个构设初步自足的逻辑演算系统和量项理论的人。弗雷格在《概念文字——一种模仿算术语言构造的纯思维的形式语言》（以下简称《概念文字》）序开篇即说：

> 认识一种科学的真一般要经历许多阶段，这些阶段的可靠性是不同的。首先可能是根据不够多的个别情况进行猜测，当一个普遍句子通过推理串与其他真句子结合在一起时，它的确立就变得越来越可靠，无论是从它推出一些以其他方式证明的结论，还是反过来将它看作是一些已经确立的句子的结果，都没有关系。由此一方面可以询问逐渐获得一个句子的途径，另一方面可以询问这个句子最终牢固确立起来的方式。第一个问题对于不同的人也许一定会得到不同的回答，第二个问题比较确定，对它的回答与所考虑的句子的本质有关。最有力的证明方式显然是纯逻辑的，它不考虑事物的特殊性质，只依据构成一切认识的基础的那些规律。因此我们将全部需要证明的真命题分为两类，一类是可以用纯逻辑的方式证明的，另一类是必须基于经验事实证明的。但是以下情况是可以协调一致的，即一个句子属于第一类，但是没有感官活动它就绝不能被人类精神所意识。（因为没有感官知觉，在我们熟知的生物那里就不可能有精神的发展，因此后一类适合所有判断。）因此，这种划分不是根据心理发生方式，而是根据最完善的证明方式。当我们现在考虑算术判断属于这两类中的哪一类这个问题时，我必须首先研究，仅凭只依据超越所有特殊事物之上的思维规律的推理，在算术中可以进行到什么程度。这里的过程是这样的：我首先试图把系列安排这一概念化归为逻辑序列，以便由此出发进到数的概念。为了不使这里无意间掺杂上某些直观的东西，最重要的是必须使推理串完美无缺。当我致力于满足这种最严格的要求时，我发现语言的不完善是一种障碍，在现有各种最笨拙的表达中都能出现这种不完善性，关系越是复杂，就越不能达到我的目的所要求的精确性。概念文字的思想就是由这种需要产生出来的。

从弗雷格在《概念文字》序开篇的这段话我们可以得到以下理解：

（1）弗雷格在《概念文字》中所要做的是要认识一种"科学的真"。

（2）由他所说的"当一个普遍句子通过推理串与其他真句子结合在一起时，它的确立就变得越来越可靠"及"最有力的证明方式显然是纯逻辑的"，可以看出，弗雷格认为认识"科学的真"最可靠的还是基于逻辑的推理。"推理串"就是由一些句子组成的推理系列，一个普遍句子或者作为前提或者作为结论通过推理串与其他句子结合起来进行确立的方式就是一种依赖于纯逻辑的推理方式。

（3）与逻辑学的创始人亚里士多德、莱布尼兹一样，作为现代形式逻辑的奠基人，弗雷格同样认为有两种基于不同方式得到的不同意义上的真，"一类是可以用纯逻辑的方式证明的，另一类是必须基于经验事实证明的"，也就是我们的说的：以逻辑方式得到的"逻辑意义上的真"与由认识论得到的"哲学意义上的真"。那么，为什么逻辑学的创始人及奠基者都会强调并让人们关注这种区别于哲学的"逻辑意义上的真"呢？笔者认为，他们肯定也都敏锐地发现"逻辑意义上的真"是常常被人们所忽视了的。

（4）弗雷格所讲的"最重要的是必须使推理串完美无缺"，也就是我们在现代形式逻辑中常谈的：逻辑最重要的是推理的有效性的问题，这就是说，弗雷格也是要致力于实现推理的有效性，实现完美无缺地由真的前提必然得到真的结论。那么，结合（1）的理解，我们可以认为，弗雷格认为实现逻辑的推理有效性即这种完美无缺的"必然得出"，也就是认识了"科学的真"。逻辑也就是求真的科学。

（5）弗雷格认为，我们现在使用的语言，即自然语言是不完善的，不能满足逻辑求真的严格性要求，为此，必须重新设计一种语言，即弗雷格的"概念文字"这种人工语言。正因为这种语言的出现，使得逻辑从此走上了真正的形式化之路，并又重新蓬勃发展。

因此，在《概念文字》、《算术基础——对数概念的逻辑数学研究》（以下简称《算数基础》）、《函数和概念》、《论概念和对象》、《论涵义和意谓》等一系列逻辑著述中，弗雷格系统地阐述了他构造的概念文字的思想、其逻辑演算系统及他这套符号的使用和推演方法。弗雷格逻辑演算系统的建立标志着现代形式逻辑变革的初步完成。由弗雷格开创的现代形式逻辑完全突破了旧的、狭隘的界限，以一种形式化的方法求真，并把逻辑科学引向更广阔、更深入的发展领域。

1. 弗雷格求真的逻辑演算系统及理论

弗雷格在《概念文字》中首先提出语言的不完善性，后来也多次谈到这个问题。他认识到："在科学的较抽象部分，人们一再感到缺少一种既可以避免别人曲解又可以避免自己思想中错误的工具。这两个问题的原因都在于语言的不完善性。"①语言并不是只要遵守语法就能保证思维活动形式的正确性，因此，他提出建立一种新的"纯思维的形式语言"，即"概念文字"。他指出："这种概念文字是为一定的科学目的构想出来的辅助工具。不能因为它在其他方面毫无用处而批评它。"②

1）形式语言——"概念文字"

当然，我们知道，为了以数学的方法发展逻辑，把逻辑变为一种演算，实现逻辑推理更为精确的"必然得出"，莱布尼兹就已提出过"通用语言"的构想。弗雷格认为，虽然莱布尼兹认识到这样一种适当的表达方式的优点，但是他可能高估了它。他说莱布尼兹"关于一种普遍语言、一种 calculus philosophicus（哲学演算）或 ratiocinator（推理）的思想过于宏大，以致在努力实现它时只完成了一些准备工作。这位建立一种普遍语言的倡导者考虑到一种切中事物本身的表达方式会大大增强人类精神能力而受到鼓舞，却因而低估了阻碍实现这样一个计划的困难"③。弗雷格要用逐步扩展的方法最终完成这一任务，从而可以在"凡是必须特别重视证明的有效性的地方……都可以成功地应用我的概念文字"④。

（ⅰ）字母"A、B……；a……；a、b……"

弗雷格作为一名数学家，同样自然地借鉴了数学的形式语言。他认为，他的概念文字和算术形式语言最相近的地方在于使用字母的方式。

弗雷格采纳区分两类符号的基本思想，即在关于量的一般原理中，使用的符号分为两类。第一类包括字母，这些字母要么代表一个不确定的数，要么代表一个不确定的函数。

弗雷格指出，他用大写希腊字母作为缩写，如果没有专门解释，读者可以赋予它们合适的涵义，如 A、B；他用德文字母放入自变元的位置上，表示所

---

① [德]弗雷格. 论概念文字的科学根据//弗雷格. 弗雷格哲学论著选辑. 王路译. 北京：商务印书馆，2006：39.

② [德]弗雷格. 概念文字——一种模仿算术语言构造的纯思维的形式语言//弗雷格. 弗雷格哲学论著选辑. 王路译. 北京：商务印书馆，2006：3.

③ [德]弗雷格. 概念文字——一种模仿算术语言构造的纯思维的形式语言//弗雷格. 弗雷格哲学论著选辑. 王路译. 北京：商务印书馆，2006：3.

④ [德]弗雷格. 概念文字——一种模仿算术语言构造的纯思维的形式语言//弗雷格. 弗雷格哲学论著选辑. 王路译. 北京：商务印书馆，2006：4.

有在一个德文字母的位置上可以代入的东西所服从的其他条件，都应该列入判断之中，如 a；他用小写英文字母代表句子，如 a、b。弗雷格同样认为，通过字母，他能够表达一种普遍性。但是，他不像亚里士多德那样把字母仅局限于自然语言的语法形式，而是做了进一步的思考。

他看到，算术的形式语言还缺少逻辑联结词的表达，不足以构成完全意义上的概念文字。他希望构造的"概念文字"是：这种概念文字必须包括有逻辑关系的简单表达方式，这些表达方式限制在必要的数量之内，必须能够被人们简便而可靠地掌握。而且，这些形式必须适合于与内容最密切地结合在一起，同时必须力求简明，以便能够充分利用书写平面的二维广延达到描述的清晰。有内容意义的符号非常少。一旦出现普遍的形式，就能够很容易根据需要制造这种符号。如果看上去不能或者不必把一个概念分解为其最小组成部分，那就可以满足于暂时使用的符号。[①]这就是说，弗雷格的"纯思维的形式语言"即"概念文字"除了有字母外，还需要：①包含逻辑关系，有关于逻辑联结词的部分；②数量有限，是必要的，而且易于被人们可靠地掌握；③简明，而且能够清晰地描述思想内容；④符号本身没有内容意义。

那么，我们来看一下弗雷格形式语言中的其他符号。

（ⅱ）"⊢"

弗雷格认为："研究逻辑，在很大程度上就是与语言的逻辑缺陷做斗争。"[②]而语言的逻辑缺陷究竟是什么呢？弗雷格回答得很简单，那就是：在自然语言中，人们以为谓词具有断定力（assertoric force）。

弗雷格指出人们一直以为说出一句话就是做了一个判断，这其实是心理因素在起作用。事实上并不是这样的。他说："一个判断将总是借助⊢这个符号表达出来，这个符号处于表示判断内容的符号或符号组合的左边。如果省略⊢这条水平线左端的小竖杠，那将使这个判断变为一个纯表象组合。对于这样的表象组合，写下这个符号的人并未表达出是否判定它是真的。"[③]所以，"⊢"是弗雷格引入的判断符号。这就是说，在弗雷格看来，人们说出一句话，仅仅是进行了一些纯表象的描述。例如，当人们说出"磁铁对立的两极相互吸引"

---

① [德]弗雷格. 论概念文字的科学根据//弗雷格. 弗雷格哲学论著选辑. 王路译. 北京：商务印书馆，2006：44.

② Frege G. Posthomous Writings. Hermesetal H（ed.）. Oxford：Basil Blaekwell，1979：252.

③ [德]弗雷格. 概念文字——一种模仿算术语言构造的纯思维的形式语言//弗雷格. 弗雷格哲学论著选辑. 王路译. 北京：商务印书馆，2006：7.

时，并不表达判断，只是唤起读者或听者想象到"磁铁对立两极的相互吸引"这一内容而已，并没有对它加以肯定或否定，也就是说，对这个思想的正确性没有任何判断，这时，我们可以用符号"——A"来表示它，可以理解为"命题 A"。而且在这种情况下，我们也可以换用"……这种情况"或"……这个句子"这样的表达方法。因此，说出一句话并不是表达了一个判断，而仅仅是表达了一个可以加以判断的内容。

当然，并不是任何表象都可以做判断内容。例如，像"房子"这样的表象就不行，它只是一个单纯的概念。这其实表达了一个类似于亚里士多德创建逻辑时就提出的只有判断才有真假的思想，我们同样可以认为弗雷格这样说是表明只有语句或命题才能做逻辑的真值载体。

于是，弗雷格区分了句子、句子表达的内容，并且对句子表达的内容和判断做出了区别。

弗雷格认为，句子和句子表达的内容不同。不同的句子形式可以表达相同的内容。比如，"希腊人击败波斯人"和"波斯人被希腊人击败"这两个句子使用了不同的语态，是不同的句子形式，但它们表达了相同的内容。弗雷格把这两个句子中相同的内容部分称为"概念内容"。他认为，只有概念内容对于概念文字有意义，因此，概念文字不必区别具有相同概念内容的句子，因为作为一个前提，具有相同概念内容的句子互相替代不会影响推理的有效性。

弗雷格的判断中不出现主词和谓词的区别，他认为他是完全以数学的形式语言为典范的，如果在这种语言中区别主词和谓词只能造成歪曲。而如果人们特别想要区别主词和谓词的话，那么，可以考虑这样一种语言，即把"阿基米德在夺取叙拉古时死了"这一句子表达为"阿基米德在夺取叙拉古时死了是一个事实"，这样，主词含有整个内容，而谓词的目的就在于把整个内容看作是判断。因此，在这种语言中，一切陈述将只有一个唯一的谓词，即"是一个事实"。显然，这里的主词和谓词不同于平常的理解。由此，弗雷格引入了新的符号"⊢"表示他概念文字中的共同谓词，他说："构成⊢这个符号的水平线将其后出现的符号联结成为一个整体，这条水平线左端的竖杠所表达的肯定就是针对这个整体。水平线可以叫作内容线，竖杠可以叫作判断线。内容线通常也用来使任何一些符号与其后出现的符号整体联系起来。"[①]

---

① [德]弗雷格. 概念文字——一种模仿算术语言构造的纯思维的形式语言//弗雷格. 弗雷格哲学论著选辑. 王路译. 北京：商务印书馆，2006：7.

因此，"——*A*"不表示判断，只表示"*A*"是可判断的内容；"⊢*A*"才表示判断。

在后来的《思想》中，弗雷格深入地论述并发展了以上对句子表达内容与判断的区别。他指出：①思维——对思想的把握；②判断——对一个思想真的肯定；③断定——对判断的表达。

（ⅲ）⊢———┬———*A*
　　　　　　└———*B*

这个符号是弗雷格表示条件性的符号，是一个条件符号。在这个符号中，将两条横线联结起来的竖杠叫作条件杠。上横线位于条件杠左边的部分是

　┬———*A*
　└*B* 的内容线，其后位于 *A* 和条件杠之间的部分是 *A* 的内容线，*B* 左边的横线是 *B* 的内容线。最外面的竖杠表示判断。

如果 *A*、*B* 表示可判断的内容，那么，它们有以下四种不同的可能性：

（1）肯定 *A*，肯定 *B*；

（2）肯定 *A*，否定 *B*；

（3）否定 *A*，肯定 *B*；

（4）否定 *A*，否定 *B*。

而弗雷格的这个判断符号"⊢———┬———*A*"就代表判断："不出现这些可能

　　　　　　　　　　　　└———*B*

性中的第三种情况，而出现其他三种情况之一。"[①]这其实就是我们现在所说的"实质蕴涵"，即 $p \rightarrow q$ 真，那么，不会出现前件真而后件假的情况。

弗雷格对这种条件句，强调了以下几点：

（1）必须肯定 *A*，在这种情况下，*B* 的内容无关紧要。

（2）必须否定 *B*，在这种情况下，*A* 的内容无关紧要。

（3）这个条件句不表达"如果……那么……"这个词内含的因果联系，而且，当做出这个判断┬———*A* 时，我们可以不知道应该肯定 *A* 还是否定 *B*。

　　　　　　　　　　　　　└*B*

这就是说，弗雷格认为，当做出这个判断时，只需要求它"肯定 *A* 或者否定 *B* 就为真，而既不肯定 *A* 也不否定 *B* 时则为假"就行。事实上，弗雷格这样做是为我们刻画了这个蕴涵式的真值条件。可以看出，他只是从形式上来刻画这个蕴涵式的，并未考虑诸如 *A* 与 *B* 之间的因果联系等这类具体内容。

---

① [德]弗雷格. 概念文字——一种模仿算术语言构造的纯思维的形式语言//弗雷格. 弗雷格哲学论著选辑. 王路译. 北京：商务印书馆，2006：10.

（iv）$\vdash\!\!\!\!\top\!\!\!\!-A$

这个符号是在判断 A 的内容线下加了一个小竖杠，表示：内容不发生，即 A 不发生。弗雷格把这个小竖杠称作"否定杠"。否定杠右边的水平线是 A 的内容线，否定杠左边的水平线是 A 的否定的内容线。所以，这个符号可以叫作否定符号，它表示"否定 A"。

"$\vdash\!\!\!\!\top\!\!\!\!-$"这个符号可以理解为是由"$|$""——"和"$|$"合成的。那么，我们把内容线、条件线和否定线以各种方式组合起来，就可以表达其他各种逻辑概念。例如，$\vdash\!\!\!\!\top\!\!\!\!-A \atop B$ 这个符号就是表示"不发生肯定 B 且否定 A 的否定的情况"，也就是"不会出现肯定 A 且肯定 B 的情况"。

弗雷格凭借内容线、条件线和否定线，其实也可以说是依赖他的"条件符号"和"否定符号"还表示了"或者""要么……要么……""并且"等联结词。

（v）≡

"$\vdash (A \equiv B)$"表示 A 这个符号与 B 这个符号有相同的概念内容，因此到处都可以用 B 替代 A 并且反之亦然。

弗雷格指出，他的这个新符号所联结的名称，如 A、B，不仅代表它们的内容，也可以代表它们自己。而且，同一符号"≡"之所以需要，一方面是因为：同样的内容可以用不同的方式给出，这不是一个简单的用法问题，而是涉及了语言的本质特征，否则就不会有康德意义上的综合判断。例如，弗雷格后来谈到的"晨星"和"昏星"是同一内容的两个名称，当我们说"晨星≡昏星"时，就给出了一个重要的信息，因为这两个名称对应于决定内容的不同方式；另一方面是因为：在用一个缩写代替一个冗长的表达式有时是很适宜的。引入一个内容同一符号"≡"就可以表示缩写的和原初形式的内容同一。

后来，弗雷格把"概念内容"这一概念分成"涵义"和"意谓"，并把符号"≡"改为"="。"="不被看成两个名称之间的关系，而是看成名称的意谓之间的关系。"="用于专名的意谓，相当于等词；用于命题的意谓，相当于等值符号"↔"。

（vi）Φ(A)

这是弗雷格在《概念文字》中引入的又一个非常重要的概念，即函数和自变元。"Φ(A)"表示"以 A 为自变元的函数"，其中，A 代表自变元，Φ 是函数符号。$\vdash$Φ(A)就读作："A 有性质 Φ"。弗雷格对这两个重要概念的精确说明如下。

如果在一个其内容不必是可判断的表达式中在一个或多个位置上出现一个简单的或复合构成的符号，并且我们认为在所有位置上或几个位置上可以用其他符号，但是只能到处用相同符号替代它，那么我们就称这里表达式所表现出的不变部分为函数，称可替代的部分为其自变元。[①]

这就是弗雷格在区别出句子表达的内容与判断后，对判断结构的深入分析。在他的概念文字中，判断不再区分主项和谓项。他认为，最好将"主词"和"谓词"从逻辑中完全清除，因为它们总是一再诱使人们混淆"一个对象处于一个概念之下"和"一概念下属于另一个概念"这两种根本不同的关系。在弗雷格看来，对象和概念是根本不同的，不能相互替代。代表对象的专名并不能做谓词，它只是谓词的一部分，是自变元。概念才是谓词，一个概念是一个函数，并且函数是不饱和的、不完整的，它带有一个空位，需要自变元即专名、个体词或代表专名或个体词的表达式来补充完整。这样，一个表示性质的句子也就成为一个带自变元的函数。例如，"苏格拉底会死"表示为 $F(a)$，"哲学家优秀"表示为 $F(x)$，其中，$F(a)$、$F(x)$ 都是函数表达式，而 a 是专名，x 是个体词。这样，在弗雷格这里，以往传统形式逻辑中的表示主词和谓词的类概念都成了谓词，都要对个体词进行谓述。这样，单称命题在弗雷格的逻辑体系中可以很自然地刻画出来，例如，单称肯定命题"张三是中国人"可表示为 $\vdash \Phi(a)$，单称否定命题"张三不是中国人"可表示为 $\vdash \neg \Phi(a)$。很显然，弗雷格由于引入函数与自变元从而很轻松地化解了单称命题在逻辑体系中如何正确处理这一困境。

弗雷格还利用函数与自变元，很方便地表示了关系判断。从亚里士多德以来乃至莱布尼兹，对于关系判断都没有清晰的表述。德摩根提出了关系逻辑，并对关系逻辑进行了开拓，但德摩根提出的符号也很不方便。弗雷格运用函项符号较好地处理了关系判断的问题。他指出，$\Psi(A,B)$ 表达按顺序所取两个自变元 A 和 B 的一个函数。因此，$\Psi(A,B)$ 和 $\Psi(B,A)$ 是不一样的。$\vdash \Psi(A,B)$ 是指"A 与 B 有关系 Ψ"。

显然，弗雷格引入函数与自变元，使得句子结构发生了很大的变化，从而

① [德]弗雷格. 概念文字——一种模仿算术语言构造的纯思维的形式语言//弗雷格. 弗雷格哲学论著选辑. 王路译. 北京：商务印书馆，2006：23.

引发了对句子种类分析研究的重大突破。

（ⅶ）⊢—Φ(a)

弗雷格指出，如果在这个自变元的位置上代入一个德文字母，并且在内容线画出一个凹处，使这个相同的字母处于这个凹处，所形成的这个表达式"⊢—Φ(a)"表达这样一个判断："无论将什么看作其自变元，那个函数都是一个事实。"显然，弗雷格在这里引入的这个普遍性符号，事实上是全称量项，用现代形式逻辑的通用符号表示，即∀aΦ(a)。弗雷格强调，这个德文字母的凹处是非常必要的，因为它限制了通过这个字母表示的普遍性涉及的范围。只有在它的范围以内，这个德文字母才保持它的意谓。这实际上就是现代形式逻辑中常说的使a成了"约束变元"。如果这个德文字母作为函数符号出现，那么所有在这个德文字母的位置上可以代入的东西所服从的其他条件都应该列入判断之中。而且，这个全称量词可以出现在一个判断表达式的其他位置上，从而形成各种不同的语句表达式，例如，可以用"⊢—┬Φ(a)"表示"至少有一个a"或"存在a"，用现代形式逻辑的通用符号表示，即"∃aΦ(a)"。

以上就是弗雷格逻辑演算系统中使用的七类基本符号，它们符合弗雷格创建概念文字时的初衷：数量有限而且简明必要，能够清晰地描述思想内容而本身却没有内容，而且这些符号中有三个表示关系的基本符号——条件短线、否定短线和普遍性符号，它们实际就是逻辑联结词"蕴涵""否定"和"全称量词"[①]。

由弗雷格创建的这些基本符号可以表示出自然语言中无穷的语言表达。弗雷格的条件短线、否定短线和全称量词，即"蕴涵""否定"和"全称量词"，这三个基本符号非常重要，它们能以无穷多的不同方式进行组合，从而得出各种不同的语言表达式，不仅传统形式逻辑中的A、E、I、O四种直言判断，甚至有一些早期逻辑学家没有详尽考察过，但在普通语言中能找到并且对科学论

---

① 弗雷格在1923年发表的《思想结构：逻辑研究第三部分》为我们提供了六种思想结构，这里实际上有对逻辑联结词的更进一步探讨。他提到的这六种思想结构分别是：①A并且B；②并非（A并且B）；③（并非A）并且（并非B）；④并非（并非A）并且（并非B）；⑤（并非A）并且B；⑥并非[（并非A）并且B]。他在谈到第一种思想结构"A并且B"时说："除这两个部分思想外，它还含有使它复合构成的东西，而语言上与这种东西相应的是'并且'。这个词在这里是以特殊的方式使用的。这里只把它看作原初两个句子之间的联结词……"可见，"并且"是逻辑联结词。弗雷格认为思想结构④还可简要地写为（……或者……），或者前后的两个空位说明构造者的两点不饱和性，这就是说，"并非（并非A）并且（并非B）"等值于"A或者B"；弗雷格认为思想结构⑥"并非[（并非A）并且B]"也可以写为"如果B，那么A"。这其实是谈到了联结词的可互定义性。

述很重要的复杂形式，弗雷格的这种形式语言都能表示出来。例如，"每一只猫害怕有的狗"可表示为

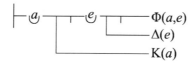

又如，"存在一只狗，每一只猫都害怕它"可表示为

$$\vdash \!-\! e \!\!-\!\!\!\!-\!\! a \!\!-\!\! \begin{array}{l} \Phi(a,e) \\ \text{K}(a) \\ \Delta(e) \end{array}$$

前一个判断是关系判断，第二个判断是带有存在量词的量化判断，这两个判断都是亚里士多德逻辑及其后的传统形式逻辑体系所没有涉及的。弗雷格这种概念文字对判断的可能的表达能力确实是值得大为赞誉的。

弗雷格明确表示他所创建的这些表意的概念文字，即形式语言，与日常语言相比，就如同显微镜与眼睛一样。它可以使逻辑摆脱日常语言的含混不清及与心理、与内容紧密纠缠的缺陷，从而适应科学对语言在精确性上的更高要求，进而满足科学的要求，也就是满足我们更好地"求真"要求。

2）公理及推理规则

弗雷格在说明了他的形式语言"概念文字"的符号体系后，又对"一些纯思维判断的表述和推导"进行了阐述，他断言，有一些原则不能用他的概念文字表达，因为它们是这些符号的应用规则，是这种概念文字的基础。然而还有一些纯思维判断可以用他的概念文字表达。在这里他要给出一些规则，但是因为"是只知道这些规则，还是也知道一些规则如何同时给出另外一些规则，显然是不同的。用后一种方式可以得到少数几条规律，这几条规律如果加上规则中包含的那些规律，则将一切（尽管尚未得到发展的）规律的内容都包括在内"[①]。也就是说，他想在这里概略地说明如何能把他的逻辑系统表示成一个演绎的演算系统，在这个演算系统中，可以通过他给出的这些规律及规则得出这个逻辑系统中的所有规律，事实上就是所有的真判断、真命题。从他的这段表述中，我

① [德]弗雷格. 概念文字——一种模仿算术语言构造的纯思维的形式语言//弗雷格. 弗雷格哲学论著选辑. 王路译. 北京：商务印书馆，2006：33.

们分明可以看到他类似于现代形式逻辑元逻辑中关于逻辑系统"语义完全性"的思想。元逻辑中的"语义完全性"简单说来就是：如果在该系统可推出属于某一特定范围内的一切真命题，那么这一系统是相对完全的，又称是语义完全的。很显然，在这段表述中的"这几条规律如果加上规则中包含的那些规律，则将一切（尽管尚未得到发展的）规律的内容都包括在内"就是说由这个系统可以推出其一切真命题，就是这种元逻辑的"语义完全性"思想。并且，弗雷格在这里要给出的这些"规律及规则"，即依靠它们就能得出其他所有规律的"规律及规则"，就是现代形式逻辑中称谓的"公理及推理规则"。

弗雷格给出的九个"构成核心的句子"就是他的逻辑演算系统的公理，我们用他的概念文字表达如下：

公理（1）：

公理（1）用现代形式逻辑的通用符号表示，即"$a \rightarrow (b \rightarrow a)$"，也就是说："否定 a，肯定 b 且肯定 a 的情况不会出现"。

公理（2）：

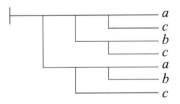

公理（2），如果用现代形式逻辑的通用符号表示，则可表示为："$[c \rightarrow (b \rightarrow a)] \rightarrow [(c \rightarrow b) \rightarrow (c \rightarrow a)]$"，也就是说："如果一个句子（$a$）是两个句子（（$b$）和（$c$））的必然结果，并且如果其中一个句子（$b$）又是另一个句子（$c$）的必然结果，那么句子（$a$）就仅仅是最后这个句子（$c$）的结果。"

公理（3）：

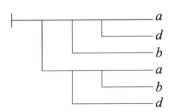

公理（3），如果用现代形式逻辑的通用符号表示，则可表示为："$(d \rightarrow (b \rightarrow a)) \rightarrow (b \rightarrow (d \rightarrow a))$"，也就是说："如果一个句子（$a$）是两个句子（（$b$）和（$d$））的必然结果，那么，句子（$a$）可以是句子（$b$）的结果，也可以是句子（$d$）的结果。"

公理（4）：

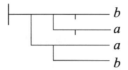

公理（4）用现代形式逻辑的通用符号表示，即"$(b \rightarrow a) \rightarrow (-a \rightarrow -b)$"，也就是说："如果有 b 就必然有 a，那么，没有 a 就必然没有 b。"

公理（5）：

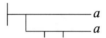

公理（5）用现代形式逻辑的通用符号表示，即为"$\neg\neg a \rightarrow a$"，也就是说："对 a 的双重否定后仍然是 a。"

公理（6）：

公理（6）用现代形式逻辑的通用符号表示，即为"$a \rightarrow \neg\neg a$"，是指："由 a 可得出非 a 的否定。"

公理（7）：

公理（7）用现代形式逻辑的通用符号表示，即为"$(c \equiv d) \rightarrow (f(c) \rightarrow f(d))$"，就是说："如果 c 与 d 同一，那么，如果 c 具有 f 属性，则 d 也具有 f 属性。"

公理（8）：

公理 8 用现代形式逻辑的通用符号表示为"$c = c$"，即"c 等同于 c"。

公理（9）：

$$\vdash \begin{array}{l} f(c) \\ \text{—}a\text{—} f(a) \end{array}$$

公理（9）用现代形式逻辑的通用符号表示则为"$\forall x F(x) \rightarrow F(a)$"，即如果任何事物 x 具有 F 属性，那么，某个 a 也具有 F 属性"。

除了以上九条公理外，弗雷格的逻辑演算系统还有四条推理规则如下：

第一条推理规则——分离规则：从 $\vdash \begin{array}{l} A \\ B \end{array}$ 和 $\vdash B$，可得到新判断 $\vdash A$。

第二条推理规则——代入规则：弗雷格使用了，但没有严格陈述。

第三条推理规则——后件概括规则：从 $\vdash \begin{array}{l} \Phi(a) \\ A \end{array}$ 可以推出 $\vdash \begin{array}{l} \text{—}a\text{—} \Phi(a) \\ A \end{array}$。

假定 A 是 a 不出现于其中的一个表达式，并且 a 在 $\Phi(a)$ 中仅处于自变元的位置上。

第四条推理规则——后件限制规则：从 $B \rightarrow (A \rightarrow \Phi(a))$ 可推出 $B \rightarrow (A \rightarrow \forall x \Phi(x))$。这里 a 不在 A 或 B 中出现，$\Phi(a)$ 中 a 只处于自变元的位置上。这条推理规则是第三条推理规则的推广，弗雷格认为，这条规则可以化归为第三条推理规则。化归方法是：首先，将 $B \rightarrow (A \rightarrow \Phi(a))$ 变形为 $(B \wedge A) \rightarrow \Phi(a)$，然后，依据第三条推理规则可以得到 $(B \wedge A) \rightarrow \forall x \Phi(x)$，即可变形为 $B \rightarrow (A \rightarrow \forall x \Phi(x))$，从而得证。所以，弗雷格认为这个推理规则原则上可以省略。

弗雷格基于他的形式语言，即概念文字，以及他的九条公理和四条推理规则，第一次在比较严格、比较完全的意义上构建了一个逻辑演算系统。这个逻辑演算系统的确立标志着初步完成了现代形式逻辑的变革，也标志着现代形式逻辑的诞生。在这里，公理（1）~（6）加上推理规则（1）、（2）就形成了他的命题演算系统；公理（1）~（9）再加上推理规则（1）~（4）就是他的一阶谓词演算系统。所以，我们可以说，弗雷格的逻辑演算系统实际上就是一个一阶逻辑的公理系统。而且他的这个一阶逻辑的公理系统是没有语义矛盾的。我们可以基于这个逻辑演算系统由这些真的命题——公理，依据推理规则，必然得出真的结论。弗雷格认为，用这样的方式进行推理可以觉察到隐含的前提和有漏洞的推理步骤，可以使我们最可靠地检验一串推理的有效性。弗雷格的一阶逻辑演算系统是完全的，尽管他没有给出完全性证明。

但弗雷格的逻辑演算系统却不具有独立性。波兰著名逻辑学家卢卡西维茨在 1936 年证明：弗雷格的第三条公理可以从前两条公理推出。

弗雷格在阐述他由概念文字构成的逻辑演算系统时认为，那九条公理都是"纯思维的判断"，而那四条推理规则就是如何运用符号的规则，它们不能在弗雷格的概念文字中表示出来，它们是这些语言的基础。这样，弗雷格事实上是区别了对象语言和元语言。

尽管由于弗雷格逻辑演算系统所使用形式语言及符号的复杂、不简洁带来书写困难、不利于印刷及系统本身在独立性等方面的欠缺，使得弗雷格的逻辑演算系统在当时未能引起逻辑学家们充分的注意和重视，但是，我们不能否认弗雷格在现代形式逻辑的发展史上第一次构造了包括命题演算系统和谓词演算系统在内的一阶逻辑的公理演算系统。

正如弗雷格所说："为了克服这种弊病（即自然语言的局限——引者注），我设计出我的概念文字。它应该使表达式更加简单清楚，并且能够像运算那样以少数几个固定的公式来进行，因而不出现与那些一劳永逸地建立起来的规则相悖的过渡。这样，任何论据都不能悄悄地潜入进来。以这种方式，不必从直觉借用任何公理，我就证明了一个句子（然而它应该不仅能够表达像布尔表达式那样的逻辑形式，而且应该表达一种内容），而这个句子，人们一眼看上去就想把它看作一个综合句。"①正是因为弗雷格突破了自然语言的束缚，创立了这套形式语言——概念文字，并尝试着用这套形式语言表达各种推理及其公理、推理规则，还区分了对象语言和元语言，从而既发展了莱布尼兹创立"普遍语言"的思想又克服了布尔代数语言的局限性，为现代逻辑的形式语言构建起了示范作用。从他开始，现代形式逻辑走上了形式化的道路。弗雷格逻辑演算系统的建立标志着现代形式逻辑基础的牢固奠定，并充分体现了现代形式逻辑与传统形式逻辑的一脉相承。弗雷格奠定的现代形式逻辑在符号化、形式化方面远胜于传统形式逻辑，因此，更好地实现了推理的演算化，在避免日常语言中的一些歧义性、模糊性的基础上，更清晰地体现出由真前提到真结论的"必然得出"。这个功绩无人能比。

---

① [德]弗雷格. 算术基础. 王路译. 北京：商务印书馆，1998：108-109.

2. 弗雷格逻辑演算体系——以特殊的方式研究真

弗雷格在 1897 年的《逻辑》一文中谈到，当人们进入一门学科之时，总是要了解它的本质的，以期能得到一个为之努力的目标，确立一个循此而展开工作的方向。因此，他指出："对于逻辑来说，'真'一词可以用来使人们认识到这样一种目标，很像'善'一词使人们认识到伦理学的目标，'美'一词使人们认识到美学的目标。尽管所有科学都以真为目标，但是逻辑以完全不同的方式研究'真'这个谓词……"①这就是说，逻辑是探讨真的规律的，逻辑是探讨必须如何做才能不偏离真的问题的，并且逻辑是以一种完全不同的方式探讨真。

那么，这是一种怎样的方式呢？当然必定应该是逻辑所独有的，能够突出体现逻辑本质的一种方式，这样才能符合弗雷格所说的"'真'一词表明逻辑"②。

1) 逻辑是一种以特殊的方式求真的科学

弗雷格所说的这种以逻辑独有的方式的求真，应该就是基于弗雷格构造的概念文字推理进行的求真。因为逻辑学家们一致认为，弗雷格是现代逻辑的重要奠基者，他的《概念文字》标志着逻辑突破了传统形式逻辑的框架，开始了基于形式语言的现代形式逻辑，弗雷格的逻辑演算体系发源于《概念文字》，所以基于概念文字所提供的求真方式必然也就是弗雷格认为的不同于以往的、逻辑所独有的方式。

弗雷格最初构设概念文字就是希望从心理学的东西中提炼出逻辑的东西，并通过揭示语言在逻辑上的不完善性使思维从语言的束缚下解放出来。他认为，我们不能因为表达而牺牲了逻辑的正确性，为此，逻辑更重要的是创造一种最严格精确且尽可能简短的数学语言，而概念文字则是最适宜的，它是这样一整套规则，根据这些规则，人们能够不借助语音而是由书写符号或印刷符号来直接表达思想。当我们基于这样一种形式语言时，我们可以更严谨细致地研究语言进而更准确恰当地把握思维的真。弗雷格的这种概念文字就是要"为一定的科学目的构想出来的辅助工具"，他甚至觉得这种概念文字如果多少能满足了这一要求，人们也没有必要为这本书（即《概念文字》）没有提供新的真理而感到遗憾。他还说："如果这种方法的发展能促进科学的进步，就会使我感到

---

① [德]弗雷格. 逻辑//弗雷格. 弗雷格哲学论著选辑. 王路译. 北京：商务印书馆, 2006：202.
② [德]弗雷格. 逻辑//弗雷格. 弗雷格哲学论著选辑. 王路译. 北京：商务印书馆, 2006：199.

安慰。培根就认为，发现一种借以容易发现所有东西的工具比发现个别事物更重要。而且近代所有重大科学进展的根源确实就在于方法的改进。"①从弗雷格的这些言论中我们可以看出他非常重视他精心设计出来的这套概念文字，而且他自认为他的这套概念文字是一种能促使科学进步（当然也能促使逻辑发展）、促进人们更好求真的、较以往更好的方法，他仅为这种方法的成功提出就颇感自豪。同时他坚信，他的逻辑基于这套概念文字，这种更具优越性的方法，能够实现"以一种特殊的方式求真"。

因此，弗雷格首先构造了一系列的概念文字：

A. 初始符号有：

（1）谓词变元：Φ、Ψ……；

（2）命题变元：A、B……；

（3）个体常项：a、b……；

（4）联结词：蕴涵￤￤、否定￤￤；

（5）量词：全称量词￤ⓐ-$\Phi(a)$、存在量词￤ⓐ￤$\Phi(a)$；

（6）等词：＝。

B. 公理：见上文"2）公理及推理规则"中。

C. 推理规则：见上文"2）公理及推理规则"中。

以上就构成了弗雷格的一阶逻辑演算体系。通过这个逻辑演算体系，弗雷格初步实现了把推理变为演算的构想，并且使得推理不掺杂直观的东西。而且基于他的这个逻辑演算体系，我们不只知道了给出的这些公理、推理规则，我们还可以由这几条公理加上推理规则，构成推理串，推出"一切（尽管尚未得到发展的）规律的内容"，也就是以这些公理为基础，根据推理规则，可以把所有的真的规律作为定理推演出来。这里有他的化归方法。之所以要这样是因为，"可提出的规律数量极大以致不能全部列举出来，因此只有通过寻找那些根据其力量将一切包括在内的规律才能达到完全性"。逻辑推理成了一些推理串的演算。弗雷格引领逻辑走上了形式化的道路。通过这一系列的推理串演算，我们以形式化的方法由真的前提必然可靠地得到真的结论。这就是弗雷格独特的求真方式。

自此，弗雷格使逻辑以这样一种独特的方式独立出来，因此，这样一种独

---

① [德]弗雷格. 概念文字——一种模仿算术语言构造的纯思维的形式语言//弗雷格. 弗雷格哲学论著选辑. 王路译. 北京：商务印书馆，2006：3.

特的方式也就是使逻辑区别于其他学科的本质所在。这也就相当于告诉我们，逻辑是这样一种科学：

　　　　基于一系列的初始符号及公理，根据推理规则，以形式化的推理方法进行的，以"必然得出"为内在原则的特殊求真的科学。

2）"真"是关于句子的

　　从亚里士多德始创逻辑时就指出，单独的概念，如名词或动词没有真假，只有概念与概念的组合才有真假。概念与概念的组合形成语句，但并不是所有语句都有真假，只有自身有所断定的语句才有真假，一般来说陈述句/命题自身有所断定。这又使陈述句/命题与语句区分开来。因此，真是关于陈述句/命题的。

　　弗雷格逻辑同样认为真是关于句子的，他说："寻找可以应用'真'这一谓词的领域。不在物体方面。它通常在句子方面；确实仅在断定句。"[①]可见，弗雷格认为真针对句子而且只针对断定句，他把命令句、疑问句、愿望句和请求句都排除在外，因为这些句子虽然有意义，但它们并不包含真正的思想。于是，弗雷格在他的《概念文字》一开始就引入判断符号"⊢A"，指出判断总是借助它表达出来。符号⊢A中的竖杠叫作判断线，他说："如果省略这条水平线左端的小竖杠，那将使这个判断变为一个纯表象组合。对于这样的表象组合，写下这个符号的人并未表达出是否判定它是真的。"[②]那就是说，没有竖杠，不构成判断，没有判断也就没有真假，真假是针对判断这种句子而言的。接着，弗雷格还进一步举例说，即使在"房子"前加了"⊢A"，也构不成判断，但是，"有一些房子（或一座房子）"这种情况就会是一种判断，因为"房子"只是内容的一部分，换句话说，"房子"只是句子的一部分。弗雷格在此区别了可判断的和不可判断的内容，显然，可判断的内容应该是完整的句子，由此我们也清楚地看到，弗雷格认为真是关于句子的。

　　弗雷格在其代表作《论涵义和意谓》中写道："现在我们探讨一个完整的直陈句的涵义和意谓。这样一个句子包含着一个思想……"[③]，"句子的涵义，

---

　　① [德]弗雷格. 逻辑//弗雷格. 弗雷格哲学论著选辑. 王路译. 北京：商务印书馆，2006：199.
　　② [德]弗雷格. 概念文字——一种模仿算术语言构造的纯思维的形式语言//弗雷格. 弗雷格哲学论著选辑. 王路译. 北京：商务印书馆，2006：7.
　　③ [德]弗雷格. 论涵义和意谓//弗雷格. 弗雷格哲学论著选辑. 王路译. 北京：商务印书馆，2006：101.

即思想"①，"我们不得不把一个句子的真值看作它的意谓"②。他在此后的论文《思想》中明确区别出判断——对一个思想的真的肯定，这就更明白地论证了：真是关于句子的，是关于句子的思想的。

弗雷格也研究了句子部分专名、谓词的涵义及意谓，目的也是为了更好地理解句子的真。他曾对"奥德赛在沉睡中被放到伊萨卡的岸上"这个句子进行分析，他说确定这个句子有涵义，但因无法确定其中的名字"奥德赛"是否有一个意谓，所以无法确定该句子是否有意谓。但可以肯定的是：所有认为该句子为真或为假的人都承认，"奥德赛"这个名字不仅有涵义，而且有一个意谓，因为句中的谓词肯定或否定的正是它的意谓。可见，对句中专名的分析，实质也是为了恰当地理解句子的真值。接下来的这段话可能更好地体现了这种观点："当出现一个像'亚里士多德'这样的真正的专名时，关于涵义的看法当然可能产生分歧，例如有人可能认为它指柏拉图的学生和亚历山大大帝的老师，有人可能认为那位生于斯塔吉拉的、亚历山大大帝的老师是这个专名的涵义，持前一种看法的人就会以一种与持后一种看法的人的不同的涵义和'亚里士多德生于斯塔吉拉'这个句子联系起来。只要意谓相同，这些意见分歧就是可以忍受的，即使它们在一个进行证明的科学体系中应该避免，在一种完善的语言中是不允许出现的。"③在含有专名的句子中，句子的真值是由专名的意谓决定的，因此对专名的理解不同，不允许影响到对专名意谓，否则就会影响到句子真值。所以，弗雷格才会说：只要对专名涵义的不同理解不影响它有相同的意谓，进而不影响整个句子的意谓真值，都是可以忍受的。这显然再一次印证了弗雷格逻辑考虑的重点是句子的意谓，他看重的是关于句子的真。这种思想还可以从他对谓词的分析中看到。弗雷格认为，所有概念词都是谓词，一个谓词即概念词意谓一个概念，而一个概念则是一个其值总是一个真值的函数。我们总是用一个专名来填充一个概念词，使概念饱和，这样我们也就得到一个句子，其涵义是一个思想，而且它有一个真值做意谓。显然，弗雷格讨论谓词和概念，也是为了研究句子的真值。

所以，毫无疑问，弗雷格逻辑中的"真"是关于句子的，是断定句的意谓。一个句子的真值或为真或为假，没有其他情况。

---

① [德]弗雷格. 论涵义和意谓//弗雷格. 弗雷格哲学论著选辑. 王路译. 北京：商务印书馆，2006：102.
② [德]弗雷格. 论涵义和意谓//弗雷格. 弗雷格哲学论著选辑. 王路译. 北京：商务印书馆，2006：103.
③ [德]弗雷格. 论涵义和意谓//弗雷格. 弗雷格哲学论著选辑. 王路译. 北京：商务印书馆，2006：97.

3）思想与真——逻辑追求"真"

在《概念文字》中，弗雷格区分了判断和句子表达内容。他认为，任何一个判断都是由 ⊢ 表达出来，由水平线引出句子表达的内容，就是可判断内容，竖杠表示判断。不同的句子形式可以表达相同的判断内容。例如，"我被老师批评了"和"老师批评了我"，就是以不同的句子形式得到了相同的句子表达内容，如果我们对这两个句子的表达内容都肯定，那也不是两种不同的判断行为，而只是一种判断行为。所以，在弗雷格看来，对于逻辑，区别主词和谓词是不重要的，区别属于一个句子所表达的思想的东西和这种思想所附带的东西才是最为重要的。

弗雷格指出，"真"这一谓词具有独特性，"它与其他所有谓词的区别首先在于，每当表达出某种东西时，它总是被连带地表达出来"①。因此，在断定句中，一般有两种不同的东西相互紧密结合在一起：被表达的思想和对这个思想的真的断定。一个句子包含着一个思想，这个"思想"不是指思维的主观活动，而是指思维的客观内容，它能够成为许多人共有的东西，这个共同的东西就是句子的意义、涵义，也就是句子的思想，句子的所指、意谓则是真值。他说："我把一个句子的真值理解为句子是真的或句子是假的的情况。再没有其他真值。为了简便，我分别称它们为真和假。"②"晨星是一个被太阳照亮的物体"和"昏星是一个被太阳照亮的物体"两个句子的思想是不同的，但二者的真值却是一样的。

当我们说"思想是真的"时，似乎是由"真"来谓述"思想"，二者似乎构成了谓词和主词的关系，实际上这是语言欺骗了我们。"2 是一个偶数，这是真的"并不比"2 是一个偶数"表示得更多，所以，重要的不是"真的"这个词，而是在这些句子中所带有的断定力，既然如此，那么真也就并非如人们所想的那样是句子或思想的一种性质，思想与真也绝不是主词与谓词的关系，而是一个句子的涵义、意义与其所指、意谓的关系。传统形式逻辑意义上的主词和谓词都是思想的一部分，它们的结合达到的是思想，它们处于认识的同一个层次，却不是从涵义、意义达到其所指、意谓，也不是从思想达到其真值。

达米特曾强调："对于弗雷格，涵义是一个认识的概念：明确地引入涵义和意谓的区分，是为了解释某些句子怎么能有了认识的价值（能够使人获得知

---

① [德]弗雷格. 逻辑//弗雷格. 弗雷格哲学论著选辑. 王路译. 北京：商务印书馆，2006：203.

② [德]弗雷格. 论涵义和意谓//弗雷格. 弗雷格哲学论著选辑. 王路译. 北京：商务印书馆，2006：103.

识），而且，我们无法为区别于所指的涵义概念寻得一席之地，除非它体现为对某种语言的人的一种共有方式，他们以这种方式理解该语言的表达式的语义作用。"①这就是说，弗雷格所谓的涵义（即思想），是一个认识论概念，它是与所指——真——不一样的概念，弗雷格是一位逻辑主义者，所以在弗雷格的逻辑中，涵义、思想是没有真正的地位的，弗雷格逻辑重视的是所指、意谓，即真。只有在对表达式的真进行语义解释，即予以认识论的理解时，我们才会重视涵义、思想。所以，很显然，弗雷格涵义与意谓（即思想与真）的区分，事实上也是在告诉我们哪些是逻辑研究的，哪些是哲学关注的。很显然，意谓、真是逻辑研究的，而涵义、思想则是哲学研究的。

在弗雷格看来，《概念文字》中区别出的"可判断内容"其实概括了弗雷格以"思想"和"真值"所区别表达的东西。之后基于《概念文字》中的逻辑思想进行的关于"思想"与"真"的细致区分则是为了突出弗雷格的这一观点："一般来说重要的是句子的真值……正是对真的追求驱使我们从涵义进到意谓。"②句子的意谓也就是句子的真值（即真假）才是逻辑所研究的、所重视的，这既奠定了逻辑的二值原则，又充分显示了逻辑的宗旨就是要以一种特殊的方式求真。

4）"真"是基始的，不可定义的

弗雷格在《逻辑》一文中明确指出："真不能定义；人们不能说，如果表象与现实一致，则它就是真。真是基始的和简单的。"③

一般来说，在哲学中，我们常能看到对"真"的界定是依据表象与现实是否一致或相符，这是哲学中典型的真之符合论。弗雷格在此清楚地指出对逻辑中的真不能这样说。他说，比如，当我们谈论一幅画上的东西是不是真的时，按上述哲学观点来看的话，需要看画上的东西与被画的东西之间是否一致，这实际上就是把"真"确定为一个表象与某现实的东西的一致性。但是现实的东西与表象的东西肯定不同，这样，就不会有完全的一致，故，就没有完全的真。但是，这样也就没有任何东西能是真的了，因为仅有一半真的东西是不真的。真所传达的东西既不多也不少。既然这样，我们只能说，当某个方面一致时就

---

① Dummett M. Frege：Philosophy of Language. 2nd ed. Cambridge：Harvard University Press，1981：632.

② [德]弗雷格. 论涵义和意谓//弗雷格. 弗雷格哲学论著选辑. 王路译. 北京：商务印书馆，2006：102-103.

③ [德]弗雷格. 逻辑//弗雷格. 弗雷格哲学论著选辑. 王路译. 北京：商务印书馆，2006：199.

为真。但是，又会是在哪些方面呢？而且，即使确定了哪些方面而进行为真的说明时，又会面临在所确定的这个方面表象与现实的东西是否一致的问题，我们在"真"的确定上陷入循环。因此，逻辑中的"真"不能是这样的。这实际上是再一次把"逻辑意义上的真"与"哲学意义上的真"做了区分，并且表达了他对"逻辑意义上的真"的特性的认识："真"是基始的、不可定义的。因为，任何定义都要给出一定标准，而当应用到具体情况时，总要思考这些标志是否合乎实际，是不是真的，必然又要陷入循环。于是，弗雷格断定：逻辑中，"'真'一词的内容很可能是完全独特的和不可定义的"[①]。

　　弗雷格认为，在他的逻辑体系中谈到的"真"不应在"真诚的"或"真实的"意义上使用，而且它不应用于具体事物。他指出，在逻辑中，人们通常把"真"用于句子，而且只考虑断定句，基于"真"，我们借以传达事实、提出数学定律或自然规律的句子。他之所以排除愿望句、疑问句、祈使句和命令句等，是因为它们虽然有意义，但并不包含真正的思想，也就是它们并不是要么真要么假的。只有断定句才有真正的思想，自身才包含真假。这样看来，弗雷格的"真"用于自身包含有真假的断定句，并且不是作为它的一个语音系列，而是作用于断定句的涵义，即思想。真不是对句子形式的说明，而是对其思想、涵义的说明，因此，它是一个语义方面的重要概念。同时，当我们说"1 加 1 的和是 2，是真的"并不比"1 加 1 的和是 2"断定得更多，所以，"真"的另一独特之处是，每当表达出某种东西或某个思想时，它总是被连带地表达出来。

　　这样，概括起来，我们发现，弗雷格认为"真"就是一个基始的、不可定义的、不能还原的、独特的语义概念，这也是现代形式逻辑中"真"，即"逻辑意义上的真"的独特特征。

5）两种不同的真："逻辑意义上的真"及"哲学意义上的真"

　　弗雷格的整个逻辑思想都基于这种概念文字，有了概念文字这套独特的逻辑求真工具及方法，使弗雷格得以展开其特殊的逻辑求真。这种逻辑的求真方式自然也区别于通常的哲学求真方式，即基于认识论的获得"事实真"或"哲学意义上的真"的方式。这种区别两种不同真的思想在他《概念文字》的序中就早已谈到，笔者在前面提到过的，再次重复如下。

---

① [德]弗雷格. 思想：一种逻辑研究//弗雷格. 弗雷格哲学论著选辑. 王路译. 北京：商务印书馆，2006：132.

　　"因此我们将全部需要证明的真命题分为两类，一类是可以用纯逻辑的方式证明的，另一类是必须基于经验事实证明的。"

　　弗雷格作为第一个提出一阶逻辑公理演算系统的逻辑学家，是现代形式逻辑的奠基者，他所说的纯逻辑方式证明的命题的真，必然是"逻辑意义上的真"，基于经验事实证明的命题的真，即"哲学意义上的真"。这显然是继亚里士多德、莱布尼兹之后又一次对命题的真提出了两种不同的探究方式。

　　此后，弗雷格在《思想》一文中又强调："为了排除各种误解，为了使人们不混淆心理学和逻辑学之间的界线，我规定逻辑的任务是发现是真的规律，而不是把某物看作真的规律或思维规律。"①这就是说，在弗雷格看来，"真"有两种：一种是"是真"，一种是"把某物看作真"。弗雷格所说的"是真"是"wahrsein"，他所说的"把某物看作真"是"fuerwahrhalten"。从字面上看，他按照德文的语法规则组成这两个词。实际上，"实真"（wahrsein）是"是真的"（ist wahr）的名词形式，"把某物看作真"（fuerwahrhalten）则是"认为某物是真的"（etwas fuer wahr halten）的名词表达式。这里的"是真"就是弗雷格所说的"真"，弗雷格认为与这种"真"的涵义最具紧密联系的就是"它不依赖于我们的承认"，它是逻辑的任务，因此，它是客观的，而且这种真也就是笔者所说的"逻辑意义上的真"。同时，既然"把某物看作真"也是"认为某物是真的"，那它必然要与认识的心理过程结合在一起，则必然也要与认识论结合在一起，因此它是主观的，而且它也就是"哲学意义上的真"。弗雷格在这里清楚地把这两者区分开来，就是为了把逻辑的与心理的、认识论的东西区分开来（这已作为一条原则在《算术基础》中专门列了出来）。他为了更清楚地说明"逻辑意义上的真"的独特性，还把它与"美"这一谓词做比较：他指出，美有程度不同，而真却没有；美仅是对于觉得它美的人才美，而真却不依赖于人们的承认而为真；美是主观的，而真是客观的。具有这样特点的"真"（即"逻辑意义上的真"）当然与"认为某物为真"（即"哲学意义的真"）有很大的不同。

　　至此，我们看到，对传统形式逻辑及现代形式逻辑的产生、形成及发展起着决定性的、至关重要作用的三位逻辑学家都提出了"逻辑意义上的真"与"哲学意义上的真"的区别，这不得不说：正是因为是他们创建了一门区别于哲学

---

①　[德]弗雷格. 思想：一种逻辑研究//弗雷格. 弗雷格哲学论著选辑. 王路译. 北京：商务印书馆，2006：130.

的新的学科——逻辑，于是他们更清楚地看到哲学与逻辑的不同，也更清楚地知道由这两种途径所得"真"的不同，也更透彻地明白这两种意义上的真代表着各自学科的特点，所以，"逻辑意义上的真"与"哲学意义上的真"二者是绝对不能混淆的。

（四）小结：逻辑与真

逻辑作为一门学科，由亚里士多德始创，从此开创了以"必然得出"为内在原则，基于形式推理而进行的特殊的求真。近代，在莱布尼兹"符号逻辑"的构想下，逻辑与数学方法结合，至弗雷格时形成了第一个基于形式语言的一阶逻辑公理系统，终于促使传统形式逻辑真正得以"重生"，现代形式逻辑诞生，逻辑真正走上了形式化的道路，以逻辑演算系统保证逻辑推理更加严谨科学，从而使得逻辑能够更好地基于形式推理以"必然得出"为内在原则实现特殊的求真。

通过分析研究亚里士多德、莱布尼兹、弗雷格这几位关键的逻辑学创始人、奠基者的逻辑思想，我们明白：逻辑的本质是一门基于形式推理的特殊的求真的科学。它以"真"为研究对象，而这种"真"显然是不同于认识论中的"真"的。在亚里士多德、莱布尼兹及弗雷格的逻辑工作中，"逻辑意义上的真"经历了从亚里士多德时期的与"哲学意义上的真"的不清晰划界，到莱布尼兹明确地提出两种真："推理的真"与"事实的真"，明确地区分了这两类真，然而，直到弗雷格通过构建了第一个一阶公理演算系统促使现代形式逻辑诞生，才使得"逻辑意义上的真"随着逻辑学的独立而更加清晰起来，才使得"逻辑意义上的真"有了自己的特征：基始的、不可定义的，是一种基于逻辑的形式结构的刻画。这就使得"逻辑意义上的真"更加清晰、更方便人们运用，从而也促使人们以逻辑的方式研究真，进而以逻辑的方法来研究哲学等更广泛的领域。

第二节　意义理论的渊源

随着莱布尼兹符号逻辑的构想在弗雷格第一个基于概念文字的一阶逻辑公理系统中得以实践，传统形式逻辑实现了"重生"，并真正走上了形式化的道路，现代形式逻辑诞生了。

基于概念文字这一形式语言，逻辑获得了一种新的研究方法，从而真正地从哲学中分离出来，成为一门独立的基础科学，并得到了广泛的应用。弗雷格曾断言："我已经尝试用逻辑关系符号补充数学形式语言，这样由此首选出现了一种用于数学领域的、正像我描述的那样的理想的概念文字。由此并不排除我的符号用于其他领域。逻辑关系到处反复出现，人们可以这样选择表示特殊内容的符号，使得它们适应概念文字的框架。无论现在出现还是不出现这种情况，对思维形式的一种直观描述毕竟有了一种超出数学范围的意义。因此哲学家们也想重视这个问题！"①是的，不可否认，这一变革对哲学领域也产生了重大影响。

一、弗雷格逻辑演算系统及理论的重要哲学意义

弗雷格逻辑演算系统的建立一方面使亚里士多德始创的"逻辑"这门具有两千多年历史的古老的科学真正获得了新生，向着符号化、形式化、演算化大大地迈进了一步；另一方面又使哲学在许多方面发生了巨大的变革，进而对许多哲学问题的研究和解决都起到了重大的影响作用。

（一）引入"⊢"，促进了逻辑体系的变革及对意义的研究

在弗雷格的概念文字中，他一开始就这样引入"⊢"来分析判断，并把判断作为一个整体来研究，而不像传统形式逻辑那样先研究概念，再分析判断、推理等。因此，后来的逻辑学家改变了亚里士多德首创逻辑时，由概念—判断—推理—论证，再加上逻辑基本规律，形成的传统形式逻辑体系，而是按照奠基人弗雷格的这种"断定"思想，首先分析判断，构造命题演算系统，然后再是谓词演算系统，由此来构建现代形式逻辑体系。我们可以看出，这种逻辑体系的发展非常成功和出色，而且，以此也充分显示出逻辑这门学科的性质，即逻辑以特殊的方式研究句子的真，并给出了具体的求真的演算系统、可行方式，从而也为我们基于句子的真来理解语句的意义提供了可能。

"⊢"符号的引入区别了句子和句子表达的内容，从而促使人们重视研究句子表达的内容，既对逻辑体系的建构产生了重要影响，又启发了对"意义"

---

① [德]弗雷格. 论概念文字的科学根据//弗雷格. 弗雷格哲学论著选辑. 王路译. 北京：商务印书馆，2006：45.

与"真"的思考。

弗雷格引入"⊢"这个断定符号，是因为他认识到句子、句子表达的内容和对句子的断定（即判断）是不一样的。不同形式的句子可以表达相同的内容，比如，"我的作业本被老师收了"和"老师收了我的作业本"。说出一个句子只是对一些表象进行了描述，其中包含真假，但尚未做出断定。之所以我们会认为说出一句话就是做了一个断定，是因为我们掺杂了心理因素。由此可见，弗雷格从这一开始就试图要把逻辑的东西与心理学的东西区别开来。引入"⊢"，弗雷格清楚地区分出：A 表达句子，——A 表达句子的内容，⊢A 表达对句子的断定（即判断）。弗雷格指出，只有句子表达的内容与概念文字有关，而涉及产生心理作用的东西与概念文字没有关系，这就是说，逻辑要研究的是句子表达的内容。这样，弗雷格明确了逻辑研究的对象，使逻辑研究的对象——句子所表达的内容——从纷繁复杂的句子形式中脱离出来，从而促使逻辑研究的东西与心理学研究的东西区分开来，并使逻辑能真正从哲学中独立出来。

弗雷格把句子与句子表达的内容区分开来，才使他有可能对句子所表达的内容继续进行深入研究，最终提出"涵义"和"意谓"的区别，从而引起人们对"思想"（即涵义）与"真值"（即真）的再次大思考。

（二）引入"函数和自变元"对逻辑与哲学的影响

"函数和自变元"的引入，改变了人们对句子结构的研究方式，给逻辑与哲学带来一系列的变革和影响。

弗雷格在他的概念文字中，对判断的分析不再区分主项和谓项。他认为，"主词对谓词的关系"这种表述其实表达出两种不同的关系：主词分别是一个对象或本身是一个概念。因此，最好把"主词"和"谓词"从逻辑中完全清除，因为它们总是一再诱使人们混淆"一个对象处于一个概念之下"和"一个概念隶属于另一个概念"这两种根本不同的关系。

于是，他借用了数学的两个概念——函数和自变元，也就是带空位的函数符号 $\Phi(A)$ 来表达一个句子，而 ⊢$\Phi(A)$ 则表示 A 具有性质 Φ。⊢$\Psi(A,B)$ 就是指 "A 与 B 有关系 Ψ"。其中，函数是表达整体关系的固定部分，自变元则是可以由符号替代的部分。并且，弗雷格还在自变元的位置上代入一个德文字母，并且在内容线画出一个凹处，使这个相同的字母处于这个凹处，所形成的这个表达式"⊢ⓐ-$\Phi(a)$"，即"$\forall x \Phi(x)$"，表达这样一个判断："无论将什么看作其自变元，那个函数都是一个事实。"也就是说，对任何自变元 x 而言，x 是 Φ，这就是说弗雷格事实上引入了全称量项；而且，弗雷格还用" $\vdash\textcircled{a}\mathrel{\top}\Phi(a)$ "，即 " $\exists x\Phi(x)$ " 表示 "至少有一个 a " 或 "存在 a "，即至少存在一个自变元 x，x 是 Φ，这其实就是存在量项。基于此，弗雷格构造了他的谓词演算系统。

　　弗雷格引入函数、自变元，并建立谓词演算系统，对思维分析及语言分析来说无疑是一种新的思维方式，这一方面促进了逻辑学的发展，我们知道，弗雷格通过引入函数、自变元，以及对量项（全称量项和存在量项）的刻画，对句子种类的研究有了重大突破，克服了以往逻辑中因局限于主谓式结构而无法表述单称命题及关系命题的困难，并使逻辑语言更加丰富，也能更充分、准确地反映世界。另一方面对哲学研究也产生了重大的变革，为谓述问题的解决提供了一条新的途径。

　　对于谓述问题的重要性，戴维森这样说："这个问题应该引起我们的注意。如果我们不理解谓述，我们毕竟不理解任何句子是如何工作的，我们也不能说明语言可表达的最简单的思想的结构。一度对什么叫'命题统一体'有许多讨论；恰恰是这个统一体，一种谓述理论是必须解释的。没有这样一种理论，语言哲学就缺少了最重要的一章……而如果形而上学不能说明一种实体与它的属性是如何联系的，则是可悲的。"[①]那么，什么是谓述问题呢？

　　从戴维森的评论中我们可以想到谓述问题是解释命题如何统一的，也就是说，对谓述问题，我们可以这样理解，"谓"，即谓词或性质，"述"，即表述，那么谓述问题就是讨论性质如何表述实体或谓词如何表述主词的问题，即主词与谓词是如何联系的。

　　事实上，谓述问题是由柏拉图首先引入的。他关于形式和理念的理解直接导致了这个问题。从哲学角度来说，柏拉图认为普遍的东西是形式，它不能由感觉感知，是不可划分的，特殊的东西分享、复制或以形式为模型，它是特殊东西的规范。这时，问题就出现了：如果特殊的东西像它们以个例情况在各种各样程度上表现的形式，那么特殊的东西与它们所像的任何形式就有某种共同的东西。例如，我们认为教室里的一个特殊的东西是桌子，即做了断定"这个特殊的东西是桌子"，是因为它像"桌子"的形式，那么这一定是因为我们看到的这个桌子与形式"桌子"都分享"桌子"的性质，这样，这个特殊的东西与这种性质所分享的就一定依然是另一种形式。这必然就导致了无穷倒退，我们无法说

---

① [美]唐纳德·戴维森. 真与谓述. 王路译. 上海：上海译文出版社，2007：79.

清楚这个"特殊的东西"和"桌子"这个普遍的东西是如何联系的，也就是无法解释主词"这个特殊的东西"与谓词"桌子"是如何联系的。从语义角度来说，柏拉图认为，任何一个句子必须有名词和动词，而且它们必须成为一个统一体有机联系起来。那么，"泰阿泰德坐着"这个句子中，"泰阿泰德"是名词，"坐着"是性质（形式或普遍的东西），这个句子是说泰阿泰德有这种性质，但如果说由名词"泰阿泰德"和性质"坐着"这两个实体而穷尽了这个句子的语义，那么这里只有一串名字，动词在哪里？如果说，这个动词表达了以个例情况表现这种关系，也就是我们是把动词与性质和关系联系起来，以此来解释动词。但问题还不能结束，因为我们现在有了三个实体——一个人、一种性质和一种关系，但是还是没有动词。当我们要提供合适的动词时，我们又会陷入无穷倒退。

　　事实上，对谓述问题的困惑源于这样一个事实：当我们貌似有理地把语义作用指派给句子部分时，却发现这些部分似乎不能再构成一个统一的整体了；就如同一个小孩把一块手表拆散了之后，却再也不能把它们组装起来。自柏拉图之后，这个谓述问题一直困扰着哲学家、语言学家和逻辑学家，他们进行了许多尝试，但他们始终在主谓结构中考虑这一问题，大多是引入一个实体来解释动词或谓词的功能，然而，这样就使得带入句子的不只是两个实体，又加入了一个新的实体，从而应该导致无穷倒退，造成一次次的失败尝试。这些失败告诉我们，依赖于实体是不能解释句子各部分如何有机联系的。既然不能依赖实体，那我们就可以由"当一个句子统一时说了些什么？"变为"当一个统一的句子为真时要求什么？"而且，我们必须想办法看如何把关系、性质与动词协调起来，需要一种方法，使关系、性质与动词一样都是谓词，并能与主词有机地统一起来，从而避免无穷倒退。那么，弗雷格引入函数和自变元无疑为此提供了一个关键的契机。

　　弗雷格把句子的语法主词和谓词都看作是谓词，是句子的不变部分，可表示为函数，而且带有空位。也就是说，谓词就是一个函数表达式，而这个函数表达式又是不完整的、不饱和的，它们需要以名字或代表名字的量化变元填充完整。这样就形成了现代形式逻辑中的关于谓词的概念：一个谓词就是从一个句子中去掉一个或多个个体词所得到的表达式。就像"3 + 2"是以数的名字填充加号（一个函数表达式，即谓词）的空而得到的一个完整的表达式，因此，对弗雷格来说，把谓词看作函数表达式，当填充了这个函数表达式的一个或多个空时，它就成为完整的了。很显然，"弗雷格试图以他的概念、关系和函数的不完整性这一学说所避免的东西乃是'普遍的东西如何与特殊的东西相联系'这个问题……对于弗雷格来说，这些问题是完全虚假的……一个概念和一个对象……不需要胶水把它们粘在一起。"①弗雷格把句子的结构分为谓词（即一个带有空位的函数表达式）与个体词（即一个或多个待填充空位的对象），并指出，单称词、个体词的所指是对象，谓词是函数表达式，句子的所指是真值。这样，弗雷格第一次提供了一种不同于以往主谓结构的新句法，并引起了一种严格的语义的逻辑，从而尝试了一种使表达式的语义作用与含有它们的句子的真值联系起来的非形式的语义，进而为我们有效地解决谓述问题提供了一种新的思路，也极大地提高了我们对于谓述问题的理解。弗雷格的这个逻辑上的伟大变革恰恰成为确保句子的统一性的关键一步：每个句子都通过对函数表达式所代表的谓词的空位进行补充完整而实现了真正的统一，即一种复杂的单称词的统一性。

至此，弗雷格以他的逻辑对哲学上的谓述问题做出了令人敬佩的重大贡献。戴维森曾对此赞叹道：只有弗雷格把一处有望解释句子与真值如何联系的语义作用指派给了谓词。也只有在现代逻辑的语境下，在弗雷格起主要作用的发展中，才可能获得这种令人难忘的结果。②

谓述问题是研究谓词与主词如何统一的，而意义是要研究这一统一体表达了怎样的思想，因此，谓述问题的解决无疑也促进了意义理论的发展。

二、意义问题的提出

弗雷格对意义问题的研究是伴随着对同一性问题的思考而形成的。1879年，弗雷格在他的《概念文字》这本代表着现代形式逻辑诞生的著作中给出了建立其逻辑演算系统所需的一系列形式语言及公理、推理规则。在此，他区分了判断和句子表达内容，并第一次给出了表示内容同一的符号"≡"，弗雷格认为表示内容同一的符号的必然性基于：可以用不同方式完全确定相同的内容，表示相同内容的不同名字与不同的确定方式联系在一起时，它们与问题的本质有关。"⊢$A \equiv B$"意谓着 A 这个符号与 B 这个符号有相同的概念内容，因此可以用 B 替代 A 并且反之亦然。弗雷格在 1891 年发表的《函数和概念》论文中，对此有所修改：在谈到 $(2^4 = 4^2)$ 和 $4 \times 4 = 4^2$ 这个等式时，指出它们表达了不同的思想，然而却可以用"4×4"替代"2^4"，因为这两个符号有相同的意谓，可见，意谓的相同不能导致思想的相同。所以，弗雷格提出"必须区别涵

---

① Dummett M. Frege：Philosophy of Language. 2nd ed. Cambridge：Harvard University Press，1981：174-175.

② [美]唐纳德·戴维森. 真与谓述. 王路译. 上海：上海译文出版社，2007：137.

义和意谓"①，并在这篇论文中明确指出：等式的语言形式是一个断定句。这样一个断定句含一个思想做涵义（或者至少要求含有一个思想做涵义）；这个思想一般是真的或假的；就是说，它一般有一个真值。人们同样可以把这个真值理解为句子的意谓。②在这里，他已把概念内容区分为"涵义和意谓"，并把句子内容也分为"涵义和意谓"，但没有深入研究。

直到 1892 年，《论涵义和意谓》这篇被奉为经典的、影响深远的论文中才较为完整系统地提出了涵义和意谓理论。弗雷格在《论涵义和意谓》中从 $a=a$ 和 $a=b$ 的认识价值的分析切入，对"相等""同一"问题进行深入思考研究，并提出疑问：它是一种关系吗？一种对象之间的关系？还是对象的名字或符号之间的关系？弗雷格在《概念文字》中认为是后一种。但在《论涵义和意谓》中他又进一步反思认为，后一种关系只是因为它们指称或表示某种相同的东西，但两个不同的符号与同一个表达物相结合是任意的，因此，$a=b$ 还应涉及有表达方式的不同，如图 2-2 所示。

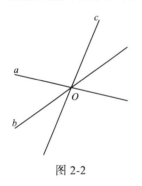

图 2-2

"a 和 b 的交点"和"b 和 c 的交点"是同一个交点 O 的不同的表达方式。这样，$a=a$ 与 $a=b$ 以及"a 和 b 的交点"和"b 和 c 的交点"这两组考虑的表达物相同，但对表达物的表达方式、给定方式却不相同。于是，弗雷格断言，相等或同一关系既可以表示对象间的关系，也可以表示对象的名字与符号间的关系。而符号 $a=b$ 之所以能提供比 $a=a$ 更多的新认识就在于 a、b 符号相应于被表达物的这种给定方式的不同。具体到自然语言也一样，就像"晨星是晨星"和"晨星是昏星"，无论晨星还是昏星，都是指的金星，但它们对"金星"这 表达物提供了两种不同的给定方式，于是"晨星是昏星"就比"晨星是晨星"有了更大的认识价值，成为天文学上的一个重大发现。他说："显然，与一个符号（名称、词组、文字符号）相关联，除要考虑被表达物，即可称为符号的意谓的东西以外，还要考虑那种我要称之为符号的涵义的、其间包含着给定方式的东西。"③在此，弗雷格明确地区分了符号的意谓与涵义。符号的意谓就是符号表达的东西，符号

①[德]弗雷格. 概念文字——一种模仿算术语言构造的纯思维的形式语言//弗雷格. 弗雷格哲学论著选辑. 王路译. 北京：商务印书馆，2006：65.
②[德]弗雷格. 函数和概念//弗雷格. 弗雷格哲学论著选辑. 王路译. 北京：商务印书馆，2006：66-67.
③[德]弗雷格. 论涵义和意谓//弗雷格. 弗雷格哲学论著选辑. 王路译. 北京：商务印书馆，2006：96.

的涵义就是符号中包含着给定方式的东西。他还进一步指出一个完整的直陈句的涵义是思想，它的意谓是句子的真值。

于是，弗雷格在《论涵义和意谓》最后总结道："如果我们发现'a=a'和'a=b'一般有不同的认识价值，那么这可以解释如下：对于认识价值来说，句子的涵义，即句子中表达的思想，与它的意谓，即它的真值，得到同样的考虑。如果现在 a=b，那么尽管'b'的意谓与'a'的意谓相同，因而'a=b'的真值与'a=a'的真值也相同，但是'b'与'a'的涵义却不相同，因而'a=a'表达的思想与'a=b'表达的思想也不相同。这样，这两个句子的认识价值也不相同。"[①]这就是说，当我们从认识论角度来看一个句子的意义时，要既考虑它的涵义，也要考虑它的意谓，正是因为句子真的给定方式不同，即涵义不同才造成了它们认识价值的不同，所以，当我们研究意义理论时，应包含涵义和意谓两部分内容。

由此我们看到，①尽管弗雷格说，他在写《算术基础》的时候，还没有区别涵义和意谓，但他同时指出，他的"可判断的内容"这一表达式也概括了现在"涵义"和"意谓"所区别的东西。因此，"涵义"和"意谓"是对"可判断内容"的细化。弗雷格在《概念文字》中虽然没有明确提出"涵义"和"意谓"，但也已有了类似的思想，比如，"表示内容同一的符号的必然性基于：可以用不同方式完全确定相同的内容"[②]。这里，符号"所用的不同方式"就是现在所说的"涵义"，符号"确定的相同内容"也就是它的"意谓"；在《论函数和概念》中，已用到了"涵义"与"意谓"，而且也做了简单说明，但还不很详尽，弗雷格在这篇论文的一个注中专门谈道："我承认，这种用语可能显得是任意的和人为的，可能需要进一步论证它。参见我在《哲学和哲学批判杂志》最近即将发表的论文《论涵义和意谓》。"[③]可见，对"可判断内容"进行"涵义"和"意谓"的区分是他一直坚持的。②弗雷格所说的"符号"是广义上的，既有概念文字这类形式语言（如 a=b），也有日常使用的自然语言（如"晨星是昏星"）。所以，弗雷格对符号涵义和意谓的区分既适用于形式语言也适用于自然语言。③弗雷格的意义理论是基于逻辑的，他是以逻辑的方法对语言表达式的涵义和意谓作出的分析。④弗雷格的意义理论由涵义和意谓两

---

① [德]弗雷格. 论涵义和意谓//弗雷格. 弗雷格哲学论著选辑. 王路译. 北京：商务印书馆，2006：119.

② [德]弗雷格. 概念文字——一种模仿算术语言构造的纯思维的形式语言//弗雷格. 弗雷格哲学论著选辑. 王路译. 北京：商务印书馆，2006：21.

③ [德]弗雷格. 论函数和概念//弗雷格. 弗雷格哲学论著选辑. 王路译. 北京：商务印书馆，2006：65.

部分组成。⑤弗雷格之所以区分涵义和意谓，准确地理解符号或表达式的意义，是为了更好地研究该符号或表达式（如 $a=b$）的认识价值，也即其认识论意义。所以，当谈到意义理论时，是从认识论角度思考的，也就是说，意义理论是认识论意义上的，是"哲学意义上的"。

于是，弗雷格在对符号或表达式的涵义和意谓进行区别的基础上，开始了他的语言哲学、逻辑哲学，开始了对语言表达式意义的研究，也就开始了意义理论的研究与建构，意义理论也正是因为弗雷格才得到了不断的蓬勃发展。因此，弗雷格被认为是意义理论的先驱，是分析哲学、语言哲学的创始人。

三、弗雷格的意义理论

弗雷格把名称、语词组合、文字符号等都称为符号。在他的意义理论中涉及的符号有专名、概念词、句子及从句。弗雷格对这些符号的涵义与意谓都有专门的、详尽的论述，弗雷格对涵义和意谓的阐述就是对他的意义理论的阐述。

（一）专名的涵义与意谓

弗雷格所说的专名涉及很广，只要是一个意谓确定的对象的符号，他都称之为专名。

弗雷格指出专名的意谓是"我们以它所表达的对象本身"①，也就是说，专名的意谓就是专名所表达的那个东西。"苏格拉底"就是苏格拉底那个人，"晨星"就是它所表达的那颗天体——金星。

对专名的涵义，弗雷格没有很清楚的说明，他只是说对于一个专名的涵义需要由一个对该专名所属的语言整体有足够认识的人来把握。但他同时还认为"在这种情况下，如果有意谓，那么意谓总是只得到片面的说明。我们能够对每个给定的涵义马上说出它是否属于一个意谓，这有赖于我们对这个意谓的全面的认识。我们人未达到这样的认识"②。就在对这段话的脚注中，弗雷格指出：当出现一个像"亚里士多德"这样的真正专名时，关于涵义的看法当然可能产生分歧……只要意谓相同，这些意见分歧是可以忍受的，即使它们在一个进行证明的科学体系中是应该避免的，在一种完善的语言中是不允许出现的。由此，我们可以看到，弗雷格除了要求理解专名的人必须对语言整体有足够的把握，这是理

---

① [德]弗雷格. 论意义和意谓//弗雷格. 弗雷格哲学论著选辑. 王路译. 北京：商务印书馆，1994：94.
② [德]弗雷格. 论涵义和意谓//弗雷格. 弗雷格哲学论著选辑. 王路译. 北京：商务印书馆，2006：97.

解专名的必须前提外，他对专名的涵义要求是非常低的，只要根据该专名的涵义理解能够确定该专名的对象就可以，只要不影响对该专名意谓的确定，一些意见分歧是可以忍受的。很明显，弗雷格只需要专名的涵义给专名提供一种给定方式，只是作为把握专名意谓的一种方式，所以，弗雷格更看重专名的意谓。

弗雷格后来在《逻辑导论》中又谈到专名的涵义这个问题，他说专名的意谓是对象，但专名所意谓的对象却不是句子的组成部分，所以，"一定还有些东西与专名结合在一起，它们与被表达的对象不同并且对于含有这个专名的句子的思想至关重要。我称这样的东西为专名的涵义。正像专名是句子的一部分一样，专名的涵义是思想的一部分"[①]。弗雷格在这里再次区分了涵义与意谓，它们是不一样的，并且对专名的涵义有了更深的理解：专名的涵义是句子思想的一部分。

为了更清楚地说明专名的涵义、意谓，弗雷格把它们与"表象"做了比较。他指出，专名的意谓是感官可以感觉的对象，是客观的；表象则是根据曾有的感觉和记忆而形成的图像，浸透着感情，表象是主观的；同一个涵义并非有同一个表象，可能千差万别，表象与涵义的根本区别在于，涵义为许多人共有，为人类的共同思想财富，代代相传，但它不是对象本身。他还做了形象的比喻：如果用望远镜观察月亮，月亮本身是意谓，望远镜内物镜显示的图像是涵义，观察者视网膜上的图像是表象。月亮即意谓是客观的，观察者视网膜上的图像即表象是主观的，这些是很清楚的。但望远镜中的图像由于观察的位置只能是片面的，但却可供许多观察者使用，即使是同时使用也可以，所以它是客观的，因此，专名的涵义也是客观的。

由以上分析，我们可以看出，虽然弗雷格更看重的是专名的意谓，尽管专名的涵义与意谓不同，它是句子的一部分，但它和意谓都不同于主观的表象，它们都是客观的。

弗雷格认为符号、符号的涵义和符号的意谓之间一般是有规律的联系着的，即相应于符号，有确定的涵义；相应于这种涵义，又有某个意谓；但对同一个意谓，却不仅只有一个符号，但也有例外。"离地球最远的天体"有涵义，但它是否有意谓却不一定；"最小的收敛级数"有涵义，却没有意谓。显然，专名必须有涵义，否则就是一串空的声音，却不一定有意谓，专名的意谓有三种情况：有、不确定或没有。

---

① 王路. 弗雷格思想研究. 北京：商务印书馆，2008：137-138.

专名的意谓及意谓的有无对句子的意谓来说是很重要的，这在后面将会谈到。

（二）概念词的涵义与意谓

弗雷格认为，"'概念'一词有不同的使用，有时在心理学意义上使用，有时在逻辑意义上使用，有时也许是二者混淆不清的使用。……我现在决定严格地在逻辑意义上使用这个词"①。他说，概念词就是我们日常语言中的通名，但之所以不用"通名"而用"概念词"是因为他觉得"通名"这个词会使人们误以为它与专名一样是与对象相联系的，而事实上，"概念词直接只与概念有关"②，除了一个定冠词或指示代词与概念词连用所构成的表达式整体有专名的作用外，在其他情况下，"逻辑中称为概念的东西与我们称为函数的东西十分紧密地联系在一起。人们确实完全可以说，一个概念是一个其值总是一个真值的函数"③。这个思想是弗雷格逻辑理论的重大变革，把概念词与函数相联系，起谓词的作用。我们知道函数是不饱和的，所以，概念词也是不饱和的，它需要有个体词（即专名）来补充才完整，因此，对概念词必须从逻辑意义上理解，并且与函数、与句子及句子的真值相联系来把握。

弗雷格指出："概念词也必须有涵义，而且为了科学的用法必须有意谓；但是它的意谓既不是由一个对象，也不是由几个对象形成的，而是由一个概念形成的。"④可见，概念词的意谓是概念。为了更好地区别概念词与对象及专名与对象间的关系，弗雷格还画了两幅图（图 2-3、图 2-4），以此说明他所说的概念词的意义和意谓与胡塞尔的区别。

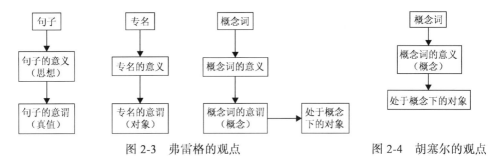

图 2-3　弗雷格的观点　　　　　　　图 2-4　胡塞尔的观点

---

①　[德]弗雷格. 论概念和对象//弗雷格. 弗雷格哲学论著选辑. 王路译. 北京：商务印书馆，2006：79.
②　[德]弗雷格. 对涵义和意谓的解释//弗雷格. 弗雷格哲学论著选辑. 王路译. 北京：商务印书馆，2006：128.
③　[德]弗雷格. 论函数和概念//弗雷格. 弗雷格哲学论著选辑. 王路译. 北京：商务印书馆，2006：66.
④　[德]弗雷格. 对涵义和意谓的解释//弗雷格. 弗雷格哲学论著选辑. 王路译. 北京：商务印书馆，2006：128.

图 2-3 是弗雷格的观点，图 2-4 是胡塞尔的观点。从这两幅图可以看出弗雷格和胡塞尔对概念理解的不同。胡塞尔是基于传统的内涵和外延来思考概念的，是一个层次的理解；弗雷格则是从两个层次上理解的，先是把概念词从语词层次上分为涵义和意谓（即概念），再从概念词意谓的层次上，分为概念的内涵和外延。通过这两幅图弗雷格希望我们清楚他对概念词的理解，更要清楚在他看来概念词的意谓绝不是对象，而是概念，一个概念和一个对象是完全不同的。例如，"亚里士多德是哲学家"中，"亚里士多德"这个专名的意谓是一个对象，而"哲学家"这个概念词的意谓是概念，"哲学家"这个概念的外延则是一个个对象。

对于概念词的涵义，弗雷格只是说概念词也必须有涵义，但没有明确地说明。然而，弗雷格认为："正像句子一般是复合的符号一样，它所表达的思想也是复合的：实际上思想以这样的方式组合，使得思想的部分对应于句子的部分。因此，作为一般的规则，当一组符号出现在一个句子中时它也有一个含义，而这种含义是被表达的思想的部分。"[①]通过这段话，我们明白弗雷格所说的涵义都是结合句子而言的，最简单的句子是由专名和概念词构成的，专名的涵义是句子思想的一部分，那么，概念词作为句子的一部分，它的涵义必然也是句子思想的一部分。

（三）句子的涵义与意谓

弗雷格在《论涵义与意谓》中探讨一个完整的直陈句的涵义与意谓时说到，这样一个句子包含着一个思想，这个思想是句子的涵义还是意谓呢？带着这个问题，弗雷格阐述了他关于句子的涵义与意谓理论。

弗雷格解释了他在这里所说的"思想"，他说："我用'思想'不是指思维的主观活动，而是指思维的客观内容。它能够成为许多人共有的东西。"[②]弗雷格所说的"思想"显然不同于我们日常使用的主观的"思想"，它既然也能成为"许多人共有的东西"，那它必定也与专名的涵义一样，是不能由感官感觉的客观的东西。

基于此，弗雷格认为，句子的思想是句子的涵义。弗雷格已说过，相应于确定的涵义有某个意谓，那么，当句子中一个词代之以另一个意谓相同而涵义

① 张燕京. 达米特意义理论研究. 北京：中国社会科学出版社，2006：13.

② [德]弗雷格. 论涵义和意谓//弗雷格. 弗雷格哲学论著选辑. 王路译. 北京：商务印书馆，2006：101.

不同的词时，并不会影响这个句子的意谓。"昏星"与"晨星"的意谓是相同的，但对于不知道晨星是昏星的人来说，他可能会认为，"晨星是一个被太阳照亮的物体"与"昏星是一个被太阳照亮的物体"这两个句子的思想，一个是真的，另一个是假的。所以，思想不是句子的意谓，而是涵义。弗雷格指出："我把假的东西同真的东西一样也算作思想。这样我可以说，思想是一个句子的涵义，但这不是声称，每个句子的涵义都是一个思想。自身非感官可感觉的思想可以用可感觉的句子表达出来，因此是我们可把握的。"①由此我们可知：①句子的涵义是思想；②真的东西和假的东西都是思想；③对句子的涵义我们可以通过句子表达出来并加以把握；④并不是每个句子的涵义都有思想，根据弗雷格的逻辑观来看，祈使句、疑问句等没有思想，只有直陈句的涵义才是思想。

弗雷格断言："我们不得不把一个句子的真值看作它的意谓。我把一个句子的真值理解为句子是真的或句子是假的的情况。再没有其他真值。为了简便，我分别称它们为真和假。"②这就是说，句子的意谓是真值，即句子的真或句子的假，这也体现了现代形式逻辑的二值原则。这样，对于"鲁迅是男人"这个直陈句，我们要明确它的意谓，就是要明确它的真值，那么就需要看专名"鲁迅"与概念词"（　）是男人"之间的关系，如果"鲁迅"所意谓的那个对象补充到"（　）是男人"这个概念中恰恰是真的，那么，这个直陈句的意谓就是"真"。由此，弗雷格从真值的角度表述了句子的重要性质："如果一个句子的真值就是它的意谓，那么一方面所有真句子就有相同的意谓，另一方面所有假句子也有相同的意谓。"③

句子的涵义是思想，句子的意谓是真，这是弗雷格意义理论中的基本观点。

（四）从句的涵义与意谓

在弗雷格的概念文字语言中，句子是专名+概念词构成的。概念词是一个带空位的函数，空位由专名或其他表达式补充，就构成一个完整的直陈句。如果空位由专名补充，专名意谓决定着句子的意谓；但如果空位由另一个句子补充，也就是如果空位地方是一个从句时，这个从句的涵义与意谓和句子的涵义与意谓一样吗？

---

①　[德]弗雷格. 论涵义和意谓//弗雷格. 弗雷格哲学论著选辑. 王路译. 北京：商务印书馆，2006：132.
②　[德]弗雷格. 论涵义和意谓//弗雷格. 弗雷格哲学论著选辑. 王路译. 北京：商务印书馆，2006：103.
③　[德]弗雷格. 论涵义和意谓//弗雷格. 弗雷格哲学论著选辑. 王路译. 北京：商务印书馆，2006：104.

弗雷格认为，既然语法学家把从句看作是句子部分，并把它们分为名词从句、同位语从句、状语从句，那么，可以推测出，从句在句子中就类似于名词、形容词或副词，只是句子的一部分。这样，从句的涵义当然也是句子部分的涵义，即只是句子思想的一部分；而从句的意谓则也应类似于句子部分的意谓。具体说来，句子的意谓是真值，但作为句子部分，专名的意谓是对象，概念词的意谓是概念，弗雷格认为"从句的意谓实际上就是思想"①，也就是说从句的意谓是一种间接意谓，即通常涵义；句子的涵义是思想，但作为句子部分的专名、概念词的涵义都是句子思想的一部分，那么从句的涵义也是句子思想的一部分。例如，"A 撒谎说，他看见了 B"主从复合句，从句"他看见了 B"就意谓着思想：一是"A 把它作为真的而加以陈述"；二是"A 对它深信不疑"。

弗雷格解释说，从句的意谓之所以是思想，是因为对于句子整体的真而言，从句思想的真假无关紧要，比如：

（1）哥白尼认为，行星的轨道是圆圈。
（2）哥白尼认为，太阳运动假象是由地球的真实运动造成的。

无论（1）还是（2），都是由主句和从句一起只以唯一的一个思想做涵义，这两个主从复合句整体的真既不包括从句的真也不包括从句的不真，（1）、（2）的从句相互替代都不会影响主从复合句整体的真。

弗雷格还分析了各种主从复合句类型：在出现"高兴""同情""同意""指责""希望""害怕"等表达时，情况也相似。在"命令""请求""禁止"引起的句子中虽然没有意谓，只有涵义，但这类命令、请求表达的尽管不是思想，却也是和思想在同一个层次的，因此，其中的从句用语有间接意谓，其意谓不是真值，而是命令、请求等。在使用"怀疑，是否……""不知道，什么……"等的从属疑问句中，情况也类似，都是在间接意谓的意义上使用的。所以，弗雷格指出：在迄今考虑的情况中，从句中的用语有其间接意谓，由此可以说明，从句本身的意谓也是间接的，就是说，不是一个真值，而是一个思想、一个命令、一个请求、一个疑问。从句可以理解为名词。人们确实可以说，从句可理解为那个思想的专名，那个命令的专名等，它是作为那样的东西在主从复合句中出现的。②

---

① [德]弗雷格. 论涵义和意谓//弗雷格. 弗雷格哲学论著选辑. 王路译. 北京：商务印书馆，2006：106.
② [德]弗雷格. 论涵义和意谓//弗雷格. 弗雷格哲学论著选辑. 王路译. 北京：商务印书馆，2006：108.

　　我们还会遇到一些这样的从句，它们不同于前面的那些从句只有间接意谓，它们还有通常意谓。那么，它们的涵义与意谓会怎样呢？弗雷格同样举例分析。"那个发现行星的轨道是椭圆状的人，死于贫困之中"这个句子中，从句"那个发现行星的轨道是椭圆状的人"的思想也不能做涵义，一是因为这个从句的语法主语"那个（人）"没有独立的涵义，而是表达了与"死于贫困之中"的关系；二是因为如果从句有思想做涵义，那么一定也会在主句中表达出来，即句子整体的涵义确实包含一个思想"有一个人，他首先发现了行星的轨道是椭圆状的"作为部分，但事实是否定的，否则，这个主从复合句的否定就不是"那个首先发现行星的轨道是椭圆状的人没有死于贫困之中"，而是"那个首先发现行星的轨道是椭圆状的人没有死于贫困之中，或者，没有人发现行星的轨道是椭圆状的"。实际上，这只是由于语言的缺陷而造成的预设。所以，这个从句的意义也不是思想，而是不完整的思想，同时，这个从句类似于一个摹状词，它的意谓也不是真值，而是对象"开普勒"。

　　还有一类主从复合句，它们在表达的主要思想上结合以附属的思想，尽管这些附属思想没有表达出来，但听者总会根据心理规律把它们与所表达的思想结合起来，使得句子涵义更加丰富。例如：

　　（1）认识到其右翼危险的拿破仑，亲自率领自己的卫队冲击敌阵。

　　不仅表达了（a）"拿破仑认识到其右翼的危险"及（b）"拿破仑亲自率领自己的卫队冲击敌阵"，而且还表达了（c）"对于危险的认识是他率领卫队冲击敌阵的原因"这样一个稍有提示的思想。因此，如果用另一个具有相同真值的句子，如"拿破仑已经45岁有余"来代替从句"拿破仑认识到其右翼的危险"，那么，不仅会改变（a）思想，而且也改变了（c）思想，显然是不可以的。

　　（2）倍倍尔误以为，归还阿尔萨斯–洛林可以平息法兰西复仇的愿望。

　　它表达了两个思想：

　　（a）"倍倍尔相信，归还阿尔萨斯–洛林可以平息法兰西复仇的愿望。"

　　（b）"归还阿尔萨斯–洛林不会平息法兰西复仇的愿望。"

　　由此可见，这个主从复合句中的从句"归还阿尔萨斯–洛林可以平息法兰西复仇的愿望"应该有两个不同的意谓，一个是思想，一个是其真值，真值不是这个从句的全部意谓。所以，我们不能简单地把从句替代为另一个与之真值相同的从句。对于"知道""认识到""众所周知"引起的从句，情况相似。

　　（3）由于冰比水轻得多，所以它漂在水上。

　　这是一个表示原因的从句，它和主句相结合，表达了以下三种思想。

（a）冰比水轻得多。

（b）如果某物比水轻得多，则它漂在水上。

（c）冰漂在水上。

在这个主从复合句中，从句"由于冰比水轻得多"不仅表达了（a）思想，而且表达了（b）思想的一部分。（a）思想和（b）思想相结合就得出（c）思想。因此，我们也不能把这个从句用另一个与之具有相同真值的从句代替。

综上所述，从句虽然也是句子，但它并不像句子一样，涵义是思想，意谓是真值，从句的涵义与意谓情况比较复杂：一般来说，在主从复合句中，从句通常是在间接意谓的情况下使用的，所以，当句子的一部分只是不确定的指示时，从句的涵义是句子思想的一部分，其意谓不是真值，而是思想；但还有些情况是从句的涵义除包含一个思想外，还包括另一个思想或另一个思想的一部分，它们一起形成主句和从句的整个涵义，那么，从句的意谓可能会既有通常意谓又有间接意谓，它意谓一个真值却又不限于这个真值，从句的意义则既包含一个思想又包含另一个思想的一部分。

当然，弗雷格清楚地指出人们很难详尽探讨语言中出现的所有可能性，他运用他出色的逻辑分析能力尽可能全面地说明从句的意义与意谓，从这些分析中，我们充分地认识到由于从句涵义与意谓的这些特征和性质，从句不可以简单地代之以另一个具有相同真值的句子，但是，把一个从句代之以另一个具有同样真值的句子并不总是损害整个主从复合句的真值。所以，"从句不可以被代之以另一个具有相同真值的句子的这种情况，并不证明任何与我们的观点（即句子的意谓是真值，而句子的涵义是一个思想）相反的东西"①。

四、弗雷格意义理论的核心

从弗雷格其意义理论的详尽阐述，也就是对涵义（即意义）与意谓独特分析中，弗雷格意义理论的核心也尽显如下：

（一）基于句子的意义理论

弗雷格的意义理论包含涵义与意谓两部分。不论弗雷格涵义还是关于意谓的分析都是针对句子的。弗雷格在《论概念与对象》一文中指出："在我写《算

---

① [德]弗雷格. 论涵义和意谓//弗雷格. 弗雷格哲学论著选辑. 王路译. 北京：商务印书馆，2006：119.

术基础》的时候，我还没有区别涵义和意谓，这样，'可判断的内容'这一表达式也概括了我现在以'思想'和'真值'所区别表达的东西。"①根据弗雷格的概念文字逻辑体系及他自己的这段论述可知，涵义与意谓的区别产生于句子的可判断的内容，而且我们知道，弗雷格意义理论的基本内容是：句子的涵义是思想，句子的意谓是真值，所以，弗雷格是从句子的可判断内容发展出了句子涵义所表达的思想及句子意谓所表达的真值。可见，他的涵义和意谓理论是与句子的内容有密切关联的，也就是说弗雷格的意义理论是针对句子的。

关于这个结论我们还可以从对涵义和意谓的具体分析中得出。

弗雷格认为，逻辑就是以一种特殊的方式探求真的科学，作为现代形式逻辑的奠基人，他当然致力于研究真，探求一个表达式如何为真。在他的逻辑体系中，弗雷格通过构建了一个形式语言的一阶公理演算系统来求得"必然得出"的真；而在认识论和哲学中，要探求为真，这就涉及了意义理论的研究。但是在自然语言中，我们如何研究真呢？弗雷格的方法是区别于涵义和意谓：句子的意谓是真值，即真和假。这样，他就说明，由于逻辑研究真，因此，"在自然语言中，逻辑应该研究真值，或者说从真值的角度去研究句子"②。这就是说，意义理论的研究是围绕句子展开的，而且对句子意谓——即真值——的理解必须是基于逻辑的。

具体说来，弗雷格对涵义与意谓的分析研究是按照句子的语法结构及逻辑结构进行的。弗雷格没有按照传统的语法结构把句子分为主词和谓词，而是分为专名（即个体词）和概念词（即谓词），以构建他的逻辑系统，但如果我们非要用主词和谓词来分析弗雷格关于句子的逻辑结构的话，那么，专名或个体词就相当于主词，而概念词就可看作谓词。概念词作为谓词是不饱和的、不完整的，是带空位的，可以表示为 $F(\ )$，这个空位要由专名来加以补充，而补充完整的表达式就是一个句子。弗雷格还指出，补充空位的也可能是一个从句，从句可以理解为专名。所以，弗雷格对涵义与意谓分析就分为关于专名的涵义与意谓、概念词的涵义与意谓、从句的涵义与意谓及句子的涵义与意谓。

弗雷格对句子部分，即专名、概念词及从句涵义与意谓的分析事实上也都是为了完成对句子涵义与意谓的研究。①从涵义方面来看，弗雷格对专名和概念词涵义的表述都是模糊的，只把它们看作是句子思想的一部分；从句虽然是

---

① [德]弗雷格. 论概念和对象//弗雷格. 弗雷格哲学论著选辑. 王路译. 北京：商务印书馆，2006：85.
② 王路. 弗雷格思想研究. 北京：商务印书馆，2008：179.

一个句子，但当它作为从句时，由于它本身是完整的，所以它相当于补充空位的一个专名，其涵义也不能是一个独立的思想，而只是句子整体思想的一部分。这就是说："一个出现专名的真正的句子表达一个单称的思想。我们在这个思想中区别出一个完整的部分和一个不饱和的部分。前者相应于专名，但不是专名的意谓，而是专名的涵义。我们将思想的不饱和部分也理解为一种涵义，即这个句子除专名外的其他部分。按照这一规定，我们将思想本身也理解为涵义，即句子的涵义。正像思想是整个句子的涵义一样，思想的一部分是一个句子部分的涵义。"①这实际上是提出了句子涵义的组合性原则。因为把从句也理解为一个专名，所以，所有的句子形式都可以表示为由专名和概念词构成。包含从句在内的专名是完整部分，概念词是不饱和部分，它是除专名外的其他部分，它们作为句子的部分，其涵义都只是句子思想的一部分，只有句子的涵义才是一个独立完整的思想。显然，弗雷格运用部分和整体的关系充分地说明了对专名、概念词、从句涵义的理解都是为了对句子涵义的理解，从而明确地指出了涵义是针对句子的。②从意谓方面来看，弗雷格明确地指出专名的意谓是对象、概念词的意谓是概念、从句的意谓是思想、句子的意谓是真值。弗雷格认为，科学是要探求真的，所以真值对他来说是最重要的，也就是说，句子的意谓对他来说才是最重要的。弗雷格认为，句子的意谓是句子构成部分的意谓的函项，句子的意谓是由句子的构成部分的意谓来确定的，所以他对专名、概念词及从句的意谓也特别重视，从而详加论述。弗雷格指出，一个真正的句子是一个专名，我们可以将句子分析为一个完整的部分和一个不饱和的部分，完整部分是专名（在弗雷格看来，从句也是专名），不饱和部分是概念词。"一个句子的不饱和部分（其意谓是我们称为概念）必然有这样一种性质：如果通过每个有意谓的专名而成为饱和的，就产生一个真正的句子；就是说，产生一个真值的专名。这就是概念的鲜明界线所要求的。每个对象必须要么处于，要么不处于一个给定的概念之下，tertium non datur（没有第三种情况）。"②专名的意谓是对象，概念词的意谓是概念，对象处于给定的概念之下，句子的意谓为真，对象不处于给定的概念之下，句子的意谓为假。显然，专名的意谓对确定句子的意谓是非常重要的。当句子中的专名具有意谓时，也就是说，这个专名意谓一个对象时，我们可以通过它的意谓，即所指的对象，与概念相结合，从而确

---

① [德]弗雷格. 逻辑导论//弗雷格. 弗雷格哲学论著选辑. 王路译. 北京：商务印书馆，2006：243.

② [德]弗雷格. 逻辑导论//弗雷格. 弗雷格哲学论著选辑. 王路译. 北京：商务印书馆，2006：247-248.

立句子的意谓，即确立句子的真值。但是，如果专名没有意谓时，这个专名就是一个"虚假专名"，也就是说不存在它有所指的对象，那么，就不能说某个对象处于或不处于一个给定的概念之下，进而使得包含这种专名的句子成为既不真也不假的，没有了真值，也就是说，这种句子没有意谓。概念词的意谓对句子意谓的确定来说同样是至关重要的。句子中的概念词也必须有意谓，它的意谓就是概念。只有当概念词有概念为意谓时，我们才能从意谓的层次上看一个对象是否处于一个概念之下，据此以探讨句子的真值问题。也就是说："我们要求概念对每个自变元都有一个真值作值，对每个对象都是确定的，无论对象处于还是不处于概念之下；换言之，我们要求概念有明确的界线，不满足这一点就不可能提出它们的逻辑规律。"①概念有一个明确的界线，就是说概念词有明确的意谓——概念，如果概念没有一个明确的界线，就是说概念词没有一个明确的意谓，这样，我们就无法确定一个对象是否处于一个概念之下，从而，无法确定由这个对象补充意谓这个概念的概念词而形成的句子的真值。由此可见，弗雷格对句子部分的意谓的重视是因为它们以句子的意谓来说是不可或缺的、至关重要的，对句子部分意谓的分析研究也是为了更好地理解句子意谓、句子的真，因此，意谓也是针对句子的。③既然弗雷格对涵义和意谓的论述都是针对句子的，那就是说，他的意义理论就是针对句子进行思考研究的。

弗雷格在《算术基础》的序中提出的三条基本方法论原则中的第二条"必须在句子联系中研究语词的意义，而不是个别地研究语词的意义"，就是我们所说的语境原则，更充分地体现出意义理论是针对句子、围绕句子展开的。弗雷格的语境原则实际上就是强调句子在意义理论中的重要性。语境原则就是要求我们对语词意义的理解研究必须总是从完整的句子出发，"如果句子作为整体有一个意义，就足够了；这样句子的诸部分也就得到它们的内涵"②。语境原则是意义分析中的一条重要原则，它提出了一种基本的语言分析方法，即要以句子为基本单位，必须在句子中分析语词。无论对于语词的涵义还是意谓，都必须围绕句子进行思考。在句子为整体的语境中，我们才能理解专名、概念词的恰当涵义与意谓。所以，语境原则更强调意义理论是针对句子的。

达米特对弗雷格这一观点的赞誉是非常中肯的，他说："因为认识到句子对于意义理论所起的重要作用是弗雷格最深刻和最富有成果的见解之一，这类

---

① [德]弗雷格. 函数和概念//弗雷格. 弗雷格哲学论著选辑. 王路译. 北京：商务印书馆，2006：69.
② 王路. 弗雷格思想研究. 北京：商务印书馆，2008：60.

见解一旦成为我们认识的一部分，就显得道理十分明显，使我们几乎无法理解这些见解出现之前是什么情况。"①

（二）以"真"为核心概念的意义理论

弗雷格意义理论是针对句子，围绕句子展开的，基于句子，其基本思想是：句子的涵义是思想，句子的意谓是真值。涵义和意谓，即思想和真值是意义理论中的基本概念。但是，弗雷格认为："当我们称一个句子是真的时候，我们实际上是指它的涵义。因此，一个句子的涵义是作为这样的一种东西而出现的，借助于它能够考虑是真的。"②"一般说来重要的是句子的真值。……正是对真的追求驱使我们从涵义进到真值。"③这就是说，意义理论中真是最重要的，研究句子的涵义和思想，就是要探求句子的真，真是意义理论的核心概念。

在弗雷格的意义理论中，涵义和意谓，即思想和真具有明显的相似性。它们都是对句子内容的分析，都是客观的。思想并不是传统哲学中的主观的意识内容。它在不能被感官感知这一点上与表象一致，但是，它又与客观事物一样不需要其承载者，是可以为人们所共有的。弗雷格认为，它是属于"第三种范围"，即思想既不是外界的事物，也不是表象。所以，在进行思考时，我们不是制造思想，而是在"把握"思想，"因为我称之为思想的东西与真有密切联系。对于我承认是真的东西，我做出判断说，它完全不依赖于我对其真的承认，也不依赖于我是否对它进行思考而是真的。一个思想是真的，与这个思想是否被考虑无关"④。这就告诉我们，在考虑思想与真时，一方面要坚持把主观的东西和客观的东西、心理学的东西和逻辑的东西明确区分开来，要把思想和真与主观的表象区分开来，思想和真都是客观的；另一方面是说思想和真密切相关，它们之间的联系体现在：一个句子的涵义、思想是我们借以考虑真的东西，真是判断是否属于思想的标准，与真无关的不是思想，思想的表达通常是与其真的承认相结合的，思想是我们借以表达真的东西，也就是说，思想是一种确定句子的真值的给定方式。那就是说，一个句子的思想就是该句子为真的条件，一个句子的涵义就是该句子的真值的给定方式，即真值条件。这样，如果我们把握了这个句子的涵义、思想，也就是知道了该句子为真的条件。

---

① Dummett M. Frege：Philosophy of Language. Cambridge：Harvard University Press，1981：629.
② [德]弗雷格. 思想：一种逻辑研究//弗雷格. 弗雷格哲学论著选辑. 王路译. 北京：商务印书馆，2006：132.
③ [德]弗雷格. 论涵义和意谓//弗雷格. 弗雷格哲学论著选辑. 王路译. 北京：商务印书馆，2006：102-103.
④ [德]弗雷格. 思想：一种逻辑研究//弗雷格. 弗雷格哲学论著选辑. 王路译. 北京：商务印书馆，2006：151.

　　弗雷格认为，不仅对专名，而且对概念词都必须要求：从语词进到涵义，并且从涵义进到意谓，这是毫无疑问的。对于所有与专名或概念词具有相同目的的符号和符号组合，这一点也是同样有效的①。从这段话中，我们看到弗雷格不重视专名的涵义，尽管专名的涵义千差万别，但只要不影响专名的意谓，那些差别可以不予考虑，因为不影响专名的意谓也就不影响句子的意谓和真。弗雷格对概念词的涵义也未加明确说明，因为它不影响句子的意谓（即真）。而且，弗雷格之所以强调专名、概念词等的意谓也是因为这些句子构成部分的意谓决定着句子的意谓，对句子的真至关重要。可见，弗雷格在意义理论中更重视的是句子的真。既然要求专名、概念词以及与它们有相同目的的符号和符号组合都必须由涵义进到意谓，那么由它们构成的句子也不例外，也必须是由涵义进到意谓，也就是要由思想进到真。由此可见，在弗雷格看来，句子的涵义和意谓有一种层次上的差别，对句子涵义、思想的把握是一个层次，对句子意谓、真的把握又是另一个更进一步的层次。弗雷格作为逻辑学家，无疑是以求真为自己的使命的，而意义理论的研究也是要通过语言分析来探求世界的真，也是属于探讨真的，所以，意义理论必然也不会满足于涵义，必然要进到真。

　　综上所述，一个句子的思想借以考虑真的东西，是真的载体，把握了思想，就是把握该句子为真的条件，对真的追求必然要求我们由涵义进到真值，因此，意义理论也必然要求我们由思想进到真。"真"是意义理论中的核心概念。正如戴维森所说，只有弗雷格把一处有望解释句子与真值如何联系的语义作用指派给了谓词。正是从弗雷格开始，真与意义紧密地联系起来，从此，意义理论的研究走向了新的方向，意义理论迎来了新的研究热潮。

---

① [德]弗雷格. 对涵义和意谓的解释//弗雷格. 弗雷格哲学论著选辑. 王路译. 北京：商务印书馆，2006：128.

第三章

真与意义融合与分离之争

　　自弗雷格以后，逻辑沿着形式化、符号化、演算化继续发展完善，至 20世纪 30 年代哥德尔证明一阶谓词演算的完全性时，现代形式逻辑真正建立。之后逻辑继续沿不同方向蓬勃发展，又形成许多新的逻辑分支，如变异逻辑（包括模态逻辑、模糊逻辑、直觉主义逻辑等）、应用逻辑（包括认知逻辑、量子论逻辑等）。逻辑作为一种以特殊的方式求真的科学日渐成熟和完善，基于句子的形式结构研究真是逻辑研究的一种全新的、独特的思维方式，这种思维方式也为哲学研究提供了一种不同于以往的严谨的、精确的逻辑分析方法，并引起了 20 世纪哲学的"语言转向"，这种"语言转向"随着逻辑的不断发展而愈加深入。于是，越来越多的语言哲学家、逻辑哲学家等都认为：应用逻辑分析的方法，通过对语言表达式思想的分析就能获得对世界的认识，同时也能解决各种哲学问题。美国著名哲学家塞尔曾这样表述分析哲学，他说："对分析哲学最简单的表征就是主要致力于意义的分析。"①石里克认为："哲学就是那种显示或确定命题意义的活动。"②赖尔也指出，20 世纪哲学的历史在很大程度上是关于意义或意思这个概念的历史。因此，意义理论成为 20 世纪哲学领域中的核心问题。在弗雷格意义理论的指引下，现代的逻辑学家、哲学家，尤其是英美逻辑哲学家、语言哲学家们相信，我们的语言表达了世界，也表达了我们对世界的看法，我们可以通过分析我们的语言、语句而达到对世界的认识，因此，意义理论必然与世界、语言、真密切关联，于是他们基于对语言的分析，对日常语言中语句真做出了不同的理解和解释，形成了各不相同的意义理论。

---

① [美]塞尔. 当代美国分析哲学//陈波. 分析哲学——回顾与反省. 成都：四川教育出版社，2001：60.
② 石里克. 哲学的转变//洪谦. 逻辑经验主义. 上卷. 北京：商务印书馆，1982：9.

　　既然真是针对句子的，意义也是针对句子的，于是，20 世纪，"真"与"意义"纠缠在了一起，基于语句，逻辑哲学家、语言哲学家对"真""意义"及"真"与"意义"关系理解进行了激烈的争论，正是这样的争论促使意义理论各有千秋、异彩纷呈。

　　纵观"真"与"意义"的世纪之争，大致形成了两大阵营：

　　一大阵营认为，"真"概念是意义理论的核心概念，知道了日常语言中的某语句的真值条件就是知道了自然语言中该语句的意义，笔者把这种观点称为"真与意义融合论"。显然，这种观点是对弗雷格意义理论的继承和发展，弗雷格在论文《论涵义和意谓》中就指出，当我们称一个句子是真的时候，我们实际上是指它的意义。这类意义理论认为，世界可以通过语句描述出来，我们可以通过分析语句来获得对世界的认识，一个语句的意义就是对该语句为真的真值条件的理解与解释，所以，通过陈述该语句的真之条件就能给出该语句的意义。前期维特根斯坦在他的《逻辑哲学论》中就明确表示："理解一个命题意味着知道若命题为真事情该是怎样的。"[①]卡尔纳普也曾指出："如果我们知道是什么事情使一个语句被发现是真的，那么我们也就晓得它的意义是什么了。……因此一个语句的意义在某种涵义上是和我们决定它的真或假的方法相等同的。"[②]戴维森批判地继承了他们观点，并基于对塔尔斯基真定义"约定 T"的反用、扩充，构建了自然语言中的成真条件意义理论，即"戴维森纲领"，并被认为在意义领域中进行了一次哥白尼式的革命。他同样认为在自然语言中："意义依赖于使用，但是说明如何依赖却是不容易的，因为我们可能把一个句子的言语表述付诸的使用是无穷的，而它的意义却依然是固定的。对于理解，重要的是言语表述的真之条件，因为如果我们不知道一个言语表述在什么条件下会是真的，我们就不理解它"[③]。戴维森以其提纲挈领的成真条件意义理论成为当代真与意义融合论的代表。

　　另一大阵营认为，意义理论中"真"概念并不是一个核心概念，日常语言中的意义理论应弱化"真"在其中的地位，知道了日常语言中某语句的真值条件并不就等于知道了该语句的意义，我们还需要知道其他的。笔者把这类观点称为"真与意义的分离论"。这种观点无疑是对弗雷格意义理论的批判发展。

①　[奥地利]路德维希·维特根斯坦. 逻辑哲学论. 贺绍甲译. 北京：商务印书馆，1996：44.
②　卡尔纳普. 可检验性和意义 // 洪谦. 逻辑经验主义（上卷）. 北京：商务印书馆，1982：69.
③　Davidson D. Truth and Predication. Cambridge：The Belknap Press of Harvard University Press，2005：123.

他们认为，语句的真并不是自明的，"真"不应作为意义理论的核心概念，对语句意义的理解应与我们的认识能力相结合，应与我们的语言实践联系起来，知道一个语句为真的成真条件对意义理论来说还不够。后期维特根斯坦就认为"对于我们使用'意义'一词的大多数情况——虽然不是全部情况——来说，'意义'这个词可以这样来定义：一个词的意义就是它在语言中的使用"①。达米特认为："在我看来，我们为什么应该需要或者我们如何能够在这里使用真这个概念（或者更确切地说，真和假这一对概念），也就是说将其作为意义理论的基本概念（或一对概念），绝不是显而易见的，因为对这样做是必要的或可能的，需要加以证明，否则我们没有权利假定意义和真就是以弗雷格所设想的那种方式联系在一起的。"②在真与意义分离论的这一阵营中，达米特的反实在论意义理论是其代表。

毫无疑问，对围绕"真"与"意义"展开的世纪之争予以理性思考、合理解决必会促使意义理论更加科学、完善。下面我们将通过对这两个阵营的代表理论——戴维森成真条件意义理论及达米特反实在论意义理论——的阐述来展现 20 世纪真与意义的融合与分离之争。

第一节　真与意义融合论
——以戴维森成真条件意义理论为代表

唐纳德·戴维森（Donald Davidson，1917—2003），当代著名分析哲学家，以 1967 年发表的成名论文《真与意义》享誉世界，他的成真条件意义理论被认为是意义领域中"哥白尼式的革命"，在当代哲学界引起强烈反响，因而奠定了他在当代美国哲学以及整个分析哲学、语言哲学等领域中的重要地位。

戴维森的成真条件意义理论，继承了弗雷格以"真"为意义理论核心概念的思想，他认为通过陈述一个语句的成真条件就能给出这个语句的意义。而且，他的成真条件意义理论更是直接建立在对塔尔斯基真之语义论的反用、扩充及批判地继承的基础上的。

---

① [英]路德维希·维特根斯坦. 哲学研究. //涂纪亮. 语言哲学名著选辑（英美部分）. 北京：生活·读书·新知三联书店，1988：167.

② [英]达米特. 什么是意义理论？（Ⅱ）. 鲁旭东译，王路校. 哲学译丛，1998，2：54.

一、戴维森意义理论的基础：塔尔斯基的真之语义论

弗雷格逻辑中的"真"不同于认识论、心理学的，它不再掺杂主观的色彩，已跳出了已往依据现象与事实是否一致或相符来考虑是否为"真"的内涵式追问，基于对涵义与意谓的区分，指出在逻辑中，真是从句子的意谓的角度也就是外延的角度来看的，"真"是客观的、基始的、不可定义的。这无疑是具有重要意义的一步，他为求真提供了另一种不同的思维方式，但同时又导致了另一个问题："如果一个句子的真值就是它的意谓，那么一方面所有真句子就有相同的意谓，另一方面所有假句子也有相同的意谓。由此我们看出，在句子的意谓上，所有细节都消失了。"①如果"真"就是这样的，那么，所有的真句子就会具有相同的意义，这绝不是我们想要的，我们无法满足于此。

于是，对真的追问与解答仍在积极进行，其中影响最大的要数 20 世纪 30 年代塔尔斯基真之理论了。菲尔德曾做过这样一个生动的说明："30 年代初期，在有科学头脑的哲学家中间盛行一种观点：认为像真和指谓这样的语义概念是不合法的：不能或者说不应该使它们融入一种科学的世界构想。但是，当塔尔斯基关于真的研究被人们知晓以后，一切都变了。波普尔写道：'由于塔尔斯基的教导，我不再迟疑谈论"真"和"假"'，而且，波普尔的反应得到广泛的赞同。"②这充分说明了塔尔斯基真理论具有革命性意义。塔尔斯基形式化语言中的真概念也为戴维森试图基于形式的外延的真来理解语句的意义成为可能。

塔尔斯基在《形式化语言中的真概念》中第一句话就指出："本文几乎全部献给一个问题——真的定义（the definition of truth）。它的任务是针对一种给定的语言，建立一个关于'真句子（true sentence）'的实质上充分的（materially adequate）、形式上正确的（formally correct）定义。"③接着，塔尔斯基提出语言层次理论，并基于满足概念，给出了 T 语句，从而完成了对"真"的实质上充分、形式上正确又符合物理主义的定义。从此，正如波普尔所说，由于有了塔尔斯基的工作，人们敢说"真"了。这一成就与哥德尔不完全性定理、图

---

① [德]弗雷格. 论涵义和意谓//弗雷格. 弗雷格哲学论著选辑. 王路译. 北京：商务印书馆，2006：104.

② Field H. Tarski's theory of truth. The Journal of Philosophy，1972，69（13）：347.

③ Tarski A. The concept of truth in formalized languages//Tarski A. Logic，Semantics，Mathematics. Oxford：Clarendon Press，1956：152.

灵机理论一起被誉为 20 世纪现代逻辑的三项里程碑式的成就。

塔尔斯基的工作是弗雷格逻辑求真的继续与发展。作为伟大的逻辑学家，他们对"真"的思考有着许多一脉相承之处。

（一）"真"是关于句子的

通过上文的分析，我们知道弗雷格逻辑中的"真"是关于句子的。

塔尔斯基同样也认为真是用于句子的。他认为，"真的"这个谓词有时候用以指判断或信念这样的心理现象，有时候指特定的物理对象，即语言表达式，尤其是句子，有时候则指特定地被称为"命题"的观念实体。我们在这里所理解的句子通常意谓语法上的陈述句；至于命题，谁都知道，它的意义是各种哲学家和逻辑学家争论的一个主题，而且这些争论似乎从来也没有被研究得清晰无误。"由于一些原因，把'真的'这个词用于句子似乎是最便利的，我们将遵循这个思路。"①由此可见，塔尔斯基也是研究句子的真的，而且并不是针对任何句子而言的，也是限于陈述句，如弗雷格所言的断定句。

既然"真"用于句子，那么，自然要与语言密切相关，研究句子的真也就是研究句子在某种语言中为真。

（二）"真"在日常语言中的不可定义性

弗雷格在科学求真时，一再提到语言的不完善性，认为在涉及保证思维不犯错误的地方，语言是有缺陷的。语言最主要的是没有满足人们鉴于正确思维而对它提出的第一条要求，即一义性。最危险的就是语词的意谓只有很少的差异，而这种差异虽然微小却不是无关紧要的变动。例如，同一个词既可以表示一个概念，也可以表示处于这个概念之下的一个个别对象。而且，语言中没有严格确定的推理形式的范围，以致无法将语言形式方面完美无误的进展与省略了中间步骤区别开来。弗雷格也指出这些缺陷的产生是由于日常语言的某种柔韧性和可变性，由此导致"真"在日常语言中的模糊与含混，进而使得对"真"的各种定义（如符合论、一致论等）都不太令人满意。于是弗雷格确定："我们需要一个符号系统，这个符号系统排除任何歧义，内容不能脱离这个系统和

---

① Tarski A. The semantic conception of truth：and the foundations of semantics. Philosophy and Phenomenological Research, 1994, 4（3）：341.

严格的逻辑形式。"①因此，弗雷格创建了形式语言（即概念文字），以及基于这种概念文字的一阶逻辑演算体系，他认为这样一种形式化的语言类似于显微镜，能帮助我们精确地、毫无歧义地得到"真"，即以逻辑特有的方式——基于逻辑推理由少数公理或规律得到另一些真的结论——有效地实现逻辑求真，正是由于弗雷格的这一创举才使逻辑真正走上了形式化的道路，并独立为一门新的学科。

塔尔斯基同样认为，日常语言中句子的真不可定义。他认为尽管句子的真在日常语言中好像比较明白清楚，但所有试图在日常语言中对句子真做出更清晰定义的尝试（如符合论、一致论的真）迄今为止都不太成功，而且许多使用了"真"并由十分明显的真前提出发还常会导致矛盾和悖论。塔尔斯基较详细地阐述了归功于卢卡西维茨的对说谎者悖论进行的极其清楚简单的形式分析：

为了更加简明，我们用符号"c"作为"印在本页的从上数第五行的那个句子"这个表达的简写，那么，现在考虑下面的句子：

c 不是真句子②

考虑到符号"c"的涵义，我们可以经验地构建：

（1）"c 不是真句子"与 c 同一。

为句子 c 的引用名称（或者对任何其他的名称），建立一个基于"X 是真句子当且仅当 p"（即塔尔斯基的 T 模式）的解释：

（2）"c 不是真句子"是真句子当且仅当 c 不是真句子。

前提（1）和（2）一起马上就得出一个矛盾：

c 是真句子当且仅当 c 不是真句子。

---

① [德]弗雷格. 论概念文字的科学根据//弗雷格. 弗雷格哲学论著选辑. 王路译. 北京：商务印书馆，2006：42.

② "c 不是真句子"（c is not a true sentence.）这个句子恰好就在塔尔斯基 *Concept of Truth in Formalized Languages*（见 *Logic，Semantics，Mathematics*，Oxford：Clarendon Press，1956）第 158 页第 5 行的那个句子。

这个矛盾的原因非常容易被揭示出来：为了构建断言（2）我们用一个自身包含"真句子"这个词的表达代替了 T 模式中的符号"p"。这就使得我们构建一个应用于日常语言中"真句子"这个词的结构性定义面临着不可克服的困难。

塔尔斯基认为，仔细分析这个悖论使我们确信，既坚持逻辑普遍规律同时又满足以下条件的语言不相容：①在一种语言中既有某个句子又有这个句子的确定名称；②由 T 模式形成的每一表达式被看作该语言中的真句子，其中符号"p"被一语言中的任何句子代替且符号"x"被这个句子的名称所代替；③在正在谈论着的这种语言中有像（1）一样涵义的经验地构建起来的前提能被确切地阐述并被接受为真句子。显然，"真句子"在日常语言中的不可定义主要根源于日常语言的这种普遍性及语义封闭性。因此，塔尔斯基指出："如果我们坚持日常语言与语义研究的这种普遍性，为了一致性，我们必须允许在这种语言中除了它的句子和其他表达式外，还有这些句子和表达式的名称，并且包含有这些名称的句子，以及像'真句子'、'名称'、'指示'等此类语义表达式。但是，很可能正是日常语言的这种普遍性是所有像说谎者悖论或非自指词悖论等语义悖论的主要根源。这些悖论似乎提供了一个证据，即在上述意义上具有普遍性的并且坚持规范的逻辑定律的日常语言必然是不一致的。……如果这些意见是正确的，那么，无矛盾地使用这种与逻辑定律及日常语言精神相协调的'真句子'表达式的可能性似乎就非常有问题了，因此，构建一个对这种表达式的正确恰当的定义的可能性也同样有问题了。"①

可见，塔尔斯基和弗雷格或者因为日常语言的普遍性、语义封闭性，或者因为日常语言的含混性、不完善性，都认为"真句子"或"真"在日常语言中是无法准确、恰当地进行界定的。因此，他们都在形式语言中研究真。弗雷格创建了形式语言（概念文字），把"真"作为一个初始概念加以使用，塔尔斯基不满足于此，他基于经典逻辑的形式语言进一步对"真"进行了递归的形式化定义。

（三）塔尔斯基形式语言中的"真"定义

塔尔斯基坦言，因为上文提到的那些原因，他放弃了在日常语言中对语句真进行定义的尝试，他致力于在形式语言中求真。他认为语句真的定义可以在人工语言（即形式语言）中得到粗略的刻画，在这种语言中"每一表达式的含

---

① Tarski A. The concept of truth in formalized languages//Tarski A. Logic, Semantics, Mathematics. Oxford：Clarendon Press，1956：164-165.

义都可以由它的形式毫无歧义地确定"①，这种形式的探究自然基于现代形式逻辑的知识。而且，塔尔斯基指出："期望的这个定义并不是旨在用一个熟悉的词去指称一个新概念的意义，而仍是要把握一个旧概念的真正意义。"②显然，他的这个定义仍是在回答着人们一直追求着的"真"。塔尔斯基认为，一个满意的真定义应该是实质上充分的、形式上正确的定义，而且这个定义还不能使用任何不能还原为其他非语义概念的语义概念。只有这样，才能十分精确地刻画这个概念以使任何人都能充分地确定这个定义是否真正地完成它的任务。

1. 实质上充分的

塔尔斯基认为，那些讨论过"真"概念的哲学家并没有帮我们消除这个概念的含糊性，在这些哲学家的著作或讨论中，我们遇到许多对真和假的不同观点，但是塔尔斯基认为"实质上充分的定义"应该承认与古典的亚里士多德真之概念紧密相连的直觉，这种直觉可以在亚里士多德《形而上学》的如下一段著名的表述中找到：

> 说是者不是，或说不是者是，乃是假的，而说是者是，或说不是者不是，则是真的。

关于这个直觉，若用符合论者的观点表示为"一个句子的真就在于它与实在的一致（或符合）"；若把"指示"这个词加以扩展，既用于名字又用于句子，并且如果我们同意把句子的指示物说成"事物状态"，我们就有可能表示为"一个句子是真的，如果它指示一种现存事物状态"。然而，在塔尔斯基看来，一方面，所有这些表述方式与其说适合于最初亚里士多德的表述方式，不如说适合于其他任何一种表述方式；另一方面，这些表述方式均能导致各种不同的误解，因为它们都不是充分严格和清楚的。

因此，塔尔斯基从一个具体实例"雪是白的"出发来考虑"在什么条件下这个句子是真的或假的"？看起来很清楚的是，如果我们基于古典的真之概念，我们将认为：如果雪是白的，那么，这个句子是真的；并且，如果雪不是白的，

---

① Tarski A. The concept of truth in formalized languages//Tarski A. Logic, Semantics, Mathematics. Oxford: Clarendon Press, 1956: 166.

② Tarski A. The semantic conception of truth: and the foundations of semantics. Philosophy and Phenomenological Research, 1994, 4 (3): 341.

那么，它就是假的。这样，如果真之定义与我们的观点一致，那么，它必须蕴涵下述等值式：

"雪是白的"这个句子是真的，当且仅当，雪是白的。

其中，等值式左边的短语"雪是白的"带引号，表示这个句子的名称；右边的没有引号，代表这个句子自身。之所以在这个等值式的左边一定要是这个句子的名称，而不能是这个句子本身，是因为，首先，从我们语言的语法观点看，对于"X是真的"来说，如果我们以一个句子或以任何不同于名称的东西来替代其中的"X"，这个表达式不会变成一个有意义的句子——因为一个句子的主语可能只是一个名词或一个起类似名词作用的表达式；其次，我们使用任何语言，基本的惯例是要求，在任何我们对一个对象做出断言的说话中，都必须使用对象的名称而不是对象本身。

这样，我们把以上的分析一般化，即考虑任意一个句子"p"，然后构建这个句子的名称并用字母"X"来代替，那么，很明显，从我们关于真的基本概念来看，"X是真的"与"p"是等值的。换句话说，也就是下列等值式成立：

（T）X是真的，当且仅当，p

这就是塔尔斯基的"T型等值式"。

至此，塔尔斯基指出，我们终于可以为句子真提供一个精确的形式条件，并使得在这个条件下，我们认为"真的"这个词的用法及定义是"实质充分的"。也就是说，如果所有的T等值式都能由它得出，那么，我们称这个真之定义为"恰当的"。

但塔尔斯基强调："无论是（T）表达式自身[它不是一个句子，仅仅是一个句子模式（a schema of a sentence）]还是任何（T）型的特殊例子都不能被看作是一个真之定义。我们只能说，凡由一个特殊的句子替代了'p'并由这个句子的名称替代了'X'所得到的每一（T）型等值式可以被看作是真的部分定义，它解释这一个别句子的真究竟在于什么。在某种意义上说，真的普遍定义必须是所有这些部分定义的逻辑合取（logical conjunction）。"[1]

塔尔斯基认为，语义学是一门学科，宽松地说，它探讨一种语言的表达式和那些表达式所"指称"的对象（或"事物状态"）之间某些关系。"真"显然是一个语义概念。因此，塔尔斯基的（T）型等值式构筑了语义上"实质充分的"真定义；并且，由于每一具体的（T）型等值式是真的部分定义，它们的逻辑合取是普遍的真定义，这也形成了塔尔斯基（T）型等值式所构筑的这个真定义与以往定义的不同之处：它不是一个追问"真"的内涵式定义，而是一个刻画"真"的外延式定义。

2. 形式上正确的——"对象语言"和"元语言"

由于上文谈到的可能产生的悖论问题，塔尔斯基认为，在逻辑规律有效并且语义封闭的日常语言中，难免就有语义悖论，所以，他尝试在日常语言中为真句子建构一个真定义难以克服的困难。于是，他放弃在日常语言中解决真定义的问题，转而致力于形式语言，在这种人工构造的语言中每一表达式的涵义都由它的形式毫无歧义地确定，希望能够实现不仅"实质上充分的"而且"形式上正确的"真定义。

塔尔斯基认为，"形式上正确的"条件是：必须明确说明用来定义真概念的语词或概念的意义；同时还必须给出这个定义应遵循的形式规则。满足"形式上正确的"条件的语言，塔尔斯基也把它叫作"具有明确规定结构的语言"，并且他还指出："目前，唯一具有明确规定结构的语言是各种演绎逻辑系统中的形式化语言……"[①]因此，塔尔斯基关注研究演绎系统中的形式语言。

塔尔斯基认为，当我们研究一种演绎科学的形式语言时，我们必须清楚地区分两种语言：我们谈论的语言及被我们谈论的语言。"既然我们不同意采用语义封闭的语言，我们就不得不用两种不同的语言来讨论真之定义问题，更一般地说，讨论语义领域中的任何问题。第一种语言是'被谈论'的语言，它是整个讨论的主题；我们追寻的真之定义就是应用于这种语言的句子。第二种语言是我们'谈论'第一种语言的语言，我们尤其希望用这种语言为第一种语言真之定义。我们将称第一种语言为'对象语言'（the object-language），第二种语言为'元语言'（the meta-language）。"[②]这就是塔尔斯基的语言层次理

---

① Tarski A. The semantic conception of truth：and the foundations of semantics. Philosophy and Phenomenological Research，1994，4（3）：347.

② Tarski A. The semantic conception of truth：and the foundations of semantics. Philosophy and Phenomenological Research，1994，4（3）：349-350.

论。语言因此也形成了一个开放性的、多层次的语言系统，从而克服了自然语言的封闭性。当然，对象语言与元语言只有相对意义。

求助于元语言与对象语言的区分，能够较好地避免类似于说谎者悖论等的语义悖论。例如，说谎者悖论可以写为"这句话在对象语言中是假的"，它是一个元语言的语句，这样可以避免悖论。

因此，实质上恰当的外延式真定义必然蕴涵所有的（T）等值式：

（T）X是真的，当且仅当，p

如果塔尔斯基的这个语义真定义是"形式正确的"，那么，定义本身及它所蕴涵的所有等值式都要用元语言来阐述。另外，（T）中的符号"p"代表对象语言中的任一语句，符号"X"表示"p"所代表句子的名称。因此，元语言必定要比对象语言"本质上更丰富"（essentially richer），也就是说，每一个出现在对象语言中的句子也必须出现在元语言中，而且元语言中包含比对象语言更高逻辑类型的变元，从而能够提供对象语言中每一个的句子名称。

塔尔斯基说："在元语言中能够对语义概念构造出方法论上正确而实质上恰当的定义，当且仅当，元语言配备这样一些变项，它们的逻辑类型高于作为研究对象的语言中的所有变项。"[①]

3. 约定 T（convention T）

为了实现对句子的"实质上充分的""形式上正确的"真定义，塔尔斯基选择最简单的演绎科学语言——类演算语言（the calculus of classes）——作为研究对象。类演算是数理逻辑的一部分，也可以被看作是对逻辑代数的解释。在类演算语言中，塔尔斯基用符号"Tr"表示所有具有（T）型等值式的真句子类，他称作"约定 T"。

塔尔斯基指出，用元语言表述的符号"Tr"的形式正确的定义如果能得到以下后承，那么它也被称作是真的恰当的定义：

（1）所有句子，这些句子从表达式"$X \in Tr$ 当且仅当 p"得到，并且由类演算语言中任一句子的结构摹状名称代替符号"X"，由这个句子在元语言中的翻译代替符号"p"；

---

① [美]塔尔斯基. 科学语义学的建立. 孙学钧译. 世界哲学，1991，6：67-68.

（2）句子"对任何 X，如果 $X \in Tr$，那么 $X \in S$"，换句话说就是，" $Tr \subset S$"。

约定 T 显然就是（T）型等值式在类演算语言这种形式语言中的刻画。那么，塔尔斯基形式语言中的"实质上充分的""形式上正确的"真定义也就是满足约定 T 的所有外延的合取。

4. 物理主义限制

菲尔德认为："塔尔斯基重点强调了物理主义的学说，即这样一种学说：化学事实、生物学事实、心理学事实和语义事实都是（原则上）可以以物理学事实解释的。这种物理主义学说所起的作用是一种高水平的经验假说，即一种任何少量实验都不能迫使我们放弃的假说……在语义学中，物理学家一致认为，所有合法的语义词必须是可以以非语义方式解释的，换言之，他们认为没有不可化归的语义事实。"[1]塔尔斯基在《形式化语言中的真概念》中也一开始就明确指出，如果要实现令人满意的真定义，则定义所需的语词的涵义必须是没有疑义的。那么，我们将使用什么语词来构建真定义呢？当然不能使用任何不能化归为其他非语义概念的语义词。于是，塔尔斯基尤其希望语义概念（指称对象语言的）通过定义引入元语言，以避免我们在使用语义学概念时卷入任何矛盾。

塔尔斯基认识到，"如果不使用现代逻辑的全部方法就不能够详尽地给出真的定义"[2]，因此，塔尔斯基形式化语言中的"实质上充分的""形式上正确的"真定义就是运用逻辑的方法，基于"满足"这个语义概念借助递归法进行的。

5. 基于"满足"的递归真定义

塔尔斯基指出："真之定义可以通过一个非常简单的方式从另一个语义概念，即'满足'概念得到。"[3]接着，他定义了"满足"（satisfaction）概念。他说，"满足"是任意对象与某些称为"句子函项"的表达式之间的关系，即如果当我们用给定对象的名称去替换给定函项中的自由变元时，给定函项成为一个真句子，那么，我们说给定的对象满足一个给定的函项；他还用"Definition

---

① [美]菲尔德. 塔尔斯基的真之理论. 世界哲学，1998，1：74-75.

② Tarski A. The semantic conception of truth: and the foundations of semantics. Philosophy and Phenomenological Research, 1994, 4（3）: 351.

③ Tarski A. The semantic conception of truth: and the foundations of semantics. Philosophy and Phenomenological Research. 1994, 4（3）: 352.

22"[1]定义"满足"：序列 f 满足句子函项 x，当且仅当 f 是一个关于类的无穷序列，并且 x 是一个句子函项且它满足以下四个条件中的其中之一：

（1）存在自然数 k 和 l，使得 $x = l_{k,\,l}$ 且 $f_k \subseteq f_l$；

（2）存在句子函项 y，使得 $x = \overline{y}$ 且 f 不满足函项 y；

（3）存在句子函项 y 和 z，使得 $x = y + z$ 且 f 或满足 y 或满足 z；

（4）存在一个自然数 k 和一个句子函项 y，使得 $x = \cap_k y$，且至多在第 k 位的不同于 f 每一关于类的无穷序列满足函项 y。

句子函项本没有真假，而只能说它被什么对象所满足。也就是说：

对所有 a，a 满足句子函项 x，当且仅当 p

例如，对于函项"x 是动物"，"猫"这一对象就满足这一函项；

我们就说：

对于对象"猫"，"猫"满足句子函项"x 是动物"，当且仅当猫是动物。

对于句子函项"$\forall x \forall y \mathrm{I} xy$（即对于任何 x 任何 y，x 包含 y）"，如果"（动物，人）"这一序列满足这一函项，也就是说，所有的（动物，人）序列满足句子函项"$\forall x \forall y \mathrm{I} xy$"，当且仅当动物包含人。

这样，借助"满足"概念，塔尔斯基定义了语义真概念。他说："结果是，对一个句子来说只有两种情况是可能的：一个句子或者被所有对象满足，或者不被任何对象满足。因此，简单说来，我们可以通过这样的陈述得到真与假的定义，即如果一个句子被所有对象所满足，那么它是真的；否则，即为假。"[2]

但是，从逻辑结构来分析某个语言中的句子我们发现各种各样的表达，一些是非常基本的，另外一些则差不多是复杂的。我们能够依赖"满足"直接给出基本的简单表达式的真，却不能给出复杂表达式的真。因此，如果我们要给出所有句子的语义的真定义，只有"满足"这一语义概念是不够的，还需要运用"递归程序"（recursive procedure）。

所谓的"递归程序"是指：我们首先描述结构最简单的句子函项（这通常不存在困难），然后说明一些运算，通过这些运算复合函项能由简单函项

① Tarski A. The Concept of Truth in Formalized Languages. Logic, Semantics, Mathematics. Oxford: Clarendon Press, 1956: 193.

② Tarski A. The semantic conception of truth: and the foundations of semantics. Philosophy and Phenomenological Research, 1994, 4（3）: 353.

构成。例如，这种运算可能是两个给定函项的逻辑合取，即由联结词"并且"联结起来。

我们可以先指出哪些对象满足最简单的句子函项，然后再说明给定对象满足复合函项的条件——假定我们哪些对象满足那个构成复合函项的简单函项。比如，如果"鲁迅"至少满足句子函项"x是文学家"或"x是革命家"中的一个，那么，我们就说"鲁迅"满足逻辑析取式"x是文学家或x是革命家"。

当然，"满足"所给定的句子函项的既可以是给定的对象，也可以是给定的个体域。这样，我们借助于"满足"及"递归程序"，通过给定对象或个体域对简单函项的满足，然后运用递归程序达到对复合函项的满足，从而实现对各种句子真的定义。

塔尔斯基用"Definition 23"对真定义为："x是真句子，符号表示为$x \in Tr$，当且仅当$x \in S$并且类的每个无穷序列都满足x。"[1]

这个"形式上正确的"定义是不是也是"实质上恰当的"呢？塔尔斯基非常肯定地回答："这个问题的答案是肯定的：Definition 23 是约定 T 意义上的一个恰当的真之定义，因为它的后承包括了所有那些从约定 T 得到的。"[2] 这一真之定义也就是我们熟知的真之语义定义。

但是，一定要区分"真"与"可证性"。不能因为塔尔斯基运用约定 T、（T）型等值式证明了一系列普遍性的定律，就认为"真的"就是"可证的"。塔尔斯基清楚地区分了"真"概念和"可证性"概念。他认为，对这类领域来说，"真"这个概念和"可证性"这个概念绝不会重合，因为所有可证的句子是真的，但有些真句子却不是可证的。任意两个相矛盾的句子至多一个是可证的，而且，更有甚者，还会存在一对矛盾语句都不可证。显然，在塔尔斯基这里，句子的真是客观的，它不因为可证而真，也不因为它在有穷步骤内不可证或没人相信它而为假。

至此，塔尔斯基基于（T）型等值式、约定 T 给出了所有具体真句子的外延，实现了真定义的"实质上充分"；又通过语言分层理论把语言区分为"对象语言"与"元语言"，避免了日常语言中的语义悖论，实现了"形式上正确的"真定义；又借助"满足""递归程序"使得真定义中不含有未加定义的语

---

① Tarski A. The concept of truth in formalized languages//Tarski A. Logic, Semantics, Mathematics. Oxford：Clarendon Press，1956：195.

② Tarski A. The concept of truth in formalized languages//Tarski A. Logic, Semantics, Mathematics. Oxford：Clarendon Press，1956：195.

义概念，实现了物理主义的限制。因此，这无疑是一个令人满意的真之语义定义。塔尔斯基非常满意他自己所进行的工作，他说："从这些部分中总结出最重要的结论，我们能够说：'我们已经成功地在类演算语言中完成了在日常语言中无法完成的工作，即构建一个关于"句子真"表达的形式上正确的且实质上恰当的语义定义。'"①

6. 塔尔斯基语义真概念是逻辑意义上的、外延的、形式的、中立的

正如波普尔所言，有了塔尔斯基的真之语义定义，人们敢于谈论"真"和"假"了，但由此也引发了学界对塔尔斯真概念实质的激烈争论。

有些学者认为，塔尔斯基的真是一种"符合论"的真。符合论是各种真理论中最古老、最朴素的一种。真之符合论认为一个句子或一个判断的真就在于它与事实或实在相符合。坚持塔尔斯基真理论是一种符合论的学者给出的理由是：亚里士多德是真之符合论的鼻祖，塔尔斯基在构造他的真之语义论时明确宣布：一个"实质上充分的"定义应该承认与古典的亚里士多德真之概念紧密相连的直觉；且对真定义的通俗说明"'雪是白的'是真的，当且仅当雪是白的"似乎更清楚地表明："雪是白的"这个句子的真就在于它符合事实，即客观事物"雪"确实是白的。他们认为这些都是对符合论的支持与佐证。

尚兹曾说过："现代符合论者常常以这样或那样的方式依赖于塔尔斯基的真之理论。但是现代紧缩论者也这样做。"②确实如此，许多紧缩论者认为，塔尔斯基的真之语义论是一种"紧缩论"的真。紧缩论的代表人霍维奇指出："紧缩论是一种有些模糊的观点，认为真不是一种'实体性的'性质，不应该期望它有任何还原理论，而且我们把握真这个谓词是由于我们懂得每一个陈述是如何详细说明它自己是真的的条件的。……除了极小论以外，真之紧缩论的其他主要形式是：（1）去引号论，根据这种理论，应该把句子（而不是命题）看作真之载体，并且'p'是真的 ↔ p 这个模式将是定义真这个谓词的东西；（2）代句子论……；（3）冗余论，以此'p 这个命题'与'p'恰恰意谓相同的东西；（4）量化理论……；（5）塔尔斯基的理论……"③可见，在霍维奇看来，紧缩

---

① Tarski A. The concept of truth in formalized languages//Tarski A. Logic, Semantics, Mathematics. Oxford：Clarendon Press，1956：208-209.

② [德]尚兹. 真、意义与所指//王路. 真与意义理论. 世界哲学，2007，6：48.

③ [美]霍维奇. 为极小论辩护//王路. 真与意义理论. 世界哲学，2007，6：51.

论中的"去引号论""冗余论"都直接受塔尔斯基真之语义论影响："去引号论"认为塔尔斯基的约定 T 等值式左、右不同之处就在于引号的有无，所以"真"实际上就是"去引号"；"冗余论"认为，塔尔斯基的约定 T 等值式左边的"p"和等值式右边的"p"意谓相同的东西，因此，"真"相对来说是多余的。紧缩论中的这两种理论都基于塔尔斯基的语义真定义，霍维奇甚至认为塔尔斯基真理论就是一种紧缩论，并把它列为第五种紧缩论类型。这种观点的实质是认为"真的"这一概念在语义学意义上总是可以消除的。

那么，事实上，塔尔斯基的真之语义论究竟是"符合论"还是"紧缩论"还是其他呢？

塔尔斯基否定紧缩论的观点。他认为，虽然真之语义定义约定 T 的有些形式可以通过消除"真"或去引号实现，如"'雪是白的'是真的，当且仅当雪是白的"。但是并不是所有的（T）型等值式都可以这样，例如，"真语句的所有后承都是真的"或"柏拉图写下的第一个句子是真的"。所以，塔尔斯基认为，"任何人如果因为基于真之定义而有的消除语词'真的'的理论上的可能性而继续强烈主张真概念是无结果的，那么，他们必须接受更进一步的结论，即所有已被定义的概念都是无结果的。但是这个结果是这么荒谬、这么毫无历史根据以至于任何关于它的评论都是没有必要的"[①]。显然，塔尔斯基的真之语义论不属于真之紧缩论。

塔尔斯基也不赞成把他的真之定义看作是符合论。塔尔斯基自己坦言，他从来都不怀疑自己的真之定义与亚里士多德对真的表述的直觉相一致，但他不认为自己的真之定义与亚里士多德之后那些对古典概念"真"的表述相一致，因为它们非常含糊。而且，塔尔斯基也知道有人把他的真之语义论这样理解：这些人认为，因为所谓事实，即，一个句子，比如，"雪是白的"，如果雪事实上是白的（着重号是持这样观点的人所加的），那么这个句子被认为是语义上真的。由此，逻辑学发现它自己已被卷入最无批判力的实在论中了。针对他们的这种观点，塔尔斯基明确地加以批判：①他要求他们删去语词"事实上"，因为塔尔斯基自己的原始构造中并没有出现，而且它会引起误解，尽管它没有影响到具体内容。他认为"这样的观点纯粹就是一种幻觉（illusion），并且我

---

① Tarski A. The semantic conception of truth: and the foundations of semantics. Philosophy and Phenomenological Research, 1994, 4（3）: 359.

认为持这种观点的人也已成为他们自己制造的幻想的受害者"①。②他将努力搜集一些关于真之定义的信息，即持这种反对观点的人的真之观点不会把逻辑卷入最朴素的实在论。他认为他自己的真之语义论并没有暗示任何"事实"。所以，当他得知，在一次群发的调查中，只有15%的人同意"真的"对他们来说意谓着"与现实相一致"，而90%的人同意像"下雪了"这样的句子是真的当且仅当正在下雪，他说他绝不会感到惊奇。至此，塔尔斯基的态度再明确不过了，他并不愿把自己归入符合论。

事实上，塔尔斯基认为，他的真之语义论在本质上就不同于这些哲学中的真之理论。他说他确实相信有各种不同的可理解的、有趣的关于"真"这个概念的问题，但不一定是哲学的。这就暗示着他自己的真之语义论并不是从哲学角度思考的。是的，塔尔斯基的真之语义论不同于"哲学意义上的真"，它是一种"逻辑意义上的真"，是基于经典逻辑得到的一种形式结构上的。

塔尔斯基曾专门强调："我希望我在这儿所说的话都不要被解释为主张真之语义学概念是'正确的'或确实是'唯一可能的'。我没有丝毫意愿要以任何方式参加到那些关于'什么是真的正确概念'的没完没了的、经常是激烈的讨论中去。我必须承认我不理解这类争论的关键所在；因为这个问题本身就很含混以致不可能有确定的结论。……大多情况下，我们得到的印象是这个短语是在一种几乎是神秘的意义上使用的，并且它基于这样的信念，即每个语词都只有一个'真正的'意义（一种柏拉图或亚里士多德式的观念）……"②他认为以往的哲学家，如柏拉图、亚里士多德等符合论者、实用主义者、融贯论者，他们研究的都是关于"什么是真"的问题，而这个问题本身是不清晰的，所以他们的争论也是没有意义的。他认为，处理"真"这个问题的唯一合理方式是我们应该承认这样一个事实，即我们面对的不是一个概念，而且通过一个语词来指称的一些不同的概念；我们应该努力使这些概念尽可能地清晰起来（通过定义或公理程序或其他方式），他的真之语义定义事实上采取的就是这种方式：一种基于满足逻辑递归程序。他甚至愿意人们用"true"表示以往的古典概念，而用"frue"来表示他自己的这个概念。由此可见，塔尔斯基真之语义论要解决的并不是"什么是'真'"，而是不同的概念组合如何为真，也就是由概念组合而

---

① Tarski A. The semantic conception of truth：and the foundations of semantics. Philosophy and Phenomenological Research，1994，4（3）：361.

② Tarski A. The semantic conception of truth：and the foundations of semantics. Philosophy and Phenomenological Research，1994，4（3）：355.

成的句子"如何为真"，他认为这是两个不同的问题，前者基于神秘基于信念所以含混，而后者基于定义或公理程序所以清晰，二者在本质上就是不同的。

显然，塔尔斯基在这儿区分了两种"真"，一种是对"什么是真"的回答，是哲学上的，它基于神秘、信念。这其实就是我所说的"哲学意义上的真"。一种是对"如何为真"的回答，它是基于经典逻辑定义或公理程序的。这其实就是笔者所说的"逻辑意义上的真"。

"什么是真"是对"真"概念内涵的回答，符合论或紧缩论都是对这个问题的回答。而塔尔斯基一直强调自己所给出的真定义约定 T 所给出的（T）型等值式只是一种语句型式，而且是所有"实质上充分的""形式上正确的"（T）型等值式类的合取，它是一种对"句子真"外延的界定，每一个具体的（T）型等值式都只是句子真的部分外延。

"哲学意义上的真"是一种内涵式的，而"逻辑意义上的真"是一种外延式的。塔尔斯基形式化语言中的真概念就是外延式的，无疑是属于"逻辑意义上的真"。

塔尔斯基指出它所给出的任何（T）型等值式都是基于现代逻辑"解释了这一个单独的句子的为真在于什么地方"[①]。（T）型等值式，即"（T）X是真的，当且仅当，p"，它是以元语言表述出来的，其中"X"是一种对象语言中某句子的名称，"p"是该句子在元语言中的翻译。可见，塔尔斯基是运用现代逻辑的方法希望以一种明确规定的形式结构来解释一个句子为真。为了精确地给出句子为真的形式结构条件，塔尔斯基指出："为了明确一种语言的结构，我们必须清楚地描述那些语词及被认为有意义的表达式的类。尤其是，我们必须指出所有我们决定使用的没有定义的语词及那些被称作'非定义的（或原始的）词项'；并且，为了引进新的或定义的词项，我们必须给出所谓的定义规则。此外，我们必须建立一种标准以便在表达式的类中区分出那些我们称作的'句子'。最后，我们必须阐述在什么条件下这种语言中的某个句子能被断定。"[②]按照这些步骤，塔尔斯基认为，我们就能恰当地、正确地给出句子真的形式结构，从而对句子真做出外延上的界定，进而解释这个句子为真的关键所在。其实就是在回答"句子如何为真"。

① Tarski A. The semantic conception of truth：and the foundations of semantics. Philosophy and Phenomenological Research，1994，4（3）：344.

② Tarski A. The semantic conception of truth：and the foundations of semantics. Philosophy and Phenomenological Research，1994，4（3）：346.

只有知道了一语句基于逻辑在形式上"句子如何为真"，才能很好地解决从哲学上如何理解"什么是真"。所以，塔尔斯基最后表态说："我们可以在不放弃任何我们已有的认识论态度的情况下接受真之语义论。我们可以依然是朴素的实在论者、批判的实在论者或唯心论者、经验论者或形而上学家，无论我们以前是什么。这个语义概念对所有这些观点完全是中立的。"[①]

7. 小结

塔尔斯基作为现代形式逻辑的又一奠基者，他继承了亚里士多德、莱布尼兹、弗雷格的传统，继续清晰地区分出两种求真的方式及两类"真"。而且，他一方面区别了回答"什么是真"的"哲学意义上的真"与回答"如何为真"的"逻辑意义上的真"，另一方面又指出知道"如何为真"可以很好地解决"什么是真"，即"逻辑意义上的真"是解决"哲学意义上的真"问题的有效途径。这使得"逻辑意义上的真"更加清晰突出。而且，正是因为塔尔斯基形式语言中"真"定义的出现，才使得人们可以真正摆脱哲学上含混的"真"的困扰，也正是有了"约定 T"这种基于逻辑对"真"外延进行精确清晰的形式刻画的真定义，才使得人们敢于谈论真了。

也可以说，直至塔尔斯基真之语义论中的真定义约定 T 以外延的方式清晰地刻画了语句为真的形式结构，才使得"逻辑意义上的真"的特征更加清晰明确。并且，塔尔斯基形式语言中的真概念作为一项逻辑上的中立理论，成为人们从事相关哲学研究时的必备知识而加以广泛应用，并促使人们敢于基于现代形式逻辑来谈论"真"，并积极地运用现代形式逻辑的方法、逻辑分析的方法来解决哲学上"什么是真"的问题，也就是语句真的解释问题，如语句的意义理论等哲学问题。

戴维森也正是在塔尔斯基真定义出现这一背景下，基于塔尔斯基的真定义才提出了他的成真条件意义理论。

二、戴维森成真条件意义理论的提出

戴维森的意义理论继承了弗雷格的整体论，他在他的成名论文《真与意义》开篇就指出："大多数语言学家都承认，并且近来有些语言学家也承认，令人

---

① Tarski A. The semantic conception of truth: and the foundations of semantics. Philosophy and Phenomenological Research, 1994, 4（3）: 362.

满意的意义理论必须对语句的意义依赖语词的意义的方式提出一种解释。除非能够对某一语言提供这样的解释，否则，人们便会论证说，这就没有对于我们为何能够学会这种语言这一事实做出解释，也就是说，没有对于这样一个事实做出解释：根据对于有限词汇和有限地加以阐明的一组规则的掌握，我们便有条件去造出并理解其数量潜在无限的任何语句。"①这就是说，一种令人满意的意义理论，其中语句的意义要依赖于该语句中语词意义的组合，而且理解这种语言或懂得这种语言的意义要能做到根据该语言中有限的词汇和有限的规则，能够造出并理解这种语言中潜在无限的任何语句。他还认为："最终把语言和世界联系起来的是那些典型的导致我们认为句子真的条件，这些条件构成了真之条件，从而也是句子的意义。这里不是我们详细讨论它的地方。至现在我必须简单地声明：如果我们不得不独立于一个说话者或一种语言的真之理论而为该说话者或该语言发展一种意义理论，这是令人惭愧的。"②显然，戴维森也接受弗雷格涵义与意谓理论，认为当我们说一个句子为真时就是在指该句子的涵义，知道句子的意义就是知道该句子的真值条件，也就是说我们不可能独立于真之理论而建立相关的意义理论，这就是说，掌握自然语言中的某语句的意义就是把握该语句的成真条件。这为戴维森自然语言中的成真条件意义理论提供了理论基础。

戴维森认为，一个语句的意义可以表示为：

$$s \text{ 意味（mean）} m$$

其中，"s"可被一个语句的结构概述短语替换，"m"可被一个指称该语句的意义的单称词项替换。戴维森不赞成指称论，在他看来，一种令人满意的关于复合表达式的意义理论可能并不需要一些实体作为所有各组成部分的意义，指称论只会导致无穷后退。

于是，他求助于弗雷格的逻辑理论。现代形式逻辑中语句是由专名＋概念词构成的，概念词是一个带空位的函项表达式，由专名的意谓对空位加以补充，从而形成句子。句子的意义是由涵义和意谓构成的，句子的涵义是思想，句子的意谓是真值（即真和假），真、假也是实体，弗雷格意义理论坚持语句的组

---

① [美]唐纳德·戴维森. 对真理与解释的探究. 第二版. 牟博，江怡译. 北京：中国人民大学出版社，2007：28.

② Davidson D. The Folly of Trying to Define Truth. Truth, Language, and History. Oxford：Clarendon Press. 2005：34.

合原则，也就是说，语句的涵义与意谓是由语句构成部分，即专名和概念词的涵义与意谓决定的，这也就满足了戴维森所认为的令人满意的意义理论"语句的意义要依赖于其中语词意义的组合"的要求。弗雷格指出，当我们称一个句子是真的时候，我们实际上是指它的意义。戴维森同样继承了弗雷格的这一思想，这种其实就是一种成真条件意义理论的思想。这样，语句 s 的真就由专名的意谓决定，而知道了语句 s 的真就是知道了语句 s 的意义，因此，语句 s 的意义也就由专名的意谓决定了。可见，戴维森成真条件意义理论的提出是对弗雷格意义理论的继承。

然而，我们知道，我们把句子中的一个专名代之以另一个意谓相同而涵义不同的专名，该句子的真值不变。这样，所有在真值上相同的语句都具有相同的意义，这是戴维森不能容忍的。至此，戴维森感到很失望，他发现求助于弗雷格仍然无济于事。

因此，他认为：在某一点上，没有任何做法能比下述这种做法更容易的了：仅仅写出

$$s\ \text{意谓}（\text{that}）p$$

并设想 'p' 被一个语句所替代。[①]但是（that）p 也是名称，当我们以非外延的（that）p 来解释 s 的意义时，仍然会出现前面的内涵困境。戴维森认为，使我们陷入处理内涵语词困境的是这样一种做法，即把语词"意谓"（that）用作填充在对语句的描述与语句之间的连接语词，我们必须尝试着以外延的方式处理由"p"所占据的地位，因此，就需要抛弃难解的"意谓"（that），向替代"p"的语句提供一个恰当的语句关联词。

此时，塔尔斯基真之语义论中的真定义约定 T 无疑为戴维森雪中送炭。戴维森兴奋地指出："没有必要掩饰在塔尔斯基已表明其构造方式的那种真定义与意义概念之间的明显联系。这种联系就是那种定义通过对每个语句的真实性给出充分必要条件而起作用，而给出真值条件也正是给出语句意义的一种方式。知道一种语言的语义性真概念便是知道了一个语句（任何一个语句）为真是怎么一回事，而这就等于理解了这种语言。"[②]戴维森认为，从塔尔斯基这里他得到了适合联系真与意义的合理的构造方式，这就是表示充分必要条件的等值

---

① [美]唐纳德·戴维森. 对真理与解释的探究. 第二版. 牟博，江怡译. 北京：中国人民大学出版社，2007：34.

② Davidson D. Inquiries into Truth and Interpretation. 2nd ed. Oxford：Clarendon Press，2001：24.

形式，即塔尔斯基真定义约定 T 所使用的形式："（T）s 是真的，当且仅当 p"；而且既然塔尔斯基真定义确定对象语言中每个语句（相对于元语言中的语句）的真值，因此，它便确定每个语句和语词的意义；那么，知道了一个语句基于塔尔斯基真之语义论的真定义：（T）s 是真的，当且仅当 p，也就是知道了该语句的意义。因此，在戴维森看来，塔尔斯基真定义提供了迄今为止我们对意义理论所要求的全部东西。

但是，令戴维森不满意的是，塔尔斯基的真定义约定 T 仅仅适用于形式语言，而在戴维森看来，一种意义理论便是一种经验理论，它应该是对自然语言的活动方式做出解释。因此，戴维森不满足于塔尔斯基真之语义论的真定义仅限于形式化语言，他要寻找一种适于自然语言的意义理论，从而只要给出自然语言中某语句的成真条件，我们就能知道该语句的意义。

所以，戴维森一方面认为："对于理解，重要的是言语表述的真之条件，因为如果我们不知道一个言语表述在什么条件下会是真的，我们就不理解它。"①我们需要继续探寻自然语言中某语句表述的真之条件，只有知道了自然语言中该语句的真之条件，我们才会知道该语句在自然语言中的意义；他另一方面又认为自然语言中令人满意的意义理论的合理形式也应该是基于塔尔斯基真之语义论中真定义约定 T 的形式：

$$（T）s\ 是真的，当且仅当\ p$$

这也就形成了他自然语言中成真条件意义理论的初步构想，他认为倚重于塔尔斯基真之语义论中的真定义，就可以把握自然语言中任一语句在什么情况下是真的，也就是把握了其真之条件，进而就可以理解自然语言中某语句的意义。

戴维森认为，意义理论的任务并不是改变、改进或改造一种语言，而是描述并理解这种语言，弗雷格、塔尔斯基都试图把自然语言改造成一种人工语言、形式语言，通过给出形式语言中某语句的成真条件从而给出该语句的意义。戴维森认为这是不够的，描述并理解自然语言是意义理论的主要任务，我们需要在自然语言中、在人的行为中识别约定 T 的 T——语句形式，因为"意义依赖于使用，但是说明如何依赖却是不容易的，因为我们可能把一个句子的言语表述付诸的使用是无穷的，而它的意义却依然是固定的。对于理解，重要的是言

---

① [美]唐纳德·戴维森. 真与谓述. 王路译. 上海：上海译文出版社，2007：126.

语表述的真之条件,因为如果我们不知道一个言语表述在什么条件下会是真的,我们就不理解它"①。可见,戴维森在自然语言中仍然坚持的是一种成真条件意义理论,而且很显然,他的这种成真条件意义理论是为了实现对语句表述的一种固定理解,也就是说,他希望通过他的成真条件意义理论能对语句表达有一种相对确定性的理解。

　　而如果要真正达到这一点,在自然语言的成真条件意义理论中,语句的真就必须是相对于说话者的,那么,仅有约定 T 是不够的,关于真还有更多的东西没有被塔尔斯基的工作所触及。在自然语言中,真必然还以某种方式与说话者的态度、与语言交际有关,约定 T 必须与某个或某群说话者的具体实践相结合。戴维森相信我们必定可以给出对自然语言中语句为真的构造性说明,这种说明就是自然语言中语句的意义理论。于是,戴维森着手致力于对自然语言中成真条件意义理论的构造。

三、给出自然语言中意义理论的困难

　　当然,戴维森也看到了给出自然语言中语句的意义具有很大的困难,正如弗雷格、塔尔斯基所说的:①自然语言具有不完善性、模糊性和歧义性,当把真概念(以及其他语义学概念)连同标准的逻辑规律应用到自然语言时,就不可避免地会导致混乱和矛盾,比如前面谈到的著名的"说谎者悖论";②自然语言混乱无定形,很难保证以形式化语言"合理化了的"自然语言仍然保留它的自然性。戴维森认为困难①往往是由于对象语言里的量词的范围在某些方面太过宽泛,从而产生了语义悖论,我们可以通过一些有效的技术方法来解决它,如限定量词辖域等。而且,这一困难并没有表明我们不能给出自然语言中语句为真的明确界定,况且,我们对自然语言中语句真的确定还可以由那些不容易产生悖论的部分开始,然后再扩展到整个自然语言系统。对于困难②的化解,戴维森充满了信心,他认为,弗雷格对量词的用法做了精确的阐明并对一部分有意义的自然语言设想出了一种形式语义学,塔尔斯基又以形式语言中真之语义定义使这一设想初步得以明确地实现。弗雷格和塔尔斯基做出的这两项宏大业绩已使我们洞察到了我们母语的结构,现在还有许多逻辑学家、哲学家在为这样一项艰苦的工作而努力,他们希望从不同的途径来达到相同的目的,即为

---

① Davidson D. Truth and Predication. Cambridge: The Belknap Press of Harvard University Press, 2005: 123.

自然语言寻求一种意义理论，不管哪一方成功都必定会有一个一般理论与自然语言的聚合点。而且，他认为，对于一些含混词，如果它们的含混性没有影响到语言整体的逻辑形式，并也能通过含混性对应于含混性而翻译为元语言，那么，界定出自然语言的真，进而界定出自然语言的意义也是有可能的。

四、戴维森对自然语言中意义理论的构造

戴维森认为，如果要明确地给出自然语言中语句的意义，也就是说，我们希望在塔尔斯基真之理论的基础上，说明约定 T 什么时候描述一个群体或一个个体的语言。这显然是要求对塔尔斯基真定义约定 T 未能把握的那部分内容做出明确说明。但是，"在一个塔尔斯基式的真之理论中，关于真的说明所缺少的是什么。缺少的是与语言使用者的联系"[1]。因此，我们可以将真看作是一种特性，这种特性不是语句的特性，而是话语（utterance）的特性，或言语行为的特性，或关于语句、时间和人的有序三元组的特性；其中把真理性看作是语句、人与时间之间的关系，这是最简单不过的了。因此，这种真理论必须向我们表明，我们怎样才能借助于对有限的组合规则的有限运用，由一批有限的在语义上有意义的语词构成我们自然语言中潜在的无限多的语句。当然，这种真理论必须根据每个语句的构成提出该语句相对于表达该语句的那些境况的真值条件。也就是说，针对塔尔斯基真定义所缺少的，我们提出了补救措施，"补救办法是相对于具体时间和具体的说话者来为一种语言表征真概念。这样，就又可以直截了当地把真之理论推广到表达"[2]。这样的话，塔尔斯基的真定义也可以适用于自然语言并被作为意义理论的成真条件了。

于是，戴维森批判地继承了塔尔斯基的真之理论，他指出："塔尔斯基为我们做的工作是详细说明，如何描述真（无论是在语言中还是在思想中）所必然呈现的那种模式。我们现在需要做的工作是说明如何识别这样一种模式或结构出现在人的行为中。"[3]

塔尔斯基形式化语言中的基于递归的满足的真定义约定 T 无疑是以一种细致而又形式化的 T 语句模式对真语句的形式特征做了最为巧妙的刻画。

① Davidson D. Truth and Predication. Cambridge：The Belknap Press of Harvard University Press，2005：36.

② Davidson D. Inquiries into Truth and Interpretation. 2nd ed. Oxford：Clarendon Press，2001：131.

③ Davidson D. Truth and Predication. Cambridge：The Belknap Press of Harvard University Press，2005：28.

T：s 是真的，当且仅当 p

基于塔尔斯基的语言分层理论，s 是对象语言中任一语句的名称或结构描述语，p 是 s 语句在元语言中的翻译。那么，任何一个形式上正确、实质上充分的真之定义必须使它所涉及的某个对象语言 L 中的所有 T 等式都能作为这个定义的后承而被衍推出来。这就需要能从有限的语句构造出无穷的语句来，塔尔斯基运用了递归程序：先定义结构最简单的语句函项[如 $F(\ )$]，再由这些较简单的语句函项构造出复杂的语句函项运算[如 $F(\ )\wedge G(\ )$]。一个语句函项是没有真假的，只能说被对象所满足，即"x 是动物"没有真假，如果用对象"狗"来满足，那么它就是真的。这样，塔尔斯基依据"满足"，把对象与表达式联系起来，基于递归程序，又完成了对简单或复杂的语句表达式的形式构造。并且，我们知道，约定 T 并不是定义"真"这个概念的内涵，而是其外延，这个"形式上正确""实质上充分的"真定义必须蕴涵约定 T 的所有实例，其中每一个实例都是"真"的部分定义，而"真"的普遍定义就是这每个实例的合取，这样一来，塔尔斯基基于满足的递归真定义也实现了以有限的语句、有限的组合规则来为对象语言 L 中的无限多的任一语句表征真。

戴维森认为，令人满意的意义理论必须对语句的意义依赖语词的意义的方式提出一种解释，并能根据对于有限词汇和有限地加以阐明的一组规则的掌握，有条件去造出并理解其数量潜在无限的任何语句。塔尔斯基的真定义约定 T，正是戴维森令人满意的意义理论所要求的真值条件。这样，一个意义理论基于约定 T："T：s 是真的，当且仅当 p"这样一种基于现代逻辑而得出的一种形式上的标准量化结构，就能给出自然语言中潜在无穷的语句的真值条件。所以，戴维森认为我们现在需要做的，就是在人的行为中去识别约定 T，即"T：s 是真的，当且仅当 p"这样的模式或结构。

但是，当约定 T 运用于自然语言时，却出现了问题。一方面，塔尔斯基的真定义约定 T 关注如何定义真时预先假设了"翻译"，即塔尔斯基把约定 T 中充分必要条件等值式右边的"p"看作是对象语言 s 在元语言中的翻译。在形式语言中，这样做是很方便的，可以由命令从句法上加以规定。然而，"翻译"的证实包含了信念和意义的合取，这样就使得句子的真既依赖于说话者给予句子的意义又依赖于他对世界的信念。这无疑使得戴维森的意义理论陷入了循环："意义"的解释依赖于"真"，而"真"的阐明却又基于"意义"。因此，"翻译"这个概念不能精确地、清楚地应用到自然语言，我们必须放弃对"翻译"

这个语义概念的预先假设。另一方面，一个话语能由一种真之理论来解释，但是如何确定这个话语的真呢？显然不能通过给出塔尔斯基的 T 语句形式，我们在能认出对话语解释的这个 T 语句之前就需要加以确定。当然如果意义理论能得到这样一种证据加以支持，这无疑会构成一种概念上的进步，但这是一个困难。然而，在戴维森看来，意义理论实际上就是一种可以详细说明的语义性理论，而那种证据会被非语义性的词项来描述。那么，"企图指望更基本的证据（譬如说行为主义的证据），这只能使理论构造的任务更加难以完成，尽管这样也许会使之更令人满意"[①]。

戴维森认为，我们可以在不感到为难的情况下承担起困难较小的研究工作。于是他提出了自己的解决方式："把解释的方向颠倒过来：塔尔斯基由于预先假设了翻译，之后他以此定义了真；而现在我的想法是把真看成是基本概念，并由此引出关于翻译或解释的说明。"[②]这就是戴维森自然语言的意义理论中最具有"哥白尼革命式"的关键一步，也是最具有创造性的、最大胆的一步。

这样，在戴维森自然语言的意义理论中，真成了核心概念，而且"真"是一个初始的基本概念，戴维森去掉了把对真之特征的那种递归说明作为一个明确的定义的这一步，留下了一个公理理论，通过这个公理理论，我们还可以基于塔尔斯基的约定 T 所提供的那种逻辑形式上的标准量化结构，给出自然语言中潜在无穷语句的真值条件。事实上，也正是基于塔尔斯基真定义的"满足"概念，才使得"真"一方面通过语言表达式与实际东西的关系而合理解释，另一方面又避免滑入内涵困境再导致无穷后退，这样，也就充分满足了戴维森意义理论对"真"的要求。另外，"真"作为一个初始概念，就是说我们对"真"已经有了局部理解，约定 T 是已知的，戴维森认为，在应用于自然语言的情况下，假设对真概念已有了局部的理解，然后基于真理论来阐明意义、解释和翻译，是更讲得通的。而且，真理性更容易和说话者的简单的态度联系在一起。况且，即使从为了不使意义理论在根基处出现循环角度，把"真"作为意义理论的不加定义的初始概念也是最好的方法。

事实上，之所以认为把塔尔斯基的真定义约定 T 作为自然语言意义理论的真值条件会产生循环的根源在于：它既依赖于信念又依赖于意义。在戴维森看来，要想在不求助于"翻译、意义、信念"这些语义概念的基础上来表述约定

---

① Davidson D. Inquiries into Truth and Interpretation. 2nd ed. Oxford：Clarendon Press，2001：142.

② Davidson D. Inquiries into Truth and Interpretation. 2nd ed. Oxford：Clarendon Press，2001：134.

T，我们需要给塔尔斯基的真理论进行一个经验上的限制，从而使得解释者在不求助于"翻译"的情况下，能合乎情理地获得支持或证实它的证据，这就是要贯彻一种"宽容原则"（principle of charity），也就是说，"那种可获得的证据恰恰是：讲有待解释的语言的人认为各种各样的语句在某些时间和某些特定场合为真"①。换句话说，就是我们讨论这种证据的恰当的出发点是：认为语句为真、接受语句为真的态度。不可否认的是，这种态度也是一种信念，但是重要的是，这种态度是可以适用于一切语句的单一态度，它不需要我们在信念之间做很细致的区分，它是我们在做出解释之前就能够合乎情理地采取的一个态度。因为，作为解释者我们完全可以知道一个人在准备说出一个语句时是要表达一个真句子，尽管我们还不了解这是一个什么样的真句子。当然，也有可能存在对语句的一些其他态度，比如，希望它为真或想要它为真或相信它将为真等，但戴维森倾向于认为，所有这些都可以用"认为语句为真"来概括。这就是戴维森在自然语言的意义理论中一直贯彻的宽容原则。这样，在宽容原则的支持下，因"翻译"概念带来的"真"与"意义"的循环就得以较好地避免，戴维森自然语言的意义理论就可以在只有"真"这一个不可定义的语义概念的前提下基于塔尔斯基的约定 T 为意义理论提供成真条件。

当然，贯彻戴维森的宽容原则要求：①说话者必须是一个理性的人，说话者不能是一个疯子或是一块石头之类的。这样，基于说话者自身的理性，就可以保证他的思想表达在一定程度上是一致的，即不会出现无道理地一会儿认为兔子是兔子，一会儿又认为兔子是小猫的情况。②我们可以与说话者共同处于同一个世界中。也就是说，假如在炎热的三伏天，我看到工人流汗了，那么我不会怀疑他和我一样都感到很热。满足这两点，我们才可以基于宽容原则找到学习其他语言的、人人共通的经验入口，使说话者所说的话尽可能的、经常的是真的，这样我们才能合乎情理地采取接受语句为真的态度。

戴维森自然语言的意义理论中最为关键的一步，即以"真"为初始概念，还体现了人类认识活动的本性。让我们再来看塔尔斯基的约定 T："T：s 是真的，当且仅当 p"，表面上看，在约定 T 中只出现了一个"真"谓词，其实，其中还隐藏着另一个"真"谓词，对约定 T 我们事实上是说"s 是真的，当且仅当 p 是真的"，这就是说，我们希望通过元语言中"p"的真来赋予相关对象

---

① [美]唐纳德·戴维森. 信念与意义的基础//唐纳德·戴维森. 对真理与解释的探究. 第二版. 牟博，江怡译. 北京：中国人民大学出版社，2007：164.

语言中的语句"s"以成真条件，进而解释对象语言中该语句的意义。这是合乎我们人类的认识本性的，元语言是"我们"的语言，对象语言是"说话者"的语言，我们必须对我们的语言——元语言有所确知的情况下，才能更好地解释说话者的语言——对象语言。

戴维森做了这两项工作：①对塔尔斯基真理论进行"哥白尼革命式"的变革，即反用塔尔斯基真理论，把解释的方向颠倒过来，设"真"为初始概念；②对在自然语言的意义理论中应用塔尔斯基真定义约定 T 予以经验上的限制，即贯彻宽容原则，就使得我们可以在自然语言中应用塔尔斯基的约定 T，并根据约定 T 提供的标准的量化形式结构，以有限的语句及规则，为自然语言中潜在的无穷多的任一语句给出其成真条件，进而对自然语言中的每个语句进行解释或达到意义理解。

但是，要恰当理解自然语言中任一语句的意义，即明确地给出自然语言中该语句的真值条件，还需对塔尔斯基真理论进行进一步的调整。在自然语言中，许多句子都没有固定的真值条件，因为任何含有时态动词、指示代词或其他索引词的语句在不同的表述场合可能具有不同的真值条件，所以，"能够应付这种困难的一种方式是使这样的句子的真之条件相对于某一个时间、地点、说话者，也许还有其他参照物"[①]。这就是要把塔尔斯基的真理论与语言使用者相联系，使"真"成为话语的特性，使"真"成为关于语句、时间和人的有序三元组特性，从而使得相应于每个带有指示性因素的语句，必定会有一个使该语句成真的真值条件与变化着的时间、说话者相联系的表达式。也就是说，在戴维森看来，通过对塔尔斯基真理论的调整，令人满意的自然语言中的意义理论就是要实现在任何具体的语言实践中，我们要通过把语句与说话者、时间相联系，从而给出自然语言中某语句为真的真值条件，实现对自然语言中该语句为真的理解与把握，进而掌握该语句在自然语言中的意义。那么，由戴维森自然语言中的意义理论我们可知：

> 库特在 t 时间说"天在下雨"是真的，当且仅当，t 时间时，在库特附近天在下雨。
> 吉姆在 t 时间说"那本书已被窃"是真的，当且仅当，吉姆在 t 时间所指示的那本书先于时间 t 被窃。

---

① Davidson D. Truth and Predication. Cambridge: The Belknap Press of Harvard University Press, 2005: 154.

它们的公理形式为：（U）（T）s 为真当且仅当 p，也就是说，语句 s 对于说话者 U 在时间 T 为真，当且仅当 p。

这样，戴维森基于对塔尔斯基真理论的继承、反用及修改，形成了其自然语言中的成真条件意义理论。这种意义理论以塔尔斯基的形式语言中的外延的真定义约定 T 为初始概念，并结合说话者、时间，使约定 T 这种标准量化的形式结构与语言实践相结合，从而给出自然语言中该语句的真值条件，进而对该语句在自然语言中的意义进行解释或说明。戴维森的成真条件意义理论也被称作"戴维森纲领"。

虽然戴维森认为，我描述和建议的这种方法并不新颖；这种方法的每一个重要特征在这个或那个哲学家那里都可以找到，而且其中最主要的想法也隐含在语言哲学许多最出色的文献之中，它的新颖之处就在于对这种方法做了明确系统地阐述并对其哲学重要性做出了论证；然而，事实上，戴维森成真条件意义理论引发了意义领域的一次哥白尼式革命：他掀起了当代哲学领域中真与意义的大讨论，并开创了以逻辑的外延的真为核心研究意义理论并使得自然语言的真理论与意义理论趋于融合的新思潮。而且，"就戴维森意义理论本身的内容来看，意义的真值条件论在新的视角上寻求意义与真的联系，其中显现出来的那份执著追求'绝对'意义上的真、排斥怀疑论和相对主义的精神，在哲学界难以摆脱人类自我中心论困境的今天显得尤为可贵"①。

五、真与意义融合——显现于戴维森意义理论中的真理论

戴维森自然语言中的成真条件意义理论认为，把握了自然语言中语句的真值条件也就理解了自然语言中该语句的意义。他认为："一个关于说话者的真之理论在某种意义上是一个意义理论。"②

哲学提出了一个对自然语言给出意义解释的目标，逻辑则通过规定出一种作为基础的真理论而表达出那个要求，就在这样一个过程中，真与意义达到了融合。

戴维森正是以其独特的视角和方法巧妙地通过使真与意义融合而率先提出了其自然语言成真条件意义理论。

① 张妮妮. 意义，解释和真——戴维森语言哲学研究. 北京：中国社会科学出版社，2008：2.
② [美]唐纳德·戴维森. 真与谓述. 王路译. 上海：上海译文出版社，2007：55.

　　戴维森认为："对于理解，重要的是言语表述的真之条件，因为如果我们不知道一个言语表述在什么条件下会是真的，我们就不理解它。"[①]戴维森继承弗雷格的思想，坚持当我们称一个句子为真的时候，实际上就是在指它的涵义、意义，这样，只要给出自然语言中某语句的成真条件就能知道该语句的意义，这就形成了他的成真条件意义理论构想。

　　既然如此，接下来，戴维森对自然语言中意义理论的研究重点就集中在探讨自然语言中任意语句如何为真，也就是致力于探讨研究自然语言中任一语句的真理论了。换句话说，他对自然语言中意义理论的研究事实上就成为对真理论在自然语言中的构设研究，因此，也可以说，戴维森自然语言意义理论就是其真理论的一种显现。

　　戴维森认为，以往对自然语言感兴趣的哲学家、语言学家都迷失了真理论的关键所在，他们一方面致力于为自然语言赋予一种形式的真之理论而夸大了这些困难，另一方面他们根本没有意识到塔尔斯基真理论事实上对如何运用有限资源实现对语言无限语义进行解释的问题给出了严谨、深刻而又能经受检验的回答。这样说来，毫无疑问，在塔尔斯基的真定义约定 T 中我们能找到需要为意义理论提供的所有东西。

　　戴维森认为，"对令人满意的意义理论所提出的条件，在本质上就是塔尔斯基的约定 T"[②]，戴维森指出基于经典逻辑的塔尔斯基的真定义约定 T 恰恰为意义理论提供了所需的关于语句为真的真值条件，这个"真"概念是意义理论的核心。但约定 T："T：s 是真的，当且仅当 p"只是对形式语言中语句真进行的逻辑结构刻画，而自然语言是丰富的，自然语言中语句是与说话者、时间相联系的。因此，虽然说塔尔斯基基于一阶逻辑对句子真的形式刻画无疑满足了戴维森以外延方式处理意义问题以避免陷入内涵困境的要求，但如果塔尔斯基的真之理论仅限于运用于形式化语言中，对于戴维森来说，还远远不够，他认为意义理论应该研究一个或多个说话者的语言行为，告诉大家这个或这些说话者的某些表达的涵义究竟是什么，他需要的是对自然语言意义的理解，所以，这就需要寻找一种满足自然语言的真理论，从而为自然语言中的语句找到恰当的真值条件。

　　塔尔斯基形式化语言中的真定义，即细致而又形式化的 T 语句，"T：s

---

① [美]唐纳德·戴维森. 真与谓述. 王路译. 上海：上海译文出版社，2007：126.

② Davidson D. Inquiries into Truth and Interpretation. 2nd ed. Oxford：Clarendon Press，2001：23.

是真的，当且仅当 p"对自然语言中真语句的形式特征来说也是最为巧妙的刻画。然而，在将塔尔斯基的真定义（即约定 T）直接用于自然语言时，戴维森强调："一种自然语言的真理论（正如我所构想的那样）既在目标上又在兴趣上十分不同于塔尔斯基的真定义。……在应用于自然语言时，更讲得通的是，假定对真的局部理解，并用这个理论阐明意义、解释和翻译。"①

于是，戴维森对塔尔斯基的真定义约定 T 进行了改造以使它也适合于对自然语言中语句的真定义：首先，对塔尔斯基真定义约定 T 的反用，把真概念作为初始概念，其次，对约定 T 进行了相应的扩充使它与语言使用者相联系，使谓词"真"成为一个涉及语句、时间和人的三位谓词"Ts, u, t"，即"T:（U）（T）s 为真当且仅当 p"。这样，基于塔尔斯基真之语义论的满足递归程序，这个 T 等式完成了对自然语言中真语句的所有表述，这些表述的合取就是从外延上对自然语言中语句真的定义，其实也是自然语言的真理论，这种刻画正好满足了戴维森自然语言中意义理论对"真"的要求，它提供了适合于自然语言的语句为真的真值条件，那么，对这个真值条件的理解与把握，也就是对自然语言中某语句意义的理解与注释。

很显然，真概念是意义理论的核心。而这个"真"是由塔尔斯基真之语义论基于满足通过递归程序从外延上为语句真的所有表述提供的刻画，这种刻画是一种外延上的，是其形式上的标准量化结构，这里的"真"概念是"逻辑意义上的真"。

当戴维森对塔尔斯基的真定义进行修改、反用、扩充后，形成了公理 T："（U）（T）s 为真当且仅当 p"，我们把它与语言实践相联系，结合具体的说话者、时间对它加以注释、理解后，构成了自然语言中某语句的意义理论，事实上，这也形成了戴维森自然语言中某语句的真理论。显然，戴维森自然语言中的意义理论也是其自然语言中的真理论，在戴维森这里，真与意义是融合的。

而且，基于对塔尔斯基约定 T 的修改扩充而构成的戴维森自然语言中的真理论，借助于满足概念，为真的属性由语言与其他东西之间的符合关系得到卓有成效的解释，但它没有把语句与任何具体实体相联系，这些实体不过是变项与其他变项共同形成的那些对象的随意组合，用于满足的是函项或序列，从而未含有所指概念。这样，戴维森自然语言中的真理论既避免了像指称论那样陷入内涵困境，又实现了语句所表述思想与客观世界现实的联系。所以，他认为：

---

① Davidson D. Inquiries into Truth and Interpretation. 2nd ed. Oxford: Clarendon Press, 2001: 204.

"通过求助于塔尔斯基的语义学真概念，我们就可以捍卫恰好符合斯特劳森描述的奥斯汀的'净化的真理符合论'那样一种理论。而且这种理论不是应当被消除，而是值得阐述。"[1] 无论如何，这就是戴维森自然语言中的真理论，一种依赖于满足概念的别样的符合论。

其实，以"真"为意义理论的核心概念，必然会造成意义理论与真理论的融合。因为，不管是自然语言中的意义理论还是自然语言中的真理论都是要构设一种理论，这种理论能很好地描述说话者的言语表述如何被合理地、令人满意地解释，从而在这种意义理论或真理论的指导下，能让人们准确恰当地理解自然语言环境中说话者的某个言语表述的意义，即为真的条件。

这种解释实际上试图回答三个问题：①能为自然语言提出所描述的那种真理论吗？②一个对要解释的那种语言没有任何先前知识的解释者，基于可得到的似真证据，可能断定这样一种真理论正确吗？③如果这种真理论满足所描述的形式上和经验上的标准，被认为是正确的，我们能对那种语言中的话语进行解释吗？

问题①针对我们要为自然语言探求一种真理论的假设而问，对它的回答显然是肯定的。问题②、③实质上是对我们构设的这种真理论能否为自然语言给出一种彻底解释而提出的要求。满足这些要求就能恰当地给出自然语言的真理论。事实上，这样也就描述了说话者的言语表述如何被解释，因此，戴维森对自然语言语句求真方法的探究也是他对自然语言语句意义解释方法的阐述，二者在技术、方法上异曲同工，实质上是一致的。

自然语言中的意义理论以"真"为核心概念，也就是通过把握自然语言中某语句的真值条件来实现对自然语言中该语句意义的理解。而对自然语言中某语句真值条件的刻画方法，必然也是自然语言中语句的求真方法。戴维森成真条件意义理论对某语句真值条件的刻画就是基于对该语句的求真方法予以适当的技术限制完成的：

首先，形式上进行限制，使我们能依赖有限的语词和规则描述并理解自然语言中潜在的无限的任何语句。自然语言的真理论必须被公理化，必须给出这种语言中某语句意义一种构造性说明，从而使我们能正确地确定自然语言中某语句为真所表达的恰当外延，也就是说，对每一语句 s 而言，都可结合说话者 (U) 和时间 (T) 衍推出形如戴维森修改了的约定 T 语句："$(U)(T)s$ 为

---

① Davidson D. Inquiries into Truth and Interpretation. 2nd ed. Oxford：Clarendon Press，2001：54.

真当且仅当 p"（p 是 s 在元语言中的翻译）。依赖于约定 T 这样一种递归性表征，为自然语言的任一语句提供了一种标准的量化结构，这样，一方面，能够实现从有限的词汇和规则来为无限的语句表征真，从而理解自然语言潜在无限的语句；另一方面，逻辑形式具有确定性，自然语言中每一特定语句为真的真值条件在形式上的量化结构基本一致，由此可以实现对自然语言中某语句意义解释的相对确定性。

其次，经验上进行限制，使我们能不依赖于"翻译"而对约定 T 进行重新表述，从而避免在自然语言求真时出现语义循环。为此，戴维森一方面在经验上贯彻了宽容原则，就是在自然语言中坚持有待解释的语句是由有理性的人说出并且这个语句在他说出的某些时间和某些特定的场合中是真的，这个经验限制就使得解释者能合乎情理地获得支持或证实它的证据；另一方面，戴维森对塔尔斯基的真定义约定 T 做出了最具有创造性的、最大胆的一步，即把塔尔斯基的看法颠倒过来，通过预先把握真概念来获得对意义或翻译的理解，也就是说，塔尔斯基形式上的"真"概念成为一个初始概念。这一步变动最大，触及了求真的核心。通过这一步，我们对 T 语句的可接受性给出了判断的方式，这种方式不是句法的，也没有利用翻译、意义、同义等概念，而是使得可接受的 T 语句事实上会做出的解释。

具备这两个限制条件的求真方法架构起了戴维森独特的运用于自然语言的真理论，正是这种真理论把自然语言中语句的复杂结构刻画为包含"真"和"满足"两个初始概念的形式结构，并以约定 T 的方式把这一语句的真值条件表述出来。这样，在自然语言语境中，对任一语句 s，我们都可以衍推出一个形如"（U）（T）s 为真当且仅当 p"的定理，对它的解释与理解就是对自然语言中该语句 s 为真的把握或该语句 s 意义的说明。

那么，正如③所问，如果戴维森修改后的真理论是正确的，就能够对自然语言中某语句给出恰当的真值条件，做出准确的意义阐明了吗？根据这个重新表述的约定 T 给予的真值条件就能做出对自然语言中语句 s 的合理的、恰当的解释或意义说明吗？会不会出现"'碳是黑的'是真的，当且仅当雪是白的"这种情况呢？我们不能想当然，必须对此有一个规范的证明才最能令人信服。

所以，戴维森最后对求真方法进行了规范证明，以此使得约定 T 能给出一个具有唯一性的解释。戴维森认为，这个规范证明可以通过一连串的双向条件句来实现。当由约定 T 推出形如"s 是真的，当且仅当 p"这样的语句时，出现在"当且仅当"右边的 p 是通过另一种方式起作用的，那就是，这个双向条件句要想成立，还必须依据另一个事实，即"替代'p'的语句是真的，当且仅当 s 是真的"，从而确保不会由真值条件推出类似于"'碳是黑的'是真的，当且仅当雪是白的"这样的情况。根据等值式的特点，只要等值式两边的语句都是真的，这个等值式就是真的。但当我们用等值式约定 T 来表述自然语言中某语句 s 的解释或意义时，我们必须当真谓词使得该语句与我们具有充分理由相信与其等值的 p 所代表的另一语句配对时，我们才能信任这一真值条件的表述。完成这一规范性证明，我们只需要一些有针对性的判定，由它们决定放入双向条件句左右边语句的优先次序。这样，我们不仅会知道自然语言中需要解释的语句 s 的真值条件约定 T，而且还会知道其他所有语句的约定 T，从而知道为真语句的一切证据。由此，我们能了解该语句在整体语言中的地位及它与其他语句间的逻辑联系，那么，约定 T 所表述的 T 型句的全体也应该最圆满地成了那些在讲母语的人看来为真的语句的证据。

至此，戴维森认为，基于以上技术手段，我们对塔尔斯基形式语言中的求真方法加以形式上、经验上及规范证明上的限定，从而可以唯一准确地得到关于自然语言中某语句的真值条件，基于这个真值条件，结合语言实践，对该语句的真做出相应的解释，这样，也就得到了适合于自然语言的真理论或适合于自然语言的意义理论。

由此可见，正是这些技术手段，使得"真"满足了戴维森对自然语言的真理论的要求，帮助戴维森建构了自然语言中某语句的恰当的真理论，这些技术手段无疑是他的"求真"方法；也正是这些技术手段，给出了自然语言中某语句的真值条件，从而使戴维森可以基于这个真值条件完成对自然语言中该语句意义的解释，进而成就了他"哥白尼革命式"的成真条件意义理论，这些技术方法显然正是他的"释义"方法。这就是说，隐藏于戴维森意义理论中的求真方法就是他对自然语言中某语句进行令人满意的意义解释的释义方法。

那么显然，戴维森自然语言中的意义理论也就是其自然语言中真理论的显现。

融合就是指将两种或多种不同的事物合成一体。通过对戴维森意义理论中真与意义的剥离及其相互关系的阐述，毋庸置疑的是，在戴维森自然语言意义理论中，真是意义的核心，意义是真的显现，求真手段也是自然语言语句的释义途径，真与意义实质上都是对某语句真进行的不同解读，这就成功地使逻辑上外延的、形式的真与哲学中的意义问题相融合，进而实现了逻辑与哲学的真正融合。

第二节　真与意义分离论
——以达米特反实在论意义理论为代表

迈克尔·达米特（Michael Dummett，1925—2011），20 世纪英国最著名的哲学家之一，他的主要贡献在分析哲学、数学哲学、语言哲学和逻辑哲学等领域，尤其是他关于弗雷格哲学的研究著作成为相关领域的公认学术经典，这也奠定了他在哲学界的重要地位，他是 20 世纪反实在论和数学哲学中直觉主义的主要代表人物。

在达米特看来，对意义理论进行描述的根本目的就在于：要解释一个还不懂得任何语言的人必须获得什么，才能最终懂得这种特定的语言。因此，"知道一个句子的意义就是知道它为真的条件。这是向（意义）阐明迈出的一步，但只是很小的一步"[①]，我们还应当把我们判断句子真值所依据的根据的说明融入我们的意义理论。"用证实主义者的意义理论取代实在论的意义理论是向满足这一要求迈出的第一步。"[②]于是，达米特提出了自己反实在论的意义理论。

一、达米特反实在论意义理论的提出

达米特是弗雷格研究专家，所以他在意义理论的构建上无疑也深受弗雷格思想的影响。达米特正是在对弗雷格意义理论进行深入研究并加以批判、继承的基础上才形成了他自己关于意义理论的独特思考和理解。

弗雷格的意义理论有涵义和意谓两部分，他是从对"同一性"问题的考虑入手的。他认为任何一个表达式都有涵义和意谓之分，句子的涵义是思想，句子的意谓是真值。思想是公共的、客观的，属于第三种范围。思想和真不是同一层次的。句子的思想是借以表达真的东西，在断定句中，一个思想的表达通常与对其真的承认结合在一起，"当我们称一个语句是真的时候，我们实际上是指它的涵义"[③]。语句的涵义是由其真值条件给出的，因此把握一个语句的意义就是知道该语句的真值条件。真是弗雷格意义理论的核心。真是基始的和

---

① Dummett M. The Seas of Language. Oxford：Clarendon Press，1993：35.

② Dummett M. The Seas of Language. Oxford：Clarendon Press，1993：92.

③ [德]弗雷格. 思想：一种逻辑研究//弗雷格. 弗雷格哲学论著选辑. 王路译. 北京：商务印书馆，2006：132.

简单的，是不可定义的。"a=b"和"a=a"的不同之处的形成，只是因为符号相应于所意谓对象的给定方式不同，也即涵义不同，然而，如果"a=b"是真的，则"a=b"和"a=a"二者意谓相同，即真值相同，它们的认识价值基本相同。在弗雷格看来，意谓，即真值是最重要的。

弗雷格的这种意义理论与他的逻辑观紧密相关。他认为，逻辑是一种以特殊的方式求真的科学，所以与"真"相关的才是逻辑要考虑的，才是最核心的，因此，在"同一性"问题的思考中，他也会强调意谓和真。当然，在他对意义理论的研究中，同样也会贯穿这种逻辑的精神，认为意义理论由涵义（思想）和意谓（真）两部分组成，思想和真都是第三范围的、客观的，真是意义理论的核心，知道一个语句的涵义就是知道它的真值条件。而且弗雷格强调严格区分心理的东西和逻辑的东西、主观的东西和客观的东西。因此，他认为真与说话者，与人们的实践无关，它不依赖于我们是否认识到它或是否承认它而客观地存在。这样，一个语句的真就与人的认识与人的语言实践无关，是超越了人的认知状态和认知能力的，是一种实在论的真概念。

正是因为弗雷格对各种符号、表达式作出了涵义和意谓的区分，并进行了深入分析阐述，才引发了哲学家们对基于语句真来表达语句涵义的思考，从而掀起了意义理论探究的高潮。所以，在一段时间里，弗雷格的意义理论思想成为一种传统，罗素、前期维特根斯坦、戴维森等都继承了这种真值条件意义理论。

但在当代哲学中，面对人们对语言实践越来越重视，弗雷格的这种思想也受到了严峻的挑战。

达米特，弗雷格的研究专家，正是他对弗雷格做了极力的宣扬："（弗雷格）在哲学界引发了一场类似于前笛卡儿引发的伟大革命……因此，我们能像我们曾对笛卡儿所做的那样，把哲学中的一个完整的时代标注为是从弗雷格的工作开始的。"[①]达米特称弗雷格是"语言哲学之父"，分析哲学的创始人。尽管如此，随着他对弗雷格意义理论的深入思考与研究，他在对弗雷格意义理论继承的基础上，又进行了深入的批判与重构。

在达米特看来："一门语言的意义理论的任务是给出语言怎样工作的说明，即给出语言的说话者怎样运用它来进行交流的说明，而在这儿，'交流'只是指'做任何通过说出该语言的一个或更多语句而能做的事情'……意义理论就

---

① Dummett M. Frege：Philosophy of Language. 2nd ed. Cambridge：Harvard University Press，1981：669.

是一种理解理论。"①这就要求：①对意义的理解要从语言如何工作、从语言交流出发，也就是说从我们对该语言还一无所知的时候入手；②对意义的理解要与语言说话者相联系，就是说，一个语句的意义是与说话者相关联的，意义理论要成为一种描述说话者语言交流实践的理论；③意义理论就是对语言掌握的理解。很显然，达米特是从语言如何工作并与语言说话者相联系的角度对意义理论进行思考的，这就使得他在出发点上就与弗雷格不同，他并不像弗雷格一样要脱离认知主体，而是要与认识主体、与认知主体的认知能力和认知状态、与语言交流实践紧密结合。

这种思想显然深受维特根斯坦后期语言哲学的影响。②维特根斯坦指出："每一个记号就其本身而言都是死的。是什么赋予了它以生命呢？——它的生命在于它的使用。"③维特根斯坦这种意义即使用的观点影响达米特在构造其意义理论时以语言实践为出发点。达米特指出："我们追寻的是一种对实践能力的理论表征。这种对语言整体予以把握的理论表征就是戴维森称作的，而且也将在这里被称作语言'意义理论'的东西。"

（一）从语言如何工作出发，对意义理论来说，重要的是涵义

达米特意义理论同样也是从"同一性"问题切入。达米特从语言实践出发认为：根据弗雷格对"同一性"问题的思考，如果"$a=b$"是真的，则"$a=b$"和"$a=a$"二者的认识价值就基本相同；而且要理解"$a=b$"，我们需要知道 a 和 b 的意谓，然而，如果这是真的，并且如果我们理解了它，那么我们必然早知道它是真的，这显然没给我们带来任何信息。知道一语词的涵义就是要知道比知道其指称更多的东西，这种"等同论证"当然是不合适的。简单地说，这个讨论取决于如果我们知道了 a 和 b 的意谓，我们必须知道它们是否具有同一个意谓。很显然的是，我们通过"$a=b$"，获知了新的知识，而这个新知识的获得是与它们意谓的给定方式（即涵义）紧密相关的。比如，我们知道"晨星"意谓"金星"，"昏星"意谓"金星"，"晨星"和"昏星"的意谓是一样的，

①　Dummett M. The Seas of Language. Oxford：Clarendon Press，1993：3.

②　[英]达米特. 分析哲学的起源. 王路译. 上海：上海译文出版社，2007：175-176. 达米特曾明确谈到过维特根斯坦对他的影响。他说："当然，那时我们确实都知道维特根斯坦教了些什么：《哲学研究》已经出版，而且此前不久有了《棕皮书》和《蓝皮书》的打印稿，每个人也都读过它们。我深受影响，而且一度认为，当然是错误地认为我自己是一个维特根斯坦的追随者。"

③　[英]维特根斯坦. 哲学研究. 李步楼译. 北京：商务印书馆，1996：15.

但当我们说，"晨星是昏星"时，我们必然获得了一个新的知识，即这两个名称是同一个天体的不同给定方式，这个天文学上的重大发现无疑是得益于对"晨星"和"昏星"不同涵义的理解。所以，在达米特看来，我们从弗雷格的"等同论证"之所以会推出荒谬，就是因为认为理解专名就在于理解它们的意谓，应该是知道涵义比仅仅知道意谓包含更多的东西。这就是说，理解一个表达式并不是只与知道这个表达式的意谓相关，它还与其涵义有密切关联。

达米特认为，弗雷格对"同一性"问题其实还隐含着另一个论证，即认知论证，这个论证是对任何原子命题的归纳概括。就是说，知道谓词的意谓就是知道哪些对象是满足它的；也就是说，如果 knowledge-which 被解释为谓词 knowledge，就是知道对于论域中的每一个对象，是否都满足这个谓词。因此，如果某人知道某个谓词的意谓，而且也知道，对于某个对象，它就是某个给定的语词所意谓的，那么他必须知道把那个谓词附在那个给定的语词上所形成的句子是否为真。

以上论证显示出，每个说话者依附于某个表达式的涵义可能不一样，尽管每个涵义必定是表达式的某方面的涵义。当通过我们理解的一个句子，确认它是真的，弗雷格的第二个论证关注对我们非语言知识所做的贡献。这个论证更常应用于同一性陈述：如果，为了理解一个专名，说话者不得不知道它的意谓，但是，根据意谓，对于一个真的同一性陈述"$a=b$"如何传达了新知识，我们是不理解的。因为他必须已经知道，a 意谓这个对象，b 也意谓这个对象，而且这个对象也是这两个名称共同的意谓。如果我们假设，在交流中语言使用的解释要求对所有说话者来说每个语句拥有一个共同的认知内容，那么这个论证确实提供了一个归功于说话者之间交流的每个表达式的恒定的涵义的根据。

第一个论证的结论是我们不能只给说话者每个表达式的意谓这种赤裸的知识，我们需要给说话者更多；第二个论证的结论是如果语句是能提供信息的，那么，一般说来，我们不能只给说话者关于表达式意谓的知识。它们并没有真正的紧张关系。对知道对象 x 是名字 N 意谓的某个人，如果我们仅仅规定，存在某个代表 x 的语词 t，并且，对那个人来说，"他知道 t 是 N 的意谓"是真的，那么，得不出某人知道，对某个对象，它既是一个名字的意谓又是另一个名字的意谓，也得不出这两个名字有同一个意谓。恰恰相反，我们在这儿用一种图解的形式精确地解释了弗雷格提议的、作为"同一性"问题结论的对"涵义"概念的解释。第二个论证设法把它归为荒谬的推测是：对一个表达式的理解在于赤裸的意谓知识。它为第一个论证补充了：对不同的说话者来说涵义必定是共同的所依赖的根据。

这就是说，就认知论证来说，它只是表明说话者必须赋予任一给定语词某种涵义，要求知道比意谓更丰富的涵义刻画，但它并不倾向于表明不同的说话者必须赋予该语词同一种涵义，从而使得语词的涵义成为语言的特征，只要这些不同的涵义决定相同的指称，那么这一论证就会得到满足。而第一个论证提供了保留这种可能性且把涵义看作所有说话者共有的、公共的根据。因为它关注的是在交流中对语言的使用，这种使用依赖于语句的涵义对不同的说话者来说是恒定不变的。

这样看来，如果语言作为交流的媒介，那么，不能只有以下条件：一语句由说话者赋予它的解释之下为真当且仅当它另一说话者赋予它的解释之下为真；这两名说话者还必须都知道这个事实。也就是说，仅仅知道语句的意谓，不可能对该语句传达的意义做出合理的说明。一个语句的意义所包含的要多出它的意谓。

因此，通过对"同一性"问题的反思，达米特认为，区别涵义和意谓是非常重要的，但与弗雷格结论不同的是，达米特并不认为意谓是最重要的，相对于语言交流来说，不同的说话者要能彼此理解，听者以说话者所说的那样来理解他，那么，更重要的应该是涵义。

达米特鉴于弗雷格的两个论证都与知识有关，于是他还通过分析说话者所具有的知识形态来深入分析涵义与意谓间的关系。

达米特指出，"X知道a的意谓"就理解为并不是指"X知道a意谓的对象"，而是"X知道a的意谓是什么"或"X知道a意谓哪一个对象"。他把这类知识称为"knowledge-what"。这类知识是关于什么的知识，具体说来就是关于谁的知识、关于什么时候的知识、关于哪一个的知识、关于什么地点的知识等。它的一般形式是"X知道什么是F"，"F"是一谓词。另一种知识是关于如何的知识，达米特把它称为"knowledge-that"，它的一般形式是"X知道P"，"P"是一句子。达米特把前一种语言模式称作"谓述知识归于"（a predicative knowledge-ascription），它的一般模式是"X知道，对于b，它是F"或"X知道，对于Gs，它是F"，他认为知道表达式的意谓是它的一个特例；达米特把后一种语言模式称作"命题知识归于"（a propositional knowledge-ascription），它的一般模式是"X知道b是F"或"X知道Gs是F"，他认为说话者知道表达式的涵义是它的一个特例。

"命题知识归于"与"谓述知识归于"间的关系可以表示为：①对每一种

真实的"谓述知识归于"而言，均存在衍推它或作为它基础的某种真实的"命题知识归于"；②每一种由对关于某个真命题的知识归于所衍推的"谓述知识归于"也总是由对于关于某个真实但非等同的命题的知识归于所衍推；这里的归于本身并不需要是真的。那么，根据①，"谓述知识归于"若为真，就必须依赖于某个真的命题知识归于；它必须凭据这一主体所拥有的某种命题知识而真。根据②，他所知道的并使这种"谓述知识归于"为真的那一命题并不是由这种归于决定的；将会有某个别的真命题使得若他知道它，则他关于它的知识也将衍推出同样的"谓述知识归于"。例如，由"警方知道约翰杀了吉姆"将衍推出"警方知道约翰的这种情况：他杀了吉姆"，从而也衍推出"警方知道谁杀了吉姆"。我们不能反驳说，警方可能知道约翰杀了吉姆，但可能并不知道约翰是谁，从而不知道是谁杀了吉姆。因为知道约翰杀了吉姆的一个必要条件就是得知道约翰是谁。当然，这里借助了关于知道由一语句表达的命题与知道这一语句为真之间的区分。

达米特认为："把知道一语句为真同知道由它表达出的命题区分开来的这种要求促使一种意义理论不仅要说出说话者在知道这种语言的语词的意义时所知道的是什么，而且要说出这种知识究竟在于什么。"①这就再一次说明，知道一语句的真与一语句表达出的命题（即涵义）是不一样的，更不能认为知道一语句的意义就是知道该语句的真，意义理论要与说话者的认识相联系，不仅要知道该语句的涵义还要知道它体现在哪里。

而且，达米特强调，"命题知识归于"是基础的，只要"谓述知识归于"正确，必定会有正确的"命题知识归于"从它衍推出。因此，从来没有这样的东西，如无需依附于表达式上的涵义的谓述的知识，一种表达式的赤裸的"谓述知识归于"②。涵义属于"命题知识归于"，意谓属于"谓述知识归于"，这就是说，达米特强调，涵义是最基础的，对于意义理论来说，仅知道意谓是不够的。

基于此，达米特对意谓理论、涵义理论及意义理论间的关系做了精彩的论述："在逻辑中，我们需要意谓概念或语义值概念来刻画有效性；但是，更一般地说，我们需要它作为涵义理论的基础：当且仅当它在我们关于涵义的说明中发挥作用时才有意义。那么，为什么我们需要一个涵义理论？我们需要它来

---

① [英]迈克尔·达米特. 形而上学的逻辑基础. 任晓明，李国山译. 北京：中国人民大学出版社，2004：137.
② Dummett M. The Seas of Language. Oxford：Clarendon Press，1993：24.

形成意义理论的主要部分，即这样的理论，它解释由于我们对句子使用的什么特征，这些句子才具有它们所具有的意义。"①这充分体现出，达米特认为意义理论是对我们的语言如何工作所做的说明，其中涵义理论是最主要的组成部分，而意谓的地位与作用是由涵义决定的。

综上所述，达米特继承了弗雷格意义理论对涵义和意谓的区分，并且也认为二者是不同层次的，但因为达米特认为一门语言的意义理论是要研究语言如何工作，说明说话者在语言实践中的语言交流的，所以，他对弗雷格"同一性"问题论证进行了反思，对涵义和意谓的关系做了重新思考，他认为对意义理论来说，重要的是涵义。

（二）对弗雷格意义理论的批判

意义的成分就是决定一个句子特定内容的东西。弗雷格认为："一个句子的涵义是作为这样一种东西而出现的，借助于它能够考虑是真的。"②弗雷格提议，掌握一个句子的涵义就是知道它为真的条件，因为所有真或假的句子都有相同的意谓，所以只考虑句子的意谓不能提供对句子涵义的认识，纯涵义也不能提供认识，只有涵义和其意谓一起才能提供认识。因此，弗雷格认为意义的成分有涵义和意谓两部分。

句子各组成部分的涵义只是思想的一部分，句子的涵义是思想，它是属于第三范围的，是一种要么是真的要么是假的，它不需要我们承认或考虑，不依赖于我们的心理活动。思想是可以为大家所把握的。而且只有断定句的涵义是思想。"一个断定句除含有一个思想和断定之外，还常常会有与断定无关的第三种成分。这种成分常常能够影响听者的感情、情绪或激发听者的想象力。"③但是，"第三种成分"或其他，诸如主动、被动表达或声调、强调等不影响句子的真，所以它们不属于意义的成分。"在弗雷格的说明中，几乎没有关于句子的涵义被给出的方式如何与我们据以判断它们为真的理由相联系的迹象。"④

对于意谓，专名的意谓是对象，概念词或谓词的意谓是概念，对象和概念构成了句子的意谓，句子的意谓是真值，即真或假，同样不依赖于我们的承认与考虑，也是客观的。

---

① Dummett M. The Interpretation of Frege's Philosophy. Cambridge：Harvard University Press，1981：157.

② [德]弗雷格. 思想：一种逻辑研究//弗雷格. 弗雷格哲学论著选辑. 王路译. 北京：商务印书馆，2006：132.

③ [德]弗雷格. 思想：一种逻辑研究//弗雷格. 弗雷格哲学论著选辑. 王路译. 北京：商务印书馆，2006：135.

④ Dummett M. The Seas of Language. Oxford：Clarendon Press，1993：91.

达米特赞叹道："弗雷格的意义理论是在语言哲学中仍占据支配地位的某个特定语言的意义理论的第一个实例。"[①]从弗雷格的意义理论中我们知道：构设一个意义理论并不是从语言使用实践的外部来描述的，而是对说话者拥有知识的对象部分的思考；说话者对他所说语言的掌握就在于对其意义理论的理解，也就是给出说话者所说语句承载的涵义，因为从语言交流来说，认知主体在进行语言交流时，传递的语句意义必须是公共的，能为人们所共有的。因此，弗雷格把说话者作为一个认知主体，从语句所表达的知识的角度来说明语言表达式的涵义，这无疑也是从一个新的视角开辟了意义理论研究的新思路，达米特继承了这一思路。

但是，达米特不满意弗雷格对意义理论中"涵义"的说明。他认为弗雷格只把涵义当作说话者的知识的对象，没有论证它是如何产生的，也没有把它与说话者的语言实践相结合，这也造成了弗雷格意义理论的最大缺陷。

他指出："弗雷格对涵义说明的缺陷……在于他没有坚持涵义理论必须解释说话者对涵义的掌握显示在什么地方；他没有这样做，是由于他迫切地要在一个以真值条件表达的实在论的意义理论框架中构造涵义理论。"[②]这就是说，达米特认为涵义理论不仅要阐明说话者知道什么，而且还要阐明他的知识如何显示出来。但是弗雷格对涵义的说明没有做到，根源在于他在基于真值条件的实在论的意义理论框架中构造涵义。这也就是说，弗雷格涵义理论的缺陷在于以实在论的"真"来构造涵义。弗雷格坚持实在论的"真"是不能定义的，不需要认知主体考虑或承认的，是客观的。这与弗雷格坚持把逻辑的东西和心理的东西区分开来的拒斥心理主义的思想有关。我们知道，弗雷格认为句子的涵义要么是真要么是假的真正的思想是某种能借以考虑真的东西。弗雷格是通过真来说明涵义的。这样，涵义必然也是一个与说话者的认知无关的，是客观的，它可以被所有的说话者所共有，却不依赖于说话者对它的把握与理解。这样就造成了涵义与说话者语言实践的脱节，从而使得弗雷格无法回答"什么构成了说话者的涵义的知识"或"说话者的涵义的知识体现在什么地方"，更不能回答"说话者之间是如何进行语言交流的"。而说明"说话者之间是如何进行语言交流的"正是一门语言的意义理论的任务。

既然弗雷格意义理论的不足之处在于使用了与说话者的认知能力无关的

---

① Dummett M. The Seas of Language. Oxford：Clarendon Press，1993：100.

② Dummett M. The Seas of Language. Oxford：Clarendon Press，1993：91.

实在论的"真"概念，那么，改造、发展其意义理论的首要任务就是放弃实在论的真概念。于是，达米特指出："我们应当把对我们判断句子真值所依据的说明融入我们的意义理论，而用证实主义的理论取代实在论的理论，是向满足这一要求迈出的第一步，因为它确实是根据人们认识真的实际能力来解释意义的。"[①]由此，达米特提出了他的反实在论的意义理论。

二、达米特反实在论意义理论的框架

弗雷格意义理论是达米特反实在论意义理论的主要来源，他正是在对弗雷格意义理论批判的继承基础上，构建了自己反实在论的意义理论。

达米特认为，语言说明的关键是对个别说话者的语言掌握的解释。现在看来，从语言如何工作出发，思想本身对意义来说是最为重要的，那么，根据语言是思想的载体，这个解释就必然体现为对拥有在语言中可表达的概念是怎么回事的解释。这个基础概念就是句子的基本概念。这样，一个正确的意义理论应该采取什么形式问题就转变为首先要解决一门语言中一个句子的意义是由什么概念刻画的。正是弗雷格，这个意义理论思路的提出者，给出了这类解释的大概框架。弗雷格区分了意义（meaning）的三个不同的构成成分：涵义（sense/Sinn）、力量（force/Kraft）和语调（colour/Farbung）。当然，由于弗雷格意义理论以真为核心，而其中只有涵义与真相关，而力量和语调都与真无关，因此，后两个成分在弗雷格意义理论中不再提及，而之所以做出这种区分是为了把逻辑的东西和非逻辑的东西予以澄清，以达到明确逻辑研究对象的目的。但在达米特看来，弗雷格这一区分实质上提供了意义理论的重要前提，给予了研究意义理论的基本框架构想。

对于"涵义"，达米特借用弗雷格意义理论中的这一术语，把它表示为与"真"相关的意义的重要构成成分。"力量"则是一个语素所拥有的意味，用于展现所实施的语言行为的类型，如：说话者是作出了断定还是表达希望还是提出要求、劝告、问题等。弗雷格认为，不同于断定句的祈使句和命令句等也有类似于断定句思想的内容，只不过是它们所具有的力量不同而已。对非断定句的特定内容，我们就可以通过在它的日常用法之外加上"真的"一词，用以表达希望、要求或询问它为真。达米特认为，对于任何系统的意义理论来说，如

---

① [英]达米特. 什么是意义理论?（Ⅱ·续）. 鲁旭东译，王路校. 哲学译丛，1998，3：72.

果它要致力于解释大多数出现于断定、问题、命令及其他陈说类型中的词、表达式的恒定的意义，那么，就必须把涵义和力量区别开来，也就是说，把某陈说的特定内容与它被用于引起的那类语言行为区分开来。所以，"力量"也是意义理论的重要构成成分。力量是把其余部分同语句谈话中的实际使用联系起来的部分，而且它告诉我们真是什么。严格说来，"语调"并不是一个独立成分，它是由一些零散部分构成的，这些部分因其既不属于力量也不属于涵义才被笼到一起，它们不决定所引起的语言行为类型，从而不是力量，它们无法影响所说内容的真假，从而不是涵义。比如"and"和"but"用作连词时在意义上的差别。"p and q"和"p but q"并没有本质的差别，只是"p but q"暗示，在给定 p 为真的情况下，q 的真是意料之外的。当一本辞典在一个词的定义之后注以"古旧的""粗俗的"之类的东西，该辞典就是在标明它的语调。这些特征尽管在我们的语言交流中很重要，描述起来也较复杂，但它对于"解释一种语言是什么"这一问题显然是边缘性的，所以，达米特认为它对意义理论来说并不太重要。[1]正因为如此，达米特对意义理论构成成分常表述为"涵义"和"力量"。

达米特指出："如果我们不熟悉由弗雷格引入的对涵义和力量的区分，我们根本无法想象如何构造这样一个意义理论。"[2]事实上，如果没有任何涉及这种区分的一般方法，我们无法构想怎样着手描述任何特定句子的使用，从而丧失构造任何语言的任何系统说明的信心，更无从构造意义理论。

于是，沿着弗雷格指引的方向，达米特为他自己的意义理论做了框架构想：意义的一般说明必须把句子所具有的、直觉上与它们意义相联系的某个特征看作它的基本概念。这种方法的一个变体就是在任一句子总的意义中区分其涵义和力量。这样，提供一个意义的系统说明的任务就分为两部分：①解释涵义，也就是每一句了的特定内容；②解释·个句子可能带有的各种力量。他认为，只有建立在这种区分基础上的意义理论才能为语言实践提供系统的全面描述，进而完成一门语言的意义理论应该完成的任务。

有了关于意义理论的这个框架，那么，对于构建一个系统的意义理论，我们这时候需要面对一个问题就是：是否"真"这个概念就是意义理论核心概念的正确选择，或者我们是否需要把某个其他概念作为意义理论的核心概念？

---

① [英]迈克尔·达米特. 形而上学的逻辑基础. 任晓明，李国山译. 北京：中国人民大学出版社，2004：110-118.

② Dummett M. The Seas of Language. Oxford：Clarendon Press，1993：38.

三、达米特对戴维森成真条件意义理论的批驳

达米特认为："戴维森也许是第一个明确提出，应该通过探究一种语言的意义理论会采取什么形式来研究有关意义的哲学问题。"[1]达米特就是在与戴维森成真条件意义理论的激烈争论中实现以上面问题的回答及对其意义理论的发展完善的。

如何确定意义理论是正确的呢？达米特认为，从根本上看，唯一的检验办法就是足够详尽地刻画出可行的意义理论的概要，但可行的意义理论又是什么呢？达米特认为："首先是指它应最大可能地符合我们的实践。而其次是指它应让我们得以用非循环的方式去说明一说话者对任何表达式的涵义的把握是怎么回事，而且在作出这种说明时不诉诸那些预先假定了一种意义理论并且不能由我们要给出的意义理论加以说明的观念。"[2]

戴维森成真条件意义理论继承弗雷格真值条件意义理论，认为"真"是不可定义的，是客观的，试图定义它也是愚蠢的，并把"真"概念作为其意义理论的初始概念。也就是说，在戴维森的成真条件意义理论中，我们对"真"已经有了局部理解，约定 T 是已知的，在这种情况下，我们对自然语言中某语句的意义的理解就是知道自然语言中该语句的成真条件。按照对可行的意义理论的理解，达米特认为的戴维森的成真条件意义理论对于这种可行的意义理论的实现设置了很大的障碍。

首先，戴维森成真条件意义理论没有从我们的语言实践出发。这种意义理论认为"真"是不可定义的，是客观的。这就是把"真"看作是与人的认识和实践无关的，它不依赖于我们的考虑或承认。这样的"真"就成为独立于我们的认识能力，超越了我们的实践能力的"超人"，从而使得戴维森的意义理论阐述从根本上脱离了与语言实践的联系，认为对自然语言中语句意义的理解就是要知道语句本身所承载的客观知识，却不依赖于我们如何才能把它们识别出来，进而无法完成一门语言的意义理论的任务——说明语言是如何工作的。

其次，戴维森的成真条件意义理论不是对一个不知道一门语言的人解释该语言中表达式的意义，也不能提供完整的意义理解。戴维森把塔尔斯基的约定 T 设为初始概念，也就是说在进行成真条件意义解释之前，约定 T 是已知的，

---

[1] Dummett M. The Seas of Language. Oxford：Clarendon Press，1993：36.

[2] [英]迈克尔·达米特. 形而上学的逻辑基础. 任晓明，李国山译. 北京：中国人民大学出版社，2004：319.

这就使得我们在进行意义解释之时已经对"真"有了局部的理解。而达米特认为："因为理论描述的根本目的是要解释，对于一个还不知道任何语言的人，他必须获得什么才能最终懂得这种特定的语言。"①戴维森的成真条件意义理论显然违背了这一点，它只是在说话者已经掌握了其意义理论中的初始概念、递归公理等的情况下，解释这门语言中某语句的意义。达米特认为，知道一个语词或句子的真，是由两部分构成的，一是我们必须把握其所表达的概念或思想，二是我们必须知道它表达的正是这个概念或思想。任何一种对意义提供了完整解释的理论都必须覆盖这两个方面。而戴维森的成真条件意义理论由于其初始概念"真"是已知的，不可定义的，所以他的成真条件意义理论只能解释这门语言中某语句所表达的思想是什么，即是它的真值条件；却无法解释如何知道其所表达的正是这个思想，因为成真条件意义理论中"真"的不可定义性阻止了他对这个"真"的继续追问。

再次，戴维森成真条件意义理论有不可避免的循环存在。达米特认为："当我们的任务恰好是解释语言的理解一般来说体现在什么地方时，它明显是循环。如果我们说它体现在该语言的意义理论的知识上，那么我们不能根据陈述它的能力然后解释这种知识所具有的。"②因为它预设了对陈述意义理论所使用的语言的理解。比如，"地球是运动的"意义的理解。在戴维森看来，知道"地球是运动的"就是知道"'地球是运动的'当且仅当地球是运动的"这个 M-语句是真的。在达米特看来，"知道"有两种使用方式："知道一个语句是真的"和"知道这个语句所表达的命题"，一个人可以知道一个语句是真的，却不知道它所表达的涵义。那么，对这个 M-语句来说，一个人可以知道它是真的，却不知道它所表达的命题，也就是涵义，这显然是不合理的。对戴维森的成真条件意义理论来说，如何刻画真理论的公理所表达的命题的知识成了问题的关键。只要它用语言来表达，那么就会预设被赋予这种命题知识的人已经理解了表达该命题的语言。这样，戴维森就会陷入一个两难境地：如果元语言是对象语言的扩充，那么这种表达作为真理论的公理的语句的命题知识的方式就是循环了③。如果元语言不是对象语言的扩充，那么仍然预设了对元语言，也就是另一种语言的理解。戴维森成真条件意义理论显然无法摆脱这种困境。

---

① Dummett M. The Seas of Language. Oxford：Clarendon Press，1993：36.

② Dummett M. The Seas of Language. Oxford：Clarendon Press，1993：101.

③ Dummett M. The Seas of Language. Oxford：Clarendon Press，1993：14-15.

最后，戴维森的成真条件意义理论无法解决自然语言中的不可判定语句的意义问题。自然语言中还充满了一些不能有效判定的句子。自然语言有三个特征：①我们涉及不可达到的时空领域（如过去和在空间上遥远的地方）的能力；②对无穷总体（如所有将来的时间）的非约束量化的使用；③我们对虚拟条件句的使用。①自然语言的这些特征造成自然语言中存在有很多"不可判定语句"，对于这些不可判定语句，我们没有可行的办法（有时甚至在原则上）决定其为真还是为假，这时，不仅排中律是无效的，更无法给出满足戴维森的成真条件意义理论的真值条件。

综上所述，在达米特看来，戴维森的成真条件意义理论以真为意义理论的核心概念，设真概念为初始概念，这对于研究语言如何工作及懂得一门语言的意义是什么的研究是不可行的，因此，达米特认为戴维森的成真条件意义理论既与我们的语言实践相脱节，又存在无法克服的循环和困难，是不完善的。同时，由此看来，选择真概念作为意义理论的核心概念也是不合适的。

四、达米特反实在论意义理论的构造

通过对戴维森成真条件意义理论的批判，达米特认为："这将要求真概念（一个陈述的真独立于我们的知识）从意义解释的核心位置转移出去。"②很显然，达米特并不认为以真为意义理论的核心概念是正确的选择，他要建立一种区别于这种实在论的反实在论的意义理论。

达米特认为："意义理论的任务是说明语言是什么：也便是，在不做任何预先假定的情况下，描述出我们在学会说话时学会了什么。"③这就是说，一个人在理解这门语言时，对这门语言一无所知。那么，很显然，一个意义理论要做的就不是仅仅解释在这个语言里可表达的概念，还要把语言中的语词与概念关联起来，也就是要显示或说明哪一个概念被哪一个语词表达出来。但是"适度的意义理论"（a modest theory of meaning）认为，要求意义理论向一个不曾有这种知识的人解释新的概念，这个任务太重了。他们认为他们可以对一个意义理论要求的一切应该是它对那些早已具有所需概念的人给出语言的解释。一种适度的意义理论构想不仅假定了初始概念，而且认为不需要对这些初始概念

---

① [英]迈克尔·达米特. 形而上学的逻辑基础. 任晓明，李国山译. 北京：中国人民大学出版社，2004：295.

② Dummett M. The Seas of Language. Oxford：Clarendon Press，1993：472.

③ [英]迈克尔·达米特. 形而上学的逻辑基础. 任晓明，李国山译. 北京：中国人民大学出版社，2004：88.

做出解释，意义理论只是对已知这些初始概念知识的人解释。达米特反对这种观点，他主张，一种更健全的意义理论应该是在任何情形下都能澄清对这些概念的把握。这种力图对语言初始语词所表达的概念做出解释的意义理论，达米特称为是"彻底的理论"（a full-blooded theory）。这就表明达米特的意义理论要坚持彻底性原则，他主张的是一种彻底的意义理论。

既然一种语言的意义理论要坚持彻底性，那么，它就不应该像弗雷格、戴维森那样为语言先设定一些初始概念、已知知识，而是必须"不仅给出任何人为了知道任何给定的表达式的意义而必须知道什么的明确说明，而且必须给出什么构成具有这种知识的明确说明"①。那么，意义理论就要描绘说话者所具有的实践能力，这种实践能力在于他对某个命题集的掌握。我们知道，说话者对句子的理解依赖于对其构成部分的语词的意义，那么，这些命题将极其自然地形成一个演绎联系的系统。归于说话者的关于这些命题的知识就只能是一种隐含的知识。一般来说，不能要求某个具有特定实践能力的人对那些命题具有除了隐含知识之外还有其他知识，我们通过这些命题知识对那种能力进行理论描述。这就是说，说话者关于一门语言的意义的知识是一种隐含知识，意义理论就是根据这些隐含知识来描述说话者的语言实践的。

但是，承认隐含知识并不是说这种意义理论有一种心理学的假设。它的功能仅仅是显示对某种构成语言掌握的复杂技能的分析，仅仅是显示某个拥有这种语言掌握的人，根据他可能被认为知道的东西所能做的，"它所关心的并不是描述任何可能解释他拥有那些能力的内心的心理机制"②。所以，达米特与弗雷格一样在拒斥着心理主义。达米特指出："关于隐含知识……倒是可以用这个术语意指其拥有者在不假借别的帮助的情况下无法表达出来却一旦见着其表述形式就能认出来的那种知识。"③意义理论需要做的就是把这种隐含知识显示出来。

既然认为说话者所具有的是隐含知识，那么，意义理论必须不仅详述说话者必须知道什么，而且还要详述他拥有那种知识体现在什么地方，也就是，可以把什么看成是那种知识的显现。如果做不到这些，不仅我们对说话者拥有这种知识的内容一无所知，而且意义理论也无法与那种被认为是一种理论描述的

---

① Dummett M. The Seas of Language. Oxford：Clarendon Press，1993：22.

② Dummett M. The Seas of Language. Oxford：Clarendon Press，1993：37.

③ [英]迈克尔·达米特. 形而上学的逻辑基础. 任晓明，李国山译. 北京：中国人民大学出版社，2004：92.

实践能力相联系，这也就违背了达米特构建一门语言的意义理论的初衷。

因此，要从语言如何工作出发完成意义的任务，构建一种彻底的意义理论，就必须坚持一种显示性原则，即对某个尚不懂得任何语言的人，意义理论必须不仅要说明对这个人来说具有那种能力他必须知道什么，而且还要解释他具有那种知识是怎么回事，也就是我们把什么看作是构成那种知识的显示。

那么，接下来的事情就是要看选择一个什么样的核心概念，从而既符合涵义与力量区分的意义理论框架，又满足达米特构建一个能对我们的语言知识予以彻底显示的意义理论的要求。

按照达米特意义理论框架的基本思路，意义的说明必须从句子中找出一个基本特征作为意义的核心概念，关于这个核心概念会有一个核心理论，然后，通过核心理论和涵义理论来给出这个句子的意义，即语句的涵义。基于此，再从语句的涵义推出语句所有的可能表达的约定意义，即通过使用语句可能完成的各种语言行为完成达米特所谓的力量理论。这样看来，"任何意义理论都被看作分为三部分：第一部分是核心理论，或意谓理论；第二部分是其外壳，即涵义理论；第三部分是意义理论的补充部分，即力量理论。力量理论建立了由涵义理论和意谓理论所指派的句子的意义与说这门语言的实际的实践之间的联系。意谓理论递归地确定了那个被看作是给定意义理论的核心概念对每个句子的应用……涵义理论详细说明：认为说话者具有关于意谓理论的知识，这种认定包含着什么？"①那么，对于一个可行的成功的意义理论来说，关键就在于对其核心概念的选择及对核心理论的刻画。

而有关这种选择的一个大的问题是：是否能根据被选择为核心的概念构造出一个可行的补充理论（即力量理论）；是否确实有一种用它来描述我们全部语言实践的一致的方法。

通过对弗雷格、戴维森真值条件意义理论的批判，达米特认为选择"真"来做意义理论的核心概念是不合适的。他认为，真概念是在假定说话者对语言已有了局部理解的基础上才引入的，我们不能用它来作为一种彻底的意义理论的核心概念。这就是说，我们需要考虑：是否需要把某个其他概念来作为意义理论的核心概念？

为此，达米特考察了真概念的起源，当然这种对真概念起源的探讨是从说话者的语言实践出发的。语言实践主要是指说话者使用语言来表达信息。我们

---

① Dummett M. The Seas of Language. Oxford：Clarendon Press，1993：84.

通常把说话者说出的话称作是话语。在达米特看来，话语可以分为提供信息的话语和不提供信息的话语。不提供信息的话语是没有实践意义的，不予考虑。提供信息的话语又可分为断言的表达和陈述的断定。他认为，我们可以用真假来评价分析陈述的断定，也就是可以说一个陈述是真的或一个陈述是假的，我们大部分话语都是用来断定陈述的，陈述的断定是提供信息的话语的主要部分；而断言的表达是用可辩护性概念①来加以分析的，也就是我们可以说一个断言是可以辩护的或不是可以辩护的。可辩护性概念涉及了一个人做出断言时的理由和根据。达米特就是从陈述的断定与断言的表达间的关系及真概念与可辩护性概念间的关系出发来考察真概念的起源的。达米特通过对语言实践的历史考察，指出，我们的语言实践在学习语言初期主要是断言的表达，我们使用一个句子单独来做断言，对句子的意义主要是用可辩护性概念来表达，只是随着语言实践发展到较高阶段，尤其是用句子来构造复合句时，才产生了真概念。"一陈述的真与它的根据的存在之间的区分主要是由该语句作为复杂语句的组成部分时的行为（behaviour）强加给我们的。"②例如，对于复合句"如果天下雨，那么地湿"，我们只需要根据前件"天下雨"和后件"地湿"之间的真假关系，就可以对这个复合句的真假做出陈述。我们不再需要通过仔细探究"天下雨"这一断言是否是可辩护的或"地湿"这一断言是否是可辩护的，进而来分析这个复合句的真假。因此，可以说，真概念是一断言表达的可辩护性概念。真概念是从可辩护性概念分化而来的。但是，采纳真概念当然不表明可辩护性概念是多余的、没必要的，而是以一种更加明显的方式使后者依赖于前者：只有在说话者能够知道或有足够的理由相信这个陈述断定的是真的时，一个断言才被认为是可辩护的。使用真概念时有时保留原先的可辩护性概念，有时加以扩展。达米特认为："真概念的实质是：一个陈述由于一个客观存在的实在被认为是真的或其他，这独立于说话者的认知状态及人类的一般认识；并且这个概念自身提供了这样一种认识：当这个陈述不是真时必须接受的唯一条件，即自身为假。"③

通过对真概念的起源的考察，达米特认为可辩护性概念是一个与人的认知状态及认知能力相关的概念，而真概念却独立于说话者的认知状态及人类的一

---

① 达米特有时也使用"断定的正确性概念"来表示"可辩护性概念"。
② [英]迈克尔·达米特. 形而上学的逻辑基础. 任晓明，李国山译. 北京：中国人民大学出版社，2004：160.
③ Dummett M. The Seas of Language. Oxford：Clarendon Press，1993：199.

般认识能力，在考察中并没有说到关于在语言中对"真"的使用，真概念占据的是一个创造出来的依赖于模糊掌握的先天的概念。而且，我们使用语言传递信息的最基本的方面的掌握甚至不需要一个含蓄的真概念的掌握，反而根据在先的可辩护性概念得以充分描述。更重要的是，从可辩护性概念到真概念之间存在着一个"概念的跳跃"（conceptual leap），正是因为这一点，真概念遭到了严重的挑战。真概念的这个"跳跃"所导致的却是对人的认识因素的剥离，从与人认知状态、认识能力相关跳跃到了脱离了人的实践的"超人"，这是达米特彻底的显示的意义理论绝对不能接受的，因此，真概念绝不能成为达米特意义理论的核心概念。

"明显的补救方法是用另外的概念取代真这个意义理论的核心概念，使得它能通过说话者对语句的使用而得到充分的说明。"①

这时，达米特注意到了直觉主义逻辑。"对逻辑常项的直觉主义解释为意义理论提供了一个不以真和假为核心概念的蓝本。"②直觉主义的基本思想是：对数学陈述的意义的把握并不在于知道在什么情况下这个陈述必然为真，也与我们认识是否如此的方法无关，而在于对任何数学构造来说，是否有能力认识到它构成了这个陈述的一个证明。断定这样一个陈述，不是被解释为认为它是真的，而是知道存在它的证明或能构造它的证明。对任何数学表达式的理解就在于它以什么方式帮助人们确定：什么可以算作是对任何含有这些表达式的陈述的一种证明。这样就保证了对数学语句或表达式意义的掌握会充分体现在对数学语言使用的掌握之中，因为它直接地与那种实践相联系。但也不是要求每个数学陈述都是有效可判定的，而是当某个给定陈述的证明呈现在我们面前时，我们知道怎样认识它，那么，我们就理解了这个数学陈述。而且，在直觉主义理论中，排中律不是普遍有效的。

达米特认为，这种数学上的直觉主义意义理论很容易被推广到非数学的日常语言领域。在数学中，确立一个陈述为真的唯一方法就是证明，所要求的一般概念是证实。因此，"意义理论的最恰当的概念由此应是对真值条件的证实这个概念"③。

这就是说，达米特通过对以"真"为核心的真值条件意义理论的批判及对

---

① [英]迈克尔·达米特. 形而上学的逻辑基础. 任晓明，李国山译. 北京：中国人民大学出版社，2004：297.

② Dummett M. The Seas of Language. Oxford：Clarendon Press，1993：70.

③ Jacquette D. Handbook of the Philosophy of Science（Philosophy of Logic）. Elsevier B V. All rights reserved，2007：278.

真起源的考察，终于在直觉主义逻辑的启发下，以"证实"概念作为意义理论的核心概念，从而建构起了一个以"证实"为核心概念的反实在论的意义理论。达米特认为："这种构想的优点在于，一个陈述被证实的条件与在二值原则假定下它的真的条件不同，它是这样一种条件，我们必须当它被获得时，我们一定有能力有效地认出它，因此，不难阐述这个条件的隐含知识体现在哪里——因为这又是由我们的语言实践直接展示的。"①这样看来，以"证实"概念为核心，使得达米特反实在论的意义理论不同于以二值原则中的"真"为核心的实在论的意义理论，它没有知识的预设，并且与人的认知能力、认识状态及实践能力紧密相关，是符合达米特对意义理论的要求的，即是彻底的，能把所有的隐含知识完全显示出来，是一种反实在论的彻底的意义理论。

尽管达米特反实在论的意义理论以"证实"概念为核心，但这种意义理论与逻辑实证主义的意义理论是不同的。对此，达米特在他的论文及多次访谈中对它们之间的不同进行了阐明：

首先，逻辑实证主义是基于原子论的，他们认为："这些实证论者说过，好像每个句子都可以看成具有一种涵义或意义，这种涵义或意义独立于这种句子所属的语言，那就是说，与存在着与其有关的任何其他语句无关。证实则最终将是某些意义经验的结果。"②达米特认为，这种理论无视我们的语句都是语言的组成部分并且与其他语句有关系的事实。这样，逻辑实证主义者认为一个句子的证实就是感觉经验的结果。而达米特采取的是分子论的语言观。他认为："说话者懂得一门语言，他所知道的就是怎样使用这种语言去表达，也就是实现各种语言行为。因此我们可能要求，应当根据他以特定的方式使用这种语言的能力，来解释他隐含地知道与所有句子相关的意义理论的那些定理，也就是说，这个理论是分子论的。"③分子论认为，一门语言中的句子不是孤立不相连的，对一个句子的理解依赖于对与它直接相连的其他句子的理解，即对语言中一个部分的，也就是说，它把一种特别的实践能力只与有关全部句子的定理相联系。因此，在达米特看来，存在着一个值域，其中有一些纯观察语句，它们没有任何推理的中介，凭直接观察就可证实；而且还存在着种种这样的事物，它们完全由推理确立，就像各种数学定理那样，其中大多数事物处于居间

---

① Dummett M. The Seas of Language. Oxford：Clarendon Press，1993：71.

② [法]帕特陶特. 采访达米特（续）. 世界哲学，1998，3：76.

③ Dummett M. The Seas of Language. Oxford：Clarendon Press，1993：38.

位置。达米特认为，"这就是证实论与反实在论之间所形成的对照"①。

其次，逻辑实证主义意义理论坚持经典逻辑的二值原则，达米特反实在论意义理论却拒斥二值原则。二值原则要求任一语句要么为真要么为假，然而事实上由于自然语言特有的一些特征，如反事实条件句的存在等，造成自然语言中存在很多"不可判定语句"，对于这些语句，没有能行可判定的办法来决定其为真还是为假，在这种情况下，排中律不再是普遍有效的，因此，达米特拒绝二值原则。达米特坚持的是直觉主义逻辑的证实原则。实证主义者认为，一个陈述的意义就在判定它的真假过程中，如果没有或至少原则上没有一个能行的过程，那么这个陈述就无意义。达米特认为，他们的这种观点会导致荒唐的结果："尽管如此，这自然而然的下一步却使我感兴趣。这一步类似于数学中直觉主义的一步，即要说明，把握一个陈述的意义就是：如果它有一个证实，那么能够认识到它，而不需要有一个达到证实的程序。然而，如果你这样说，那么在我看来就不可能坚持古典逻辑，原因尽人皆知：在这种情况下，只对那些你确实知道如何证实或证伪的陈述，排中律才成立。对于其他陈述，它仅仅是开放的，你不能说出它们确定的真值。然而，维也纳学派成员坚定不移地相信古典逻辑是正确的。这并非仅仅是一个疏忽：就他们对逻辑的整个看法来说，对于他们以《逻辑哲学论》的方式谈论重言式来说，这是核心的东西。因此我无法理解他们的观点是如何结合在一起的。"②因此，达米特认为逻辑实证主义者并没有一个融贯的清晰的学说，是不能和他的反实在论的意义理论相提并论的。

后来，达米特在他的《实在论和反实在论》的论文中指出："为了避免误解，我现在要用'辩护主义'（justification）一词取代我习惯使用的'证实主义'（verification）一词，在这个意义上，直觉主义者对数学陈述的解释可以称作'辩护主义'的。"③因此，达米特反实在论的意义理论也可以称作是辩护主义的意义理论。

至此，达米特反实在论的意义理论以完整的框架展示在我们面前：它以直觉主义逻辑为基础，以既紧密联系认知主体的认识能力、实践能力的"证实"为核心概念形成核心理论，借助于直觉主义逻辑的语义论，对语言中每一句子

---

① [法]帕特陶特. 采访达米特（续）. 世界哲学，1998，3：77.
② [英]达米特. 达米特漫谈哲学. 舒尔特文，王路译. 世界哲学，2004，3：84-85.
③ Dummett M. The Seas of Language. Oxford：Clarendon Press，1993：475.

如何为真做了归纳证明，以阐明每个句子在什么条件下被证实；围绕这个核心理论，形成它的外壳，即"涵义理论"，在这个部分说话者的实践能力与语言中的特定命题联系起来，以说明说话者关于核心理论的任何一部分知识体现在什么地方。这两部分构成了达米特反实在论的意义理论的主要部分；另一个部分就是补充部分，即"力量理论"，它说明语句在实际语言表达中可能具有的各种类型的常规意义，并确立了与语言实践之间的联系。因此，在达米特看来，这是一个从语言如何工作出发的，说明说话者如何用它进行语言交流的正确的可行的意义理论。这也得到了格雷林的认同，他也认为这种语义反实在论构成了关于意义理论应该是什么样子的最为合理的解释。①

五、真与意义分离——实质是对经典逻辑二值原则的拒斥

弗雷格是意义理论的开创者，正因为他对符号涵义和意谓的区分，使人们开始了对语言表达式涵义的发问与理解，从而引发了哲学领域中意义理论研究的热潮。

弗雷格的意义理论是针对句子的。句子的涵义是思想，句子的意谓是真值，即真或假。弗雷格拒斥心理主义，主张把心理的东西与逻辑的东西、主观的东西与客观的东西区分开来，他指出，思想和真值都是客观的，不需要人的承认与考虑的，任何句子要么为真要么为假，作为经典逻辑的奠基人，他主张二值原则。作为意义理论的开创者，他认为当我们称一个句子为真时，我们就是在指这个句子的涵义。因此，一个句子的涵义就是该句子的真值条件。自弗雷格以来，意义理论的研究一直在他指引的方向上行走：理解一个句子的涵义就是知道这个句子的真值条件，真是意义理论的核心概念，当我们称一个句子为真时，也就是指它的涵义。显然，在传统的意义理论中，真与意义是融合的。

戴维森就曾指出："我们一直遵循着弗雷格的足迹。由于有了弗雷格，大家才清楚地知道这条探寻的途径，人们循着这条途径进行探寻的劲头甚至经久不衰。"②戴维森尽管在建构他的自然语言的意义理论中以塔尔斯基的"约定 T"为核心理论，但依然以真概念为意义理论的核心概念，通过对求真方法的完善，建立起自然语言的真理论,进而完成其适用于自然语言中的成真条件意义理论。

① [英]格雷林. 哲学逻辑导论. 邓生庆译. 成都：四川人民出版社，1992：333.

② [美]唐纳德·戴维森. 对真理与解释的探究. 第二版. 牟博，江怡译. 北京：中国人民大学出版社，2007：31.

戴维森意义理论仍然继承了弗雷格的真值条件意义理论思想：知道自然语言中某语句的意义就是知道自然语言中该语句的真值条件。在戴维森这里，真与意义依然是融合的。

达米特却没有继承这一传统，他认为选择真概念作为意义理论的核心概念是错误的，于是，他拒绝了实在论的"真"概念，把"真"概念从意义理论的核心位置撤离了出来，代之以直觉主义逻辑中的"证实"，构建了以"证实"为核心概念的反实在论意义理论。而真概念与意义理论核心概念的分离，也使得"迈克尔·达米特关于意义理论的工作确定了这个领域新的方向和新的任务"[①]，达米特成为"真与意义分离论"的代表。

达米特认为，一门语言的意义理论是要给出这门语言如何工作的说明，知道一门语言就是能够使用一门语言，意义理论应该是对一种实践能力进行的理论描述，这就是说，意义理论应从语言实践出发，向一个对一门语言一无所知的人给出：要知道任一给定表达式的意义而必须知道什么的明确说明，以及给出什么构成具有这种知识的明确说明。

因此，达米特批判弗雷格的真值条件意义理论、戴维森的成真条件意义理论没有从语言实践出发，他们意义理论的核心概念"真"是一个抽象的对象，它与人的认识能力、实践能力无关，是实在论的客观的"真"。这个"真"不依赖于我们的认识而为真，不依赖于我们的承认而为真，它超越了认知主体——人——的认知能力和认知状态。因此，基于这个"真"概念的意义理论必然脱离人的认知实践，从而无法对语言实践能力做出说明，更无法说明语言如何工作。而且，以"真"为核心的意义理论，必然以"真"为初始概念，这样就设定了在对一语句意义理解之前已经有了对"真"的局部理解，也就是说，已经有了对语言知识的局部理解，因而只能是一种"适度的意义理论"，这种意义理论的适度性是达米特不满意的，他要求的是一种"彻底的意义理论"。但是，以"真"为核心的意义理论又无法做到这种彻底性，因为，如果要满足彻底性，那么，它既要清楚地说明知道一语句为真是什么又要清楚地说明它体现在哪里。真值条件意义理论认为，一个句子的真就是它的涵义，也就是说，一个句子的意义就是该句子真的给定方式，即真值条件。既然如此，那么，贯彻彻底性原则，真值条件意义理论就必须说明"说话者关于一个句子的真值条件的知识究竟体

---

① Taylor B. Michcel Dummett Contributions to Philosophy. Dordrecht：Martinus Nijhoff Publishers，1987：117.

现在哪里"。而对这个问题的解答，我们有两种模式：一种是明确的知识，即陈述这种知识的能力。这种模式的回答是没有问题的，只需要把真值条件的掌握当作我们对知道意义的一般解释就行。另一模式是观察这个句子是否为真的能力。因为有关真值条件的知识是一种隐含知识，因此，事实上对"说话者关于一个句子的真值条件的知识究竟体现在哪里"的回答只能采取诉诸观察这个句子是否为真的实践能力。那么，对于一些原则上可判定的语句，这种模式可以采用，但是，对于原则上不可判定的语句就难以适用了。而事实上是，由于自然语言的特点，存在着许多不可判定的陈述集。因此，真值条件意义理论遇到了难以克服的困境。综上所述，达米特意义理论拒斥这个实在论的"真"，从而在其反实在论的意义理论中造成了真与意义的分离。

但细究根源，达米特对实在论意义理论中"真"的拒斥实际上是对经典逻辑中二值原则的拒斥。达米特就在其论文《实在论与反实在论》中得出结论："任何一类陈述的实在论解释的真正标准是接受经典的二值语义学……拒斥二值性是最深刻、最精彩的反实在论形式的一个显著特征。"①经典逻辑就是由莱布尼兹提出，弗雷格、罗素等创立并发展起来的一阶逻辑。二值原则是经典逻辑的核心。"二值原则，即任一命题或真或假，没有任何命题不具有真假值，也没有任何命题具有除真假之外的其他值。这就是说，在一阶逻辑中不存在真值空白或真值间隙。二值原则是古典的矛盾律和排中律的结合，后两者一起刻画了传统的真概念。"②弗雷格是现代形式逻辑史上第一个创立了一阶逻辑演算系统的逻辑学家，他的意义理论中关于句子的意谓是真值的思想就是其逻辑思想在哲学中的体现，那么，经典逻辑必然会成为其意义理论的逻辑基础，二值原则的思想必然也体现在他的意义理论中，这就是其意义理论的核心概念——"真"这一语义概念。因此，以"真"为核心的各种真值条件意义理论（包括戴维森的成真条件意义理论）都是以经典逻辑为逻辑基础的。给我们进行意义解释带来困难的表面上是这个犹如超人般的"真"概念，而实质上是经典逻辑的二值原则。因为，如果我们对 M 的成员假定二值原则，但是不认为有任何非自明的方式说明是什么使得 M 中的一个语句当它真的时候为真。除非某个人具有超出我们的能力，依靠这个超人，M 的这些陈述可能是可判定的，否则，在任何情况下，我们都没有办法证明我们有理由假定二值原则。事实上，

① 欧阳康. 当代英美著名哲学家学术自述. 北京：人民出版社，2005：132.
② 陈波. 经典逻辑和变异逻辑. 哲学研究，2004，10：57.

情况也可能是这样的，当接受的语言实践用于这些陈述时，人们可以把语言实践看作是一些在经典的二值逻辑中成立的有效的推理形式。然而，正是这个事实迫使我们假设确实有一种适用于那些陈述的真概念，按照这个真概念，每个陈述确定地要么为真要么为假。但现实是不能这样假设的。在任何这样的语义学中，无论其真值的数目是有限的还是无限的，只要它基于一定的真值范围，就总要预设每个陈述都有那个范围内的某一确定的真值，而这恰恰体现出和二值假定相同的困难。

所以，达米特断言："除非我们先放弃二值假定，在这种情况下，不可能构造一个可行的应用于这类句子的意义理论。"①

如果我们放弃了二值假定，也就是经典逻辑的二值原则，那么，我们就必须为意义理论寻找新的合适的语义学基础。当然，这种语义学不把客观的真概念作为基本概念。

为此，达米特注意到了直觉主义逻辑。达米特认为："这种众所周知的语义论原型早已存在，即对数学陈述意义的直觉主义说明。"②他发现直觉主义逻辑"尽管不是第一个非经典逻辑系统，却是迄今最有意思的一个"③，直觉主义逻辑接受经典逻辑，但不接受其中的排中律、拒斥二值原则。直觉主义者认为，所有的逻辑常项都是用证明条件解释的，即使是复合判断也不做真值函项的解释，其核心概念是证实和否证。

达米特举例说：哲学家争论"到底应该在什么情况下认为一个直陈条件句是真的，在什么情况下是假的"，是因为他们受到真值条件意义论的支配，而若问他们在研究什么时，他们会说：他们在研究那个直陈条件句形式的确切意义，这个意义应由真值条件揭示。而事实上，他们对把什么样的真值条件赋予这个直陈条件句持有不同看法，但对它的意义却一点怀疑也没有，而且在日常交谈中他们对这些条件句陈述的理解也无分歧，他们恰恰以同样的方式理解它们。达米特认为，道理就在于哲学家的理解并不在于任何真值条件的掌握，他们已把这些表达式理解为体现了说话者的某种断言，所以，任何寻求这些表达式的真值条件的做法都注定是徒劳的。④他认为，直觉主义者对数学陈述所做

---

① Dummett M. The Seas of Language. Oxford：Clarendon Press，1993：64.
② Dummett M. The Seas of Language. Oxford：Clarendon Press，1993：66.
③ [英]迈克尔·达米特. 形而上学的逻辑基础. 任晓明，李国山译. 北京：中国人民大学出版社，2004：9.
④ 欧阳康. 达米特：实在认与反实在论//欧阳康. 当代英美著名哲学家学术自述. 北京：人民出版社，2005：136-140.

的阐释就是最好的尝试，在这种理论中，数学陈述的意义是依据其所要求的证明来阐释的。在此，达米特终于找到了使意义理论走出真值条件的不合理宿命、进行反实在论重构的制胜武器——直觉主义逻辑方法。

于是，达米特把直觉主义逻辑方法推广到了日常语言领域，他指出："明显的补救方法是用另外的概念取代真这个意义理论的核心概念，使得它能通过说话者对语句的使用而得到充分的说明。"① "意义理论的最恰当的概念由此应是对真值条件的证实这个概念（a verificationist notion of truth-conditions）。"② 在日常语言中，证明语句为真的方式多种多样，一些陈述可作为观察的报道，另一些陈述，如数学陈述，只能通过独立于观察的方式而确立，而更多的陈述既需要观察，又需要基于观察的一些论证形式。然而，按这种理论，对语句组成的理解在于其识别能力，无论它何时出现，不管我们如何确立它的真，这在所有情况下都是正确的。我们把它简称为"证实"，但它不同于经典证实主义只是对一些感觉经验结果揭示的"证实"。按这种理解，对语言中的每一语句，意义理论的核心在于对它的证实构成的归纳表述。任何一个断言是正确的当且仅当它是被证实的，任何断言或者被证实或者不被证实，那么，它或者正确或者不正确，在他看来，最基本的真是一个语句的性质当且仅当我们拥有一个使断定正确的正当理由。但是，从一个陈述的未被证实我们不能得出它的否定被证实，所以，必然存在一些陈述我们既不能对它证实也不能对它的否定证实，因此，二值原则不是普遍有效的。从而也解决了对自然语言中不可判定陈述集进行彻底的意义解释的问题。

于是，达米特借助直觉主义逻辑中证实与真的密切联系，拒斥经典逻辑的二值原则，以直觉主义逻辑为其逻辑基础，以"证实"为核心概念来构建意义理论，形成其反实在论的意义理论。这种反实在论的意义理论以直觉主义逻辑为基础，用"证实"为核心概念，既紧密联系了我们的认识、实践能力，又有一系列的具体程序断定某所说陈述如何为真及表达为真的条件，在达米特看来，无疑是一种正确的可行的意义理论。格雷林（A. C. Grayling）也认为这种语义反实在论构成了关于意义理论应该是什么样子这一问题的最为合理的见解。③

很显然，达米特作为反实在论意义理论之所以要求拒斥独立于人的认知能

---

① [英]迈克尔·达米特. 形而上学的逻辑基础. 任晓明，李国山译. 北京：人民出版社，2004：297.

② Jacquette D. Handbook of the Philosophy of Science（Philosophy of Logic）. Elsevier B V. All rights reserved，2007：278.

③ [英]格雷林. 哲学逻辑导论. 邓生庆译. 成都：四川人民出版社，1992：333.

力的客观的"真"概念，使真与意义分离，根本原因还在于达米特对真值条件意义理论逻辑基础——经典逻辑二值原则的拒斥。这样看来，"真与意义分离论"的实质是对经典逻辑二值原则的拒斥。因此，对意义理论逻辑基础的不同选择，才是造成戴维森成真条件意义理论与达米特反实在论意义理论的根本区别所在。

真与意义融合与分离之争的探析

戴维森成真条件意义理论是 20 世纪意义理论中真与意义融合论的代表，达米特反实在论的意义理论是意义理论中真与意义分离论的代表，都得到了哲学界高度的评价。一些语言哲学家认为，戴维森是在新的基础上把意义理论构成逻辑语义学，是将从奎因开始的把深刻哲学思辨和高度技术性的逻辑分析相结合的研究方法推进到更高水平而取得的重要成果。①达米特也被称为"是最有影响和最具原创性的在世哲学家之一。大概哲学界最令人激动的事情是由达米特对于实在论学说的抨击以及与之相联的关于意义本质的观点所引发的"②。因此，尽管他们的意义理论在真与意义的融合与分离方面存在争论，但无疑都是在为意义理论探寻更好的解决途径。而我们通过对他们意义理论中真与意义的融合与分离之争进行探析，无疑也有利于把握 20 世纪真与意义之争的关键、核心，并有利于促进意义理论的有效解决。

第一节　戴维森与达米特意义理论的争论焦点

戴维森的成真条件意义理论和达米特反实在论的意义理论都是在对"语言如何可能"这个问题做着回答。他们都是基于对弗雷格意义理论的继承和批判，通过对自然语言中某语句意义的理解来构建各自影响重大的意义理论的。他们的意义理论有以下争论点。

① 周昌忠. 西方现代语言哲学. 上海：上海人民出版社，1992：261.
② 张燕京. 达米特意义理论研究. 北京：中国社会科学出版社，2006：272-273.

一、争论点一：构建意义理论的出发点

虽然戴维森和达米特都致力于构建自然语言的意义理论，但他们在构建意义理论的出发点上有所不同。

戴维森在 1965 年发表的论文《意义理论与可学会的语言》中就指出："我们有责任事先考虑从经验上研究什么才算做我们所谓的知道一种语言，我们又是怎样描绘一个已经学会说出一种语言的人所具有的能力或技巧。"[①]戴维森认为，一种语言如果无法习得，那么，"一个可能的说话者究竟要学习多少句子才能说话和理解就变得无关紧要了"[②]。因此，要为一种可习得的自然语言提供意义理论。这就表明，戴维森意义理论是针对一个已经学会说出一种语言的人提出的，也就是说，这个认知主体对语言已经有了一些了解。这是他构建意义理论的出发点，并指出意义理论是从经验上研究的，因此它是哲学意义上的。

基于这个出发点，对意义理论的构建，戴维森指出我们必须接受一些条件："必须接受的一个自然条件是，我们必须仅仅根据表达式的形式特征就能定义它的谓词，这个谓词区分出了一类有意义的表达式或句子，这就假定了各种心理学变项都是恒常的。这个谓词给出这种语言的语法。另一个更有趣的条件是，我们必须能够有效地唯一地依赖于形式考虑的方式解释每一句子意味什么。"[③]这就是更进一步地指出，语言的认知主体对语言已经有了局部的理解，已经能通过谓词区分出有意义的表达式或句子，给出这种语言的语法。而且一种可习得的语言拥有有限的语义初始词，从而使得语言能够由有限的技能所包容，否则，总会有些句子的意义无法由已掌握的规则给出，那么，这样一种语言是无法习得的。这其实也就是弗雷格意义理论中提出的组合性原则的体现。由此，戴维森认为自然语言的意义理论必然可以给出可习得的语言中句子意义的一种构造性说明。可见，戴维森意义理论的出发点是对一种符合弗雷格组合性原则的可习得的语言的理解，而且说话者对语言已经有了已知部分，有了局部的理解。这个出发点为戴维森基于塔尔斯基的真理论构建其独特的成真条件意义理论提供了可能。

然而，戴维森的这样一个意义理论出发点上恰恰是达米特不能接受的，他

---

① Davidson D. Inquiries into Truth and Interpretation. 2nd ed. Oxford: Clarendon Press, 2001: 7.

② Davidson D. Inquiries into Truth and Interpretation. 2nd ed. Oxford: Clarendon Press, 2001: 9.

③ Davidson D. Inquiries into Truth and Interpretation. 2nd ed. Oxford: Clarendon Press, 2001: 8.

批评道："戴维森的意义理论是一种适度的意义理论。"①这种适度的意义理论借助于初始表达式所表达的概念的掌握来达到对语言的理解，意义理论却不对它们做出解释，因而，这种意义理论并未完全显示对对象语言的理解体现在哪里。

达米特认为，意义理论"描述的根本目的是要解释，对于一个还不知道任何语言的人，他必须获得什么才能最终懂得这种特定的语言"②。这就是说，一门语言的意义理论的任务就是要向一个对语言尚不懂得的人解释：必须获得什么才能最终懂得语言，也就是要给出这门语言如何工作、说话者如何用它来进行语言交流的说明。在达米特这里，他对语言没有任何预设，同时突出了认知主体对语言意义的理解，是与说话者的认识能力、实践能力相联系的，他认为意义理论需要对自然语言的全部知识做出彻底的解释。达米特认为："为了给出所涉及的这种能力的充分的解释，这个说明必须做到的是，不仅仅阐述必须知道的这个事实，它还必须特别地表明，关于这个事实的意识是如何获得的。"③也就是说，在不预设对任何语言理解的基础上阐明语言的意义，不仅要说明说话者关于语言表达式的知识是什么，还要说明说话者的这种知识体现在哪里。达米特认为，根据戴维森成真条件意义理论只能得到对必须知道的这个知识的阐述，却不会知道这个知识是如何获得的，因此，戴维森成真条件意义理论是没有解释力的。

二、争论点二：彻底解释与否

戴维森面对达米特对其意义理论解释力的批判，即达米特认为戴维森成真条件意义理论没有对知识体现在哪里、知识如何获得做出回答。戴维森并不以为然。他在其论文《彻底的解释》中就指出，对一个意义理论必须有彻底的解释（radical interpretation），也就是要回答两个问题："我们能够具备什么样的知识以便能使我们做到这一点？"以及"我们如何能够得以了解这种知识？"第一个问题的回答就是达米特所说的"必须阐述知道的这个知识"，第二个问题的回答就是对达米特所说的意义理论解释力的回答："这个知识是如何获得的。""必须阐述的那个知道的知识"由语句的真值条件给出。而"知识的如

---

① Dummett M. The Seas of Language. Oxford: Clarendon Press, 1993: 6.
② Dummett M. The Seas of Language. Oxford: Clarendon Press, 1993: 36.
③ 张燕京. 达米特意义理论研究. 北京：中国社会科学出版社，2006：152.

何获得"是对证据的要求。

戴维森认为自己的意义理论为了实现对意义的彻底解释，做了以下一系列的工作：

首先，他拒绝了塔尔斯基的真理论中对"翻译"这一语义概念的预设，为此，他采取了最大胆的一步，即反用塔尔斯基的真理论，设真概念为初始概念，从而能基于真来引出解释或翻译等语义概念，这样满足了彻底的解释对证据的要求，即"彻底的解释应当依赖于一种不假定意义知识或详述的信念的证据"[①]。

其次，他诉诸了整体论下的"宽容原则"。戴维森的整体论一方面体现在加以扩展了的弗雷格的语境论思想，即"只有在语句语境中，一个语词才有意义；只有在一个语言语境中，一个语句才有意义"；另一方面又体现在其"开辟了的解释的整体论语义原则。它使得对语句意义的确定必须参照我们共同有的语言和信念系统才有可能"[②]。而正是这个解释的整体论语义原则揭示了人类语言交流的一个本质特征，也更好地保证了戴维森的彻底解释。戴维森就是基于这样一种整体论思想，并以人是理性动物（不是疯子或石头）及人们共同面对着同一个世界为必要前提的，提出了他的宽容原则：认为语句为真、接受语句为真的态度。这种态度是一个单一态度，不必在信念间进行详述，而且可以适用于一切语句。解释者可以知道说话者所表达的是一个真语句却又不知道它是什么。这样，基于整体论的宽容原则，为由语句的真来解释语句的意义架起了桥梁。更重要的是，对意义理论的规范证明也依赖于这个整体论的宽容原则。戴维森的规范证明是通过一连串的双向条件句来实现的，它要求纳入双向条件句左右两边的语句是双向等值的，即既符合"s 是真的，当且仅当 p"，又符合"p 是真的，当且仅当 s"，这样的话，这个"p"才是与 s 意义匹配的元语言解释。这样又保证了对约定 T 表征意义的唯一性与可检验性。而这个规范证明的一个验证背景就是相信面对同一个世界，说陌生语言的人及听者在都是有理性的情况下，所赞同的大部分语句都是真的，所不赞同的大部分语句都是假的。在这样一个信念的整体论中实现了语句真的可验证性。

正是由于以上工作，戴维森成真条件意义理论得以向一个对被解释语言一无所知的人做出该语言中任一语句的意义的彻底解释。这些工作最终也得到了达米特的认同。达米特曾为此专门进行了纠正："在一篇题为'什么是意义理

① Davidson D. Inquiries into Truth and Interpretation. 2nd ed. Oxford：Clarendon Press，2001：135.

② 梁义民. 论戴维森意义理论的基本原则. 自然辩证法通讯，2010，4：8.

论'的演讲（*Mind and Language*，ed. S. Guttenplan，Oxford，1975）中，我把戴维森关于自然语言意义理论解释作为这种意义上的一种适度意义理论进行了批评（现在看来我当时是弄错了）。"①这就是毫无疑问地肯定了戴维森成真条件意义理论给出了关于知识如何获得的证据支持，在这个意义上说，戴维森成真条件意义理论也是一种彻底解释的意义理论。

这样看来，从意义理论是否做了彻底解释这一点来说，戴维森、达米特在经过一番争论之后，最后达成一致，即他们关于自然语言的意义理论都是具有彻底解释的"彻底的意义理论"。

三、争论点三：对二值原则的态度

"'二值性原则'（principle of bivalence）是这样一种原则：恰好有两种真值，即'真'和'假'；在某一给定语句类里的每个语句都以确定的方式要么真、要么假。"②戴维森能够很好地对语句意义进行彻底的解释，就是事实上预设了：①说话者的言语非真即假；②我们对于有待给予意义的语句的某一意义解释非真即假。二值原则是实在论的中心原则。戴维森成真条件意义理论是基于二值原则的。实在论认为，世界按确定的方式构成，它有着独立于任何关于它的知识或经验的特性，不论我们知不知道事物在世界里的存在方式，也不论我们能不能知道有关世界的语句的真假，那些语句都根据事物在世界的存在方式而以确定的方式要么真要么假。戴维森构建自然语言意义理论的出发点就是基于这个二值原则。他继承了弗雷格关于涵义和意谓的思想，涵义和意谓是客观的，属于第三范围的，一个句子的涵义确定地真或假，不依赖于我们的认识或承认。也正因为如此，一个句子的涵义才能通过我们对该语句的成真条件来加以理解。因为真值条件是确定的或真或假的，从而也导致人们对自然语言中基于真值条件的语句的涵义的理解也是确定的或真或假的。这样，基于二值原则，使所构建的意义理论，一方面保证了自然语言中语句意义的确定性；另一方面也保证我们在进行语言交流时，说话者之间都可能把握语句的客观部分，即能为大家所共有的部分，从而实现成功的语言交流。

达米特却指出，在意义理论中坚持二值原则有个难以克服的困境，即由于

---

① [英]迈克尔·达米特. 形而上学的逻辑基础. 任晓明，李国山译. 北京：中国人民大学出版社，2004：105.
② [英]格雷林. 哲学逻辑引论. 牟博译，涂纪亮校. 北京：中国社会科学出版社，1990：345.

自然语言的特性，在自然语言中存在许多"不可判定的陈述集"，对于这些不可判定的陈述集，达米特认为，由于我们没有有效的程序来断定它们的真值条件是否得到满足，所以，它们要么是在某些情况下能获得真值条件而我们却无法认识到；要么是在某些情况下这种真值条件无法获得并且我们也无法认识到。总之，我们无法把这些不可判定陈述句为真的隐含知识解释为外显的知识，我们难以根据说话者的实际能力来说明说话者所具有的这些不可判定的陈述的真假。针对自然语言中存在的这种情况，达米特认为："实在论学说的一个共同特征是坚持二值原则——主张每一个命题都是确定地真或假的。……反实在论者未能很快意识到的是，在最为典型的情形中，他们反而拥有同样令人信服的理由去拒绝二值原则，从而也同时拒绝排中律。"[①]可见，是否坚持二值原则，是实在论与反实在论的分水岭，对二值原则的否定或反对也就是对实在论的否定或反对。

于是，达米特一方面批判戴维森，声称他只有具有了超能力才能既接受二值原则又使得他的意义理论不会出现循环；另一方面他在构建自然语言的意义理论中拒斥二值原则，因此也拒斥排中律，从而为自己的意义理论冠上了"反实在论"的头衔。

四、争论点四：核心概念的选择

戴维森意义理论是要对一个已经具有一部分语言知识的人做出对语言的意义的解释，他坚持二值原则，认为对任一语句而言，要么真要么假。显然，真概念就是他预设的已有知识。戴维森指出："在一个人有了客观的真概念的条件下，句子才被理解。这当然也适用于语句对各种命题态度的表达。……没有对真概念的掌握，不仅语言，而且思想本身也是不可能的。"[②]因此，戴维森成真条件意义理论就是以"真"为核心概念的。在戴维森的意义理论中，以塔尔斯基的形式语言中的真概念约定 T 为初始概念，它是不可定义的、客观的、不依赖于人的认识与承认而客观地要么真要么假，没有其他的可能性，是二值的。正是依赖于这个已知的真概念，使得我们在面对一个陌生的语言时，能够予以理解和解释。这个真概念是内在于有理性的人的思想和语言之中的，因此，

① [英]迈克尔·达米特. 形而上学的逻辑基础. 任晓明，李国山译. 北京：中国人民大学出版社，2004：8-9.
② Davidson D. Truth, Language and History. Oxford：Clarendon Press，2005：16.

也内在于语言工作之中和人们的语言交流之中。

　　戴维森成真条件意义理论以真为主轴，表明我们对自然语言中语句意义的理解就是对自然语言中该语句的真值条件的理解。真的客观性既保证我们对语句表达内容理解的客观真实，又保证我们对语句内容的理解是确定的，并不是个人主观任意的，从而也保证日常交流的正常进行。"真"应该是我们最清楚的、最基本的语义概念。所以，戴维森一再强调，"对于理解，重要的是言语表述的真之条件，因为如果我们不知道一个言语表述在什么条件下是真的，我们就不理解它"①。以真为意义理论的核心，才能获得对自然语言意义的彻底解释，"一种真理论应当为句子'赋予意义'"②。显然，真是戴维森意义理论的核心。

　　而达米特却不这样认为，他指出："知道一个句子的意义就是知道它为真的条件。这是向（意义）阐明迈出的一步，但只是很小的一步：真正难以捉摸的是真值条件本身。"③我们还需要知道的是：知道一个句子的真值条件意味着什么？达米特认为，我们拥有的对句子真值条件的知识只能是一种隐含的知识，因此，这种隐含知识必须可以在说话者实际的语言能力、语言实践中显示出来，意义理论必须说明这些隐含知识体现在什么地方。但是，在达米特看来，当前的真值条件意义理论者只是在享用他们还没有获得的东西。他们既不探寻在我们长大成人的过程中所获得的实践需要把什么样的真概念强加于我们，也不探究什么样的真概念能使我们得到一个对实践掌握所依赖的理解的可信的阐明。"他们的理论有一个优点，那就是罗素极好地说过的偷懒（theft over honest toil），但对从哲学上理解语言工作却没有真正的贡献。我们不能希望通过把真概念当作给定的来获得任何解释。"④也就是说，他认为，戴维森的成真条件意义理论并没有真正完成意义理论的任务，也没有很好地说明语言是如何工作的。成真条件意义理论给出了一个真概念，却又认为这个真概念是不可定义的，阻止了对这个真概念的继续追问，使它成为超越了人的认知状态的"超人"，"违背了意义应该与说话者的知识相联系的要求"⑤，导致并没有真正把语言的意义理解、解释与人的认知能力、实践能力结合起来。再加上自然语言中那些

---

　　① [英]唐纳德·戴维森. 真与谓述. 王路译. 上海：上海译文出版社，2007：126.

　　② Davidson D. Inquiries into Truth and Interpretation. 2nd ed. Oxford：Clarendon Press，2001：60.

　　③ Dummett M. The Seas of Language. Oxford：Clarendon Press，1993：35.

　　④ Dummett M. The Seas of Language. Oxford：Clarendon Press，1993：474.

　　⑤ [英]迈克尔·达米特. 形而上学的逻辑基础. 任晓明，李国山译，北京：中国人民大学出版社，2004：288.

不可判定陈述的存在，也使得无法在一个可行的意义理论中以"真"概念为核心概念。

因此，达米特转而求助于不以客观的、确定的真概念为核心概念的直觉主义逻辑。直觉主义认为，对数学陈述的理解并非依赖于我们非得知道（不论我们是否能够知道）的数学陈述上的真假，而是依赖于我们具有的关于任一数学构造的识别能力，即识别这个数学构造是否构成关于某个给定陈述的证明。而且，直觉主义者并不承诺对于每一个可理解的陈述都必须可实际地加以判定。理解一个陈述并不在于能够发现一个对该陈述的证明，而在于能够当出现一个对该陈述的证明时能够辨认出这个证明，排中律在直觉主义逻辑中并不普遍有效。证明所需要的一般概念便是证实，于是，达米特把直觉主义逻辑的这一思想推广到了他的意义理论中，并选取"证实"作为其意义理论的核心概念，从而完成其反实在论的意义理论。

事实上，达米特关于戴维森的成真条件意义理论没有结合语言使用者因素而进行的批评，是有待商榷的。戴维森在构建其成真条件意义理论中，对塔尔斯基的真理论所做的不只是反用、颠倒塔尔斯基解释的方向，确定真为初始概念，还有一个很重要的方面就是扩充了塔尔斯基的真理论，把"真"看作是话语的特性，是一个言语行为的特性，是一个关于语句、时间和人的三位谓词"Ts，u，t"。这就使得语句的意义、语句的真值条件与变化着的时间和说话者联系起来，从而使得其成真条件意义理论也具有了认知因素、实践因素。

对于达米特选取"证实"作为其意义理论的核心概念，戴维森做了严厉的批判。他批评达米特使语句真依赖于直觉主义逻辑的证实，取消了真作为主体间标准的一种作用，从而必然导致相对主义、怀疑论。更何况，人的实际能力有大有小，不同的人是不同的。而真却不这样。他认为达米特的选择是一个错误，他说："我认为这是一个错误，因为把意义建立在证据的基础上必然会导致逼近真理论（proximal theories）的困难：真与个别和怀疑主义相关。逼近真理论，无论如何打扮，都在精神或及后果上是笛卡儿哲学的。"[①]也就是说，达米特反实在论的意义理论以"证实"为核心概念，而证实概念与认知主体的认知能力紧密相关，依赖于主观取舍，从而使得它没有了一个客观的标准，趋向于相对主义。施太格缪勒（W. Stegmuller）在《当代哲学主流》中指出，达

---

① Davidson D. Truth, Language and History. Oxford, Clarendon Press, 2005: 58.

米特代表着我们称之为逻辑唯心主义的观点①，即是由此而来。而且，达米特对证实能力没有说到它的客观根据，从而也导致我们无法确立"真"的客观性质，而"真"一旦失去了这一点，那么对"真"的一切探究也就失去了客观的标准，只能陷入相对主义无休止的争论中，那么，达米特反实在论的意义理论也必然会招致相对主义的质疑。戴维森的批判是有道理的。

而戴维森认为以"真"为核心概念的成真条件意义理论，除了不能很好地解决那些不可判定陈述的问题外，无论从必要性、可行性和可靠性方面都是最好的选择。戴维森为了实现对自然语言意义理论的建构，他研究了指称论及弗雷格的意义理论，发现都会导致内涵困境，只有从外延上思考才能避免这种内涵上的无穷后退。而人们之所以能彼此间进行正常的语言交流，就是因为语句的意义有着能为大家所共有的成分，"真"必然是客观的，必然是不依赖于说话者的认识或承认的，正如同亚里士多德所说的：说是者不是，或说不是者是，乃是假的，而说是者是，或说不是者不是，则是真的。戴维森发现塔尔斯基的真理论从语义方面很好地体现了亚里士多德的意思，并且通过语言分层论回避了自然语言中的语义悖论，更重要的是，塔尔斯基的真理论是一种外延式的，他的真定义约定 T 基于"满足"以递归的程序给出了所有真句子的外延。约定 T 这样一种真定义恰恰是基于一些有限的公理及规则推出无限多的语句的真的定义，这又满足了戴维森对可习得的语言的要求，即能被有限的技能所包容，戴维森自然语言中的意义理论就是要解释这种可习得的语言的。所以，在戴维森看来，塔尔斯基的真定义约定 T 提供了迄今我们对恰当的意义理论要求的全部东西。可见，这样一个外延的"真"对戴维森意义理论来说是必要的。而戴维森致力于要解释的是自然语言的意义理论，因此，从可行性上来看，要把塔尔斯基形式语言中的真定义约定 T 应用于自然语言，他必须对约定 T 做出重大修改，以使它适用于自然语言中的指示词等经验因素。于是，戴维森大胆地颠倒了塔尔斯基真理论的解释方向，确立"真"为不可定义的初始符号，并对它加以扩充，使真成为一个相对于语句、人、时间的三位谓词"Ts，u，t"。对真概念进行反用、扩充的这些步骤，既使得戴维森恰当地把约定 T 应用于自然语言，又得以"真"为核心概念，实现其可行的成真条件意义理论，更促使戴维森在意义理论领域造成了"哥白尼革命式"的影响。而且，对客观的"真"的预设，又保证了戴维森成真条件意义理论的彻底解释得以可靠地完成。戴维

---

① [德]施太格缪勒. 当代哲学主流（下卷）. 王炳文，燕宏远，张金言等译. 北京：商务印书馆，2000：389.

森基于整体论下的宽容原则，实现了真、意义与信念统一的彻底解释模式。在整体论的框架下，大多数理性的人所赞同的就是真的，并诉诸宽容原则，即说话者说出的语句大体为真、接受说话者说出语句为真的态度，那么，由说话者的言语行为，即由他对某语句的赞同来推知他的持真态度，然后依照宽容原则，假定说话者的信念与我们的信念在最大的程度上一致，并且说话者说出的话大体是真的，从而推出说话者持真的那个语句的意义。这样，戴维森成真条件意义理论以"真"概念为核心概念，既清晰地说明知道自然语言中某语句的意义时知道的知识是什么，又清楚地说明了知道这种知识体现在哪里。这无疑是对达米特关于戴维森以"真"为意义理论的核心概念而有的质疑所做出的有力辩护。

综上所述，我们可以看出，戴维森成真条件意义理论与达米特反实在论的意义理论争论激烈，辩护又各有千秋，他们的意义理论各有优点，又各有不足，甚至难分胜负。我们需要从他们激烈的争论中拨云见日，找到争论焦点，以利于对意义理论进行更深入的分析探究。

第二节　争论的实质
——对语句的真如何理解及是否坚持二值原则

一、对争论分歧点的分析

从戴维森与达米特意义理论的阐述、研究及争论点分析中，我们可以发现他们有对意义理论认识一致的地方：他们都认为弗雷格意义理论给了他们很大的启发；而且都认为令人满意的意义理论应该是对自然语言意义的解释，也就是在对意义理论的研究中应该结合语言使用者的认知状态、认知能力及实践能力；意义理论对语言要进行彻底的解释，即一方面意义理论要给出什么构成说话者具有语言知识的说明，另一方面意义理论还要给出说话者具有的语言知识体现在哪里的说明。

弗雷格是意义理论的开创者，正是因为有了弗雷格，人们才有了探讨意义理论的途径。戴维森、达米特都认为自己的意义理论直接受到了弗雷格意义理论的影响，那么，这种影响必然会体现在他们意义理论框架的构设上。我们知道，弗雷格认为意义有三个构成成分，即涵义、力量和语调。而与意义紧密相关的是涵义和力量。所以意义的主要构成成分是涵义理论和力量理论。涵义理论是与句子真值相关的理论，它是意义理论的主要部分；力量理论是确立说话者所说某句子的意义与所使用语言的具体实践之间的联系，它会使我们通过对句子真假的判断达到实际作出断定、质问、命令等表达，在这里我们得到的不过是对进行断定、质问、命令、请求、询问等语言表达时所遵循的一般原则和阐述，是意义理论的补充部分。

通过对戴维森、达米特意义理论的分析，我们可以看到：

（1）在意义理论的补充部分，即力量理论，他们没有重要争论。无论是戴维森还是达米特，他们都是要致力于给出自然语言中的意义理论，必然要求对句子意义的阐述不只是与断定句，而是还要与包括断定在内的自然语言中丰富复杂的语言表达（如询问、命令、请求等）结合起来，它展现的是语言行为的类型。对于这部分的常规意义，一般没有太大分歧。正如达米特所说："试图以真为核心概念构造意义理论的这种尝试，在这里所面临的问题，与意义理论的补充部分没有关系。"①

（2）对意义理论争论的重点集中在涵义理论，即与句子真值相关的这部分。对句子涵义的考虑就必须结合句子的意谓，即真值来思考。根据弗雷格对涵义与意谓的区分，句子涵义是句子所表达的思想，它是客观的，能为大家所共有，句子的意谓是句子的真值，即真或假。句子的涵义是包含着句子意谓的给定方式。当我们说一个句子真时，就是指这个句子的涵义。因此，知道一个句子的涵义也就是知道这个句子的真值条件。换句话说，知道一个句子的涵义也就是知道这个句子为真的条件意味着什么，而激烈的争执恰恰就出现在这个地方。

以戴维森成真条件意义理论为代表的"真与意义融合论"的观点认为，"真"是意义理论的核心，理解一门语言中某语句的意义就是掌握该语句为真的真值条件，真与意义是融合的。

以达米特反实在论意义理论为代表的"真与意义分离论"的观点认为，"真"不应该是意义理论的核心概念，自然语言中许多语句并不是非真即假的，我们无法不循环地给出它们的真值条件，因此，"真"应从意义理论中分离出来，我们需要选择其他概念作为意义理论的核心概念。比如，达米特选择"证实"，认为对自然语言中语句意义的理解就是掌握该语句是如何被证实的。似乎"真与意义分离论"就是说，"真"在意义理论中不起作用了，真与意义分离了。但是果真如此吗？

---

① Dummett M. The Seas of Language. Oxford：Clarendon Press，1993：46.

　　显然不是的。即使在真与意义相分离的意义理论中，"真"也仍然起着十分重要的作用。达米特就明确指出："用证实和否证作为其核心概念，以此取代了真和假等概念。这并不意味着真这个概念在这种意义理论中将不再起作用，或者只起一种微不足道的作用。相反，它仍将继续起着重要作用。"①因为，正如人们已经看到的，任何适当的意义理论必须认识到许多陈述的涵义的证实过程中推理都起着某种作用。在任何意义理论中，句子的结构决定句子的涵义，这种方法表明我们可以把什么看作是确立句子为真的最直接的方法。这一点既适用于真值条件意义理论中，也适用于基于证实的意义理论。区别在于，在前一种情况中，确立句子为真的最直接的方法有时我们将无法得到。例如，对全称量化语句的真，我们无法以一一列举的最直接方式得到它为真的证实。然而，任何适当的意义理论都必须说明，不仅我们的许多断定都缺乏结论性的证据，而且还存在着一些并不是以最直接的方法来确立陈述为真的方法,如演绎推理。"至关重要的是求助于陈述的真的某种概念……即使在直觉主义的数学中,陈述的真这个概念也是需要的。"②直觉主义数学中各种证实的方法就是对陈述为真的证实。这就是说，证实和"真"根本不分离。一个陈述的真是由某个适当的证实构造而成的。可见，任何意义理论都离不开这种"陈述的真"或"语句的真"。达米特认为，在以"证实"为核心的意义理论中如何解释这个真概念并不是不重要的事情，而使它区别于以"真"为核心的意义理论的是："第一，它的意义并不是直接根据语句为真的条件给出的而是根据句子被证实的条件给出的；并且，第二，真概念，当它被引入时，必须以某种方式根据我们认识陈述为真的能力，而不是根据超越人类能力的条件得到解释。"③

　　这样看来，在这类持"真与意义分离论"的意义理论观点认为，与意义相分离的"真"是那种真值条件意义理论中的"真"，即基于二值原则的、不可定义的、已知的、作为初始概念的"真"，然而，关于"陈述的真"或"语句的真"却是不可少的。他们代之以另一种确立语句为真的方法，这种方法是由意义理论中与核心概念相关的知识提供的。也就是说，在"真与意义融合论"及"真与意义分离论"两大阵营中对意义理论的争执焦点就在于对"语句的真"的不同理解。

①　[英]达米特. 什么是意义理论（Ⅱ·续）. 鲁旭东译，王路校. 哲学译丛，1998，3：63.

②　Dummett M. The Seas of Language. Oxford：Clarendon Press，1993：75.

③　Dummett M. The Seas of Language. Oxford：Clarendon Press，1993：75.

二、对争论焦点的分析

具体从对戴维森与达米特意义理论的争论焦点进行分析来看：

在争论点二，即彻底解释与否方面，尽管达米特在初期对戴维森有所误解（即误解戴维森意义理论是适度的意义理论），但后来误解还是消除了。因此，戴维森和达米特在令人满意的自然语言的意义理论是否应该彻底解释方面达到了一致，他们都认为对自然语言中某语句意义的解释应该是彻底的，即对自然语言中某语句的意义阐释不仅要说明知道该语句为真的知识是什么，而且还要说明知道该语句为真的这种知识体现在什么地方。

在戴维森和达米特意义理论难以达成一致的争论点中，我们看到：他们对"构建意义理论的出发点"的争论，实际上是在争论对于语句真的这种知识是在进行意义解释之前就已经知道的，还是一尢所知的。"对二值原则态度"的争论，事实上是对前一个争论的继续和深入，实际上是在争论语句真这一知识是否是已知的、客观的，而且它是否要么真要么假。对"核心概念的选择"的争论就是在争论应该选择哪种一致的方法来完成对语句真的刻画，从而确定核心概念在每个语句中的应用。如果核心概念是"真"，这个核心理论将阐明每个语句在什么条件下为真；如果核心概念是"证实"，这个核心理论将阐明每个语句在什么条件下被证实为真。

这样看来，这三个难以达成一致的争论点很显然也都是围绕"语句的真"展开的。其中"对二值原则的态度"的争论点应该是最为关键的。对二值原则的坚持或反对，决定着其意义理论核心概念的选择、构建意义理论的出发点的不同，也决定着意义理论的实在论或反实在论特征。戴维森成真条件意义理论坚持二值原则，认为所有自然语言中的语句都是确定地要么真要么假。所以，他认为，"真"是已知的、客观的、不可定义的，"真"是意义理论的核心概念。因此，他以塔尔斯基的真概念约定 T 为不可定义的、已知的初始概念构建了成真条件意义理论，认为理解自然语言中某语句的意义就是知道自然语言中该语句的成真条件，从而构成了他的成真条件意义理论。而达米特却不这样认为，他认为在自然语言中并不是都是非真即假的语句，还有一些不可判定的陈述句，我们无法确定地知道它们的真假情况，二值原则不是普遍有效的，因此，达米特拒斥二值原则和排中律。在他看来，我们对自然语言中语句意义的理解是一种隐含知识，是需要加以显示的，我们需要对"语句的真"进行证实，才能达到对语句意义的理解。于是，达米特放弃经典逻辑中的"真"概念，选择直觉主义逻辑中的"证实"作为其反实在论意义理论的核心概念，认为我们对自然语言中某语句意义的理解就是知道该语句如何被证实为真，从而形成了其反实在论意义理论。

那么，这样看来，自然语言的适当的意义理论必须既说明自然语言中某语句为真的知识是什么，又说明该语句为真的知识体现在什么地方；而他们争论的焦点就在于对"语句的真"如何理解以及是否坚持二值原则。

第三节　争论的根源探析

纵观哲学史、逻辑学史，关于"语句的真"素来争论颇多。笔者在本书第一章第四节，针对"truth"的翻译问题进行了相应的分析，认为对语句而言，"truth"应译为"真"，笔者还通过对"逻辑意义上的真"与"哲学意义上的真"的分析研究，指出之所以对世界的真会有这样不同的理解，是因为从逻辑和哲学两个不同的视角分析而导致的，从而区分出探求真的两种方式及两类"真"。

那么，在 20 世纪真与意义的融合与分离之争中，对语句为真的不同理解根源于什么，我们需要对此进行深入分析。

一、对"真"界定不清

从戴维森与达米特意义理论的争论中，我们可以看到，他们在各自的意义理论中都用同一个"真"语词来界定由各自不同的核心概念所表达的"语句的真"，这样的话，必然会导致出现概念的混淆，即对"真"界定不清的问题。

"真与意义融合论"的代表戴维森的成真条件意义理论，是基于对塔尔斯基形式化语言中的真进行反用，并加以扩充修改后形成的。"真"是其意义理论的核心，这个"真"自然也就是塔尔斯基的真定义约定 T。这里的真概念"约定 T"是基于经典逻辑二值原则的，是不可定义的、已知的初始概念。

而正是因为在戴维森的成真条件意义理论中，可以用这种不可定义的真，即约定 T 来刻画语句的真的条件，理解自然语言中某语句的意义就是知道该语句为真的真值条件。所以，在这里，真与意义是融合的。

"真与意义分离论"的代表达米特反实在论意义理论拒斥二值原则，否认这个独立于人的认识而确定地存在的真概念。于是，他以"证实"为核心概念，认为知道了语句的真的条件并不就是知道了该语句的意义，对该语句的意义的理解还需要对该语句的真加以证实，也就是说知道这个语句的意义应该是知道对该语句的证实的方法。因此，真与意义似乎分离了。

而事实上，达米特认为，"根据证实而表达的意义理论必定会产生一个真概念，对于这种概念来说，在许多语句中二值原则都不适用，而我们却倾向于不加思考地用实在论的方式进行解释"①。这就是说，达米特并不是拒绝真概念，而是拒绝基于二值原则的这种"真"。

这样，在达米特这里，另一种"真"仍然存在并起着重要作用。这种真根据语句被证实的方法而给出，依赖于我们的认识能力而获得。实际上，达米特反实在论的意义理论迫使我们接受的是一个与经典逻辑二值原则有偏离的、基于直觉主义逻辑的、与"证实"相关联的"真"。而且，根据以证实来表达的"真"，我们不能说每个断定要么是正确的要么是错误的，从而容纳了不可判定陈述集中的语句。当然，基于证实的真拒斥排中律。不能认为 $p \lor -p$ 是普遍有效的，除非有可行的方法证实 p 或证实 $-p$，而绝不能因根据 p 的证实而知道 p 是真的，就推知 $-p$ 是假的。

从以上分析，我们可以看到，在"真与意义的融合论"与"真与意义的分离论"中，分别有两个内容不同的"真"存在：①塔尔斯基形式语言中的真定义约定 T；②直觉主义逻辑中基于证实的"真"。

在戴维森的成真条件意义理论中，以塔尔斯基形式语言中的真定义约定 T 核心。戴维森基于经典逻辑的二值原则，凭借满足这一语义概念，运用递归程序，对语句真给出的形式刻画，即"T：s 是真的，当且仅当 p"。约定 T 为"语句怎样为真"从外延上给出了"实质上充分的""形式上正确的"真定义。因此，我们知道了每个语句的"约定 T"表述，就知道了该语句在形式上怎样为真，也就把握了该语句为真的条件，从而也就理解了该语句的意义。显然，戴维森成真条件意义理论中的这个"真"——约定 T——是基于逻辑方法得到的一种"逻辑意义上的真"。

在达米特反实在论意义理论中，以直觉主义逻辑中的"证实"为核心，认为知道自然语言中某语句的意义是知道该语句被证实的方法。在直觉主义者看来：一语句为真，即能找到一个在有穷步骤内结束的证明，此证明证实它为真；一语句为假，即能在有穷步内证明它为假，也就是假设它为真在有穷步内将导致矛盾。直觉主义逻辑是构造性的，它的所有定理都是经典逻辑的定理，而经

---

① Dummett M. The Seas of Language. Oxford：Clarendon Press，1993：75.

典逻辑中的排中律及双重否定消去规则在直觉主义逻辑中不是普遍有效的，因此，直觉主义逻辑又是一种不同于经典逻辑的非经典逻辑，它几乎是唯一一种被一部分数学家使用并导致实际数学成果的非经典逻辑。海丁在 1930 年给出一个演算。在这一演算系统中，推理规则与《数学原理》的推理规则一样，但有两个显著特点：①各种逻辑记号（ ∧、∨、→、–、全称和存在 ）都被看成是不定义的原始记号；②弗雷格和其他人对命题演算所给的各种公理集合都可不用，而采用另外 11 条公理的集合。此外，海丁的每一条公理表面上与经典逻辑相似，但却有着不同的涵义。我们把 Δ 表示为 "这是可证实的"，那么，我们可以把海丁的一些记号与经典逻辑的记号相比较，如表 4-1 所示。

表 4-1　海丁的记号与经典逻辑的记号比较表

海丁表达式	经典的扩展
$-p$	$\Delta - \Delta p$
$p \cdot q$	$\Delta p \cdot \Delta q$
$p \vee q$	$\Delta p \vee \Delta q$
$p \supset q$	$\Delta p \supset \Delta q$

　　海丁的演算系统可以解释为使用构造性方法的基于证实概念的一种公理化理论。达米特就是基于直觉主义逻辑的这个 "证实" 与语句真的关系，构建了他的反实在论意义理论。这种意义理论认为，理解自然语言中的某语句的意义就是知道对该语句为真的证实构成的归纳表述。因此，这种直觉主义逻辑中基于 "证实" 的真同样是基于逻辑对 "语句怎样为真" 进行的形式刻画，是一种 "逻辑意义上的真"。

　　这样看来，无论是①塔尔斯基形式语言中的真定义 "约定 T"，还是②直觉主义逻辑中基于证实的 "真"，这两个 "真" 虽然具体表达形式不一样，而且求得 "真" 的具体方法也不一样，但它们都是基于逻辑以形式化的方法得到的，因此，都有一个共同的本质：都是基于逻辑对 "语句怎样为真" 进行的形式刻画。那么，它们实质上都是描述的同一种真——"逻辑意义上的真"。

　　那么，我们可以说：无论是 "真与意义融合论" 的意义理论，还是 "真与意义分离论" 的意义理论，事实上，它们都离不开逻辑意义上的这个真，而且 "真" 在意义理论中起着重要作用；尽管在两种意义理论中，"真" 表现的具体形式及获得的所运用的具体逻辑方法各不相同，但在本质上都是基于逻辑对 "语句怎样为真"进行的形式刻画，所以都是"逻辑意义上的真"。

通过对"真"概念的重新界定，我们发现，从这种意义上看，"真与意义融合论"或"真与意义分离论"的区分就没有必要了。我们可以说，对于任何意义理论的构建阐述，"逻辑意义上的真"都是必不可少的核心概念。

二、逻辑基础的不同

既然戴维森与达米特意义理论的意义理论都是借助于"逻辑意义上的真"而对意义问题进行的解释或阐述，那么，他们意义理论的不同也必然与逻辑有关。通过对戴维森与达米特意义理论的争论的分析研究，我们又发现，达米特与戴维森意义理论的分歧主要源于对二值原则的态度不同，而二值原则是经典逻辑的核心。显然，戴维森与达米特意义理论的争论必然离不开他们构设意义理论时所基于的逻辑基础选择。

弗雷格是意义理论的第一个提出者、构设者。他对意义理论构建的那些思路和框架必然会影响着其后哲学家对意义理论的构想。弗雷格认为："当我们称一个句子是真的时候，我们实际上是指它的涵义。因此，一个句子的涵义是作为这样一种东西而出现的，借助于它能够考虑是真的。"[1]句子的涵义是借以考虑真的东西，也就是真的载体；而对句子真的理解就是对句子涵义的理解。可见，在断定句中，涵义与真常常紧密地结合在一起，无法清晰地区分开。弗雷格又是现代形式逻辑的创始人，他认为逻辑的研究对象就是真，逻辑是以一种特殊的方式求真的科学。因此，弗雷格对意义理论的研究必然与其逻辑思想紧密相关。弗雷格指出："逻辑关注真的规律，不关注认为某物为真的规律，不关注人们如何思维的问题，而是关注如果人们不想偏离真而必须如何思维的问题。"[2]真的规律是客观的，而认为某物为真的规律是认识论的，所以，弗雷格认为，真是客观的，不以人的认识或承认而存在的，这样，由他创立的现代形式逻辑就以二值原则为核心。而且，他既然认为逻辑是关注如果人们不想偏离真而必须如何思维的问题，也就是说，在弗雷格看来，逻辑对人们的思维起着一种规范性的作用，规范着它们不能偏离真。那么，在弗雷格的意义理论中，必然也会以逻辑为基础，使人们对语言意义的理解不能偏离真，逻辑是意

---

① [德]弗雷格. 思想：一种逻辑研究//弗雷格. 弗雷格哲学论著选辑. 王路译. 北京：商务印书馆，2006：132.
② Frege G. Posthumous Writings. Oxford：Basil Blackwell，1979：145.

义理论的基础。弗雷格就是基于以二值原则为核心的经典逻辑提出了第一个真值条件意义理论的构想，即理解一语句的意义就是知道了该语句的真值条件。

达米特认为："形式语言的语义理论不只是对以更为精确的数学方法操作的符号体系的解释给以明确说明来说是一个合适的选择，而且对自然语言的处理来说也是一个合适的选择：它在原则上对所有语言来说都是一个范例。"①

因此，戴维森继承了弗雷格的真值条件意义理论思想及其逻辑基础。他在构建自然语言的意义理论时，以经典逻辑为基础，坚持二值原则，排中律普遍有效，认为自然语言中任何语句非真即假，语句的真是独立于并超越于我们的认识能力的，塔尔斯基形式语言中真概念约定 T 是不可定义的，是初始符号，知道自然语言中某语句的意义就是知道自然语言中该语句为真的条件。然而，正因为在戴维森的成真条件意义理论中以经典逻辑为基础，语句非真即假，不因我们的认识或承认而为真或为假，它静待着我们的发现。所以，达米特指责戴维森的成真条件意义理论是通过一种"上帝之眼"来俯察万物，是一种"超人"的意义理论，而且，在自然语言中，并不是所有语句都是非真即假的，戴维森的意义理论必然会导致循环。

达米特认为，要解决这种困难，构建一种"可行的"意义理论，即既没有预设又没有循环还最大可能地符合我们的实践的意义理论，就必须拒斥二值原则，否定排中律。他说："如果我们放弃二值假定，我们必须为这些句子构造一种语义学，这种语义学不是根据真值来阐述的……现在，这种语义学的一个众所周知的原型已经存在，也就是关于数学陈述意义的直觉主义说明。"②这样，达米特注意到了直觉主义逻辑，他认为直觉主义逻辑虽然不是第一个非经典逻辑，但却是迄今最有意思的一个，它接受经典逻辑的定理，却不接受其中的排中律，也就是拒斥二值原则。达米特认为，对于不可判定的陈述类而言，直觉主义逻辑派生出的这个语义理论是更好的模型。在直觉主义者看来，断定一个陈述不应该被解释为宣称它是真的，而是被解释为存在着它的证明或可以构造它的证明，也就是可以被证实。陈述的真假在于它能否被证实，意义理论的核心在于对它的证实构成的归纳表述。一个陈述虽然可以是真的或假的，但不必然确定地是真的或假的，这样也就容纳了不可判定的陈述类。于是，达米特基于直觉主义逻辑，以"证实"为核心概念构建了他的反实在论意义理论，

---

① Dummett M. The Seas of Language. Oxford：Clarendon Press，1993：130.

② Dummett M. The Seas of Language. Oxford：Clarendon Press，1993：64-66.

认为理解一个陈述的意义就在于有能力识别到任何证实它为真的方法。直觉主义逻辑的"证实"所做的实质上也是对在形式上语句怎样为真的回答。

这时，我们发现一个令人深思的问题，达米特的反实在论意义理论因对戴维森成真条件意义理论经典逻辑基础的不满而产生，结果在自己反实在论意义理论的构建中，却又寻求到了直觉主义逻辑，并以直觉主义逻辑为基础。显然，二者在意义理论基础的寻求上达到了一致，他们都是基于逻辑的，只不过是选择了不同的逻辑系统为基础而已，具体来说，就是或者以经典逻辑或者以直觉主义逻辑为基础。而无论戴维森基于塔尔斯基真定义的成真条件意义理论，还是达米特建立在直觉主义逻辑中的"证实"基础上的反实在论意义理论，实质上又都是基于不同的逻辑系统从形式上对"语句怎样为真"的回答。

从戴维森与达米特意义理论的争论中，我们发现尽管戴维森、达米特在建构自己日常语言的意义理论中所遇到的困难各不相同，尽管他们对令人满意的意义理论的认识及理解也各不相同，尽管他们选择理论基础的动机也各不相同，但作为杰出的逻辑学家，他们都关注到一点，那就是：基于逻辑对"语句怎样为真"的回答对日常语言意义理论的解决是根本性的、决定性的。他们的意义理论不论是从哲学的探讨开始，还是从对反对方理论基础的批判开始，最后还是回到了基于逻辑对真的思考，很显然，两大阵营差异的关键就是他们意义理论的逻辑基础不同。正因为不同的逻辑基础才形成了不同的逻辑系统，不同的逻辑系统对"对语句怎样为真"又有不同的回答，从而构筑了不同的意义理论。

然而，即使他们寻求了不同的逻辑语义系统为基础，但解释的还是同一个问题"怎样为真"。于是，就在这里，"真与意义融合论"阵营中的意义理论与"真与意义分离论"阵营中的意义理论又达到了殊途同归，他们都是基于"逻辑意义上的真"对自然语言意义的解释。

真与意义融合与分离之争的启迪

20世纪是一个充满创造的世纪：既有逻辑的"新生"，即现代形式逻辑的诞生，它以一种特殊的方式求真，"真"是逻辑的研究对象；又有哲学的"变革"，即以逻辑的方法进行哲学研究的"语言学转向"，哲学家们全神贯注于语言表达式的"意义"问题。正是在这样一个令人激动的时代，"真"与"意义"联系了起来，真与意义成为人们不可忽视的问题，真与意义之争更促进了人们对这一问题的深入研究。

在这样一个大背景下，我们通过深入分析研究20世纪意义理论两大阵营——"真与意义融合论"与"真与意义分离论"——中具有代表性的戴维森成真条件意义理论及达米特反实在论意义理论，并对他们的真与意义之争进行逻辑的探究，笔者认为，之所以会产生两大阵营真与意义的争论，根源在于对"真"界定不清及逻辑基础不同。由此，我们得到以下重要启迪。

第一节　真是解决意义问题的有效途径

20世纪，哲学领域发生"语言转向"后，西方哲学进入了分析的时代，追问语言表达式的意义成为时代的主题，意义理论成为哲学领域的一个重要问题。许多哲学家和逻辑学家为此倾注了大量的精力，形成了各种意义理论。

较早流行的是意义的观念论和意义的指称论。意义的观念论认为，语言表达式的意义就是它们所代表的观念或在人们心中所唤起的精神意象。例如，看到"橘子"，心中会产生一个橘子的观念，也就是你由感知得来的关于橘子的图像。意义的指称论是对意义观念论的一种直接反叛。指称论认为，语言表达式通过指谓某种客观的对象而具有意义。例如，对"约翰"这一专名的意义，必然是存在这么一个人，他叫约翰。显然，观念论和指称论都是基于亚里士多德的对概念的"内涵"和"外延"的区分，即内涵是对象本质属性的反映，外延是概念所反映的对象类而进行的思考。他们认为，意义的基本单位是语词，而且无论是观念论中的观念或精神意象还是指谓论中的客观的对象实质上都是语词所表达概念的对象外延。但是"把一个词项的意义与其指谓的对象合为一体，这是一个显然的错误"①，我们会陷入无穷的后退。因此，奎因认为，被称为"意义"的这些特殊的、不可归约的媒介物的说明价值确实是虚妄的，在这种意义上，"意义本身，当作隐晦的中介物，则完全可以丢弃"②。而且，把意义的基本单位视为语词，也使我们无法清楚表述出这些语词组合而成的各种语句所指的对象或表达的意义。所以，奥斯汀把"语词的意义"这种说法斥为是"危险的一派胡言"。这些意义理论陷入了困境，遭到了人们的严厉批评。

奎因认为："可能由于以前不曾懂得意义与所指是有所区别的，才感到需要有被意谓的东西。"③这就是说，弗雷格的涵义与意谓的区分使意义理论的研究走向了新的可行方向。弗雷格认为：句子的涵义是思想，句子的意谓是真值，即真或假，所以，真是针对句子的，当我们说一个句子真时就是指它的涵义，知道一个句子的意义就是知道它的真值条件。弗雷格又是现代形式逻辑的奠基者，他认为自然语言有许多不完善的地方，因此他创造了一种概念文字，这个符号系统既可以排除任何歧义，又使内容不脱离这个系统及严格的逻辑形式，在这个系统中句子的逻辑结构可以用少数人工符号表示出来，句子由专名和概念词构成，概念词是带空位的函数，是不饱和的，需要专名补充才能成为完整、饱和的句子。于是，对句子的意义理解就可以通过对句子真的形式刻画而表达出来。弗雷格的这种意义理论对传统的指称论和观念论来说是一次突破，他第一次把对意义的理解与句子为真的形式刻画联系起来，从而不仅能根据语句各组成部分的意义给出某一无穷集中一切表达的意义，而且使意义不需要诉诸太多实体。戴维森对他的此举颇为称赞："除非在现代逻辑的语境下，在弗雷格起了主要作用的发展中，否则不可能获得这种令人难忘的结果。"④达米特也盛赞弗雷格是分析哲学的创始人、意义理论的开创者，认为没有弗雷格，

---

① [英]格雷林. 哲学逻辑引论. 牟博译，涂纪亮校. 北京：中国社会科学出版社，1990：261.
② [美]威拉德·奎因. 从逻辑的观点看. 江天骥等译，上海：上海译文出版社，1987：21.
③ [美]威拉德·奎因. 从逻辑的观点看. 江天骥等译，上海：上海译文出版社，1987：21.
④ Davidson D. Truth and Predication. Cambridge：The Belknap Press of Harvard University Press，2005：133.

就没有这条研究意义的道路。①

但是，弗雷格的通过理解句子的真来理解句子的意义的这种意义理论虽然是一个很好的开始，却并不很成功。根据其等值替换原则，所有真语句或假语句都有相同的真值，于是，在弗雷格的意义理论里，所有在真值相同的语句必然有着相同的意义，而这是一个让人无法容忍的问题。

20世纪现代逻辑三项里程碑式的成就之一，塔尔斯基形式语言中的真定义约定 T，又使人们恢复了谈"真"的勇气。塔尔斯基通过"满足"概念，利用递归程序，为句子真提供了一个"形式上恰当的""实质上充分的"形式语言中的真定义约定 T，即"T：s 为真的，当且仅当 p"，这样，每一个语言表达式的涵义都可以由它的形式毫无歧义地细致地刻画出来。塔尔斯基的真定义使我们能够从简单有限的语句衍推出无穷多个形如"s 是真的，当且仅当 p"的语句来，这种 T 语句的每个实例就是真的部分定义，这个真定义不是对语句真的内涵定义，而是外延的，从而既避免了内涵困境，又保证了语句真的实质充分性，还以正确的形式回答了"语句怎样为真"。

塔尔斯基为"语句怎样为真"进行的这一形式刻画对意义理论的重要性被戴维森敏锐地捕捉到了。戴维森宣布没有必要掩饰塔尔斯基真理论与意义概念之间的明显联系，"约定 T 的主要优点是，它用一项目标很明确的任务取代了一个虽很重要但又很模糊的难题……这个问题是：一个语句（表达或陈述）为真意味着什么？……这种真理论的有益性质之一便是：它给出这种清楚的内容而又不引出作为实体的意义"②。于是，在塔尔斯基真定义的帮助下，戴维森跳出了弗雷格真值条件意义理论的尴尬，实现了通过对每个语句的真给以充分必要条件来提供出语句的真值条件，进而给出语句的意义。当然，为了把塔尔斯基的这个真定义应用于自然语言，而又不出现语义循环，戴维森创造性地大胆反用真定义约定 T，在意义领域进行了"哥白尼式的革命"，提出了他的"戴维森纲领"：设真概念约定 T 为初始概念，且不可定义，使"真"成为意义理论中的核心概念，并对真概念约定 T 进行扩充，使"真"与语句、说话者、时间相联系，成了话语的特性，从而相应于每个自然语言中的语言表达式都会有一个与变化着的时间及说话者联系起来的真值条件，那么，理解了自然语言中某语句的真值条件也就理解了自然语言中该语句的意义。这样，真与意义达到

---

① Dummett M. The Seas of Language. Oxford：Clarendon Press，1993：38.

② Davidson D. Inquiries into Truth and Interpretation. 2nd ed. Oxford：Clarendon Press，2001：69-71.

了融合。这就是戴维森自然语言中的成真条件意义理论。显然，对语句真的恰当理解是戴维森构建其成真条件意义理论的关键所在，所以，戴维森指出："一个关于说话者的真之理论在某种意义上是一个意义理论。"①由此可见，"真"在其成真条件意义理论的构筑过程中起着不可或缺的重要作用。

达米特反对戴维森成真条件意义理论，批评戴维森以塔尔斯基的真概念为核心，并把它作为不可定义的初始概念，从而导致任何语句非真即假，而且这个"真"不依赖于人的承认与认识，似乎人们在以"上帝之眼"俯察真，进而使得戴维森的成真条件意义理论既无法给出自然语言中不可判定陈述的真值条件，又与人的认识能力、实践能力相脱离。达米特认为，一门语言的意义理论是要向一个对语言一无所知的人解释语言如何工作。因此，意义理论不能有任何预设，而且由于自然语言的特性，其中有许多不可判定的陈述类，我们不能说它们非真即假，二值原则不是普遍有效的，要拒斥排中律。这样，在达米特看来，真与意义要分离，真不能给予我们关于意义的全部知识。于是，一个可行的意义理论中语句的真值条件必然是需要我们显示的隐含知识，知道一门语言中某语句的意义就不仅要详细说明这个说话者所必须知道的东西，而且还要说明他具有这种知识体现在什么地方。达米特把注意力投向了不以真和假为核心概念的直觉主义逻辑，这是一种否认排中律、拒斥二值原则的非经典逻辑。因此，基于这种直觉主义逻辑可以重新解释那些有争议的不可判定语句。而且，在直觉主义逻辑中，对一个数学陈述意义的把握不在于知道其在什么情况下为真，而在于有能力认识到这个数学构造是否构成了对这个陈述为真的证明，因此，我们需要把陈述的真与人的认识能力、实践能力相联系，对意义理论的隐含知识做彻底的解释。在数学中，直觉主义者认为，确立陈述为真的唯一方法就在于证明。与证明相对应的一般概念就是证实。因此，达米特以"证实"为核心概念构建了反实在论意义理论：基于"证实"，达米特的反实在论意义理论不仅知道一个陈述的真值条件，而且我们能够认识到在什么情况下该陈述的真被证实了，从而知道该陈述的真值条件体现在哪里。可见，即使在达米特反实在论意义理论中，仍然离不开"真"，直觉主义的"证实"就是确立"语句怎样为真"的方法，当我们知道对语言中一语句怎样证实其为真时，我们就知道怎样去认识该语句的真，我们也就理解了这个语句在自然语言中的意义。

很显然，戴维森与达米特意义理论的分歧焦点就在于对"真"认识的不同。

① Davidson D. Truth and Predication. Cambridge: The Belknap Press of Harvard University Press, 2005: 53.

戴维森认为，语句的真或"语句怎样为真"是超越于人的认识的，是自明的，这个真是客观的，因此以经典逻辑的二值原则为意义理论的逻辑基础，选择塔尔斯基的真概念约定 T 为核心概念，进而突破弗雷格"所有真的语句或假的语句都有相同的意义"的困境，形成其自然语言中提纲挈领式的成真条件意义理论；而达米特正是因为不满意戴维森对"真"做出预设，否定对"语句怎样为真"的那种"超人"般的自明的认识，于是抛弃经典逻辑的二值原则，放弃排中律，选择直觉主义基于"证实"对"语句怎样为真"所做的回答：一方面回答语句为真是什么，另一方面又回答我们如何认识到这一语句的真。以此来实现对语言中语句隐含知识的彻底显示，成功地构建出一门语言的可行的意义理论。毫无疑问，是直觉主义逻辑中基于证实的"真"使得达米特成功地走出意义理论的实在论瓶颈，架构起他"研究纲领"式的反实在论意义理论。

　　然而，我们仔细分析会发现：戴维森意义理论中真与意义的融合，表示戴维森以塔尔斯基形式语言中的真概念为核心，实现塔尔斯基形式语言中的真概念与语句意义的理解的融合；达米特意义理论中真与意义的分离，实质上是达米特意义理论对塔尔斯基真概念核心地位的否定与拒斥。但我们看到，达米特拒斥以塔尔斯基真概念为核心概念，却并没有抛弃语句的真，同时，他又选择了以直觉主义逻辑中对语句真的"证实"为核心概念。显然，真与意义融合与分离之争，事实上是对经典逻辑值原则下真概念的采纳与拒斥，然而即使达米特坚持拒斥，选择真与意义分离的观点，终究还是以另一种逻辑系统——直觉主义逻辑——对语句真的界定方法"证实"为核心概念的。然而，无论是塔尔斯基真概念还是直觉主义逻辑证实的真，它们都是一种"逻辑意义上的真"。这样看来，戴维森、达米特最终对意义理论核心概念的选择都归结为"逻辑意义上的真"，在这一点上他们保持了一致。因此，真是解决意义问题的有效途径。

　　再来纵观意义理论发展完善的历史，没有以现代形式逻辑的方法把真和语句、意义联系起来，就不会有弗雷格对传统意义理论研究思路的革新，进而开创以逻辑分析的方法研究意义理论的新趋向，使意义理论成为 20 世纪哲学研究的重要内容；没有塔尔斯基形式语言中"形式上正确的""实质上充分的"真定义约定 T，就不会有戴维森对弗雷格意义理论"所有真的或假的语句都有相同意义"困境的突破，也就不能实现自然语言中成真条件意义理论这样一种"哥白尼式的革命"；没有直觉主义逻辑中基于证实的"真"，就不会有适合于拒斥二值原则、否定排中律的普遍有效性的非经典逻辑的真概念，更不会有达米特那种不同于戴维森成真条件意义理论的反实在论的意义理论。普拉维茨认为：

"在许多基本方面，迈克尔·达米特关于意义理论的工作确定了这个领域新的方向和新的任务。"①

综上所述，意义理论领域中的一次又一次的突破与创新，一次又一次的进步与发展，都离不开现代形式逻辑中关于"真"的构想与刻画，逻辑的不断发展及其对"逻辑意义上的真"的更好回答必将带来意义理论的日趋完善。我们可以说"真"是解决意义问题的有效途径，对"逻辑意义上的真"的一致回答必将促使真与意义融合论和真与意义分离论最终实现统一。

第二节　逻辑是哲学问题研究的基础

"20 世纪哲学最突出的特征是逻辑的复兴以及它在哲学的整个发展过程中扮演着发酵剂的角色。"②在 20 世纪逻辑与哲学融合的大背景下，逻辑与哲学再度"结盟"，逻辑以其独特的视角、分析的方法为哲学的发展及哲学问题的解决起了举足轻重的作用。

20 世纪逻辑重新获得了活力，这源于对数学基础的研究。由于对于集合论悖论及解决数学基础问题方面的分歧和争论，逐步形成了所谓的三大学派：一是以弗雷格、罗素为代表的逻辑主义，他们认为整个数学是建立在逻辑基础上的。试图为数学提供一个集合论逻辑基础；二是以希尔伯特为代表的形式主义，他们把数学视为公理化的形式演算的家族概念，有待研究的是这些演算在元数学意义上的一致性、完全性、独立性等，希尔伯特特别强调公理化方法的重要意义；三是以布劳维尔为代表的直觉主义，他们怀疑经典逻辑的基石之一"排中律"，从而使得布劳维尔及其追随者成为非经典逻辑的开拓者。

弗雷格坦言，真为逻辑指引方向，"逻辑以特殊方式研究'真'这一谓词，'真'一词表明逻辑"③。逻辑是以"必然得出"为内在原则的，基于形式化推理演算的求真的科学。纵观传统形式逻辑到现代形式逻辑发展的历史，从亚里士多德开创逻辑以来，逻辑就是以这样一个本质、这样一种精神显示出与其他科学的不同之处。从亚里士多德的三段论到弗雷格奠基、罗素、塔尔斯基等加

---

① Taylor B. Michcel Dummett Contributions to Philosophy. Dordrecht：Martinus Nijhoff Publishers，1987：117.

② 冯·赖特. 20 世纪的逻辑和哲学//冯·赖特. 知识之树. 陈波选编，陈波，胡泽洪，周祯祥译. 北京：生活·读书·新知三联书店，2003：146.

③ [德]弗雷格. 逻辑//弗雷格. 弗雷格哲学论著选辑. 王路译. 北京：商务印书馆，2006：199.

以完善成熟的一阶逻辑演算系统，再到布劳维尔等的直觉主义逻辑系统，无疑都是在为这种"特殊的求真"做着努力。现代形式逻辑以形式化的语言，通过给每一个符号以确切的涵义，把每一个句子按严谨的逻辑结构、基于严格的逻辑规则建构起来，希望能以这样一种标准化的人工符号、形式语言，避免日常语言的含混、歧义、不完善，进而回答在逻辑意义上"语句怎样为真"，并用越来越细致精确的技术方法为语句的真做形式上的刻画。正是因为有了逻辑这样的发展，才使得我们对语言结构与语言意义的关系能够加以精确的处理，也促使了逻辑更好地以自己独特的方式强有力地诠释"逻辑意义上的真"。

在这样一个英雄时代，从弗雷格的《概念文字》《算术基础》到塔尔斯基的《形式化语言中的真概念》，再到海丁的《数学基础研究，直觉主义，证明论》，这样一些里程碑式的思想在这一时代里产生了重要的影响，尤其对哲学产生了重大的冲击。哲学家们欢欣鼓舞于弗雷格等逻辑学家们的这种逻辑方法，于是哲学领域发生了"语言学转向"。他们致力于用逻辑的方法分析哲学、解决哲学问题。"哲学不能将它自己确立为一门'按照一般所同意的探究方法'而进行、并取得'那些按普通所同意的标准而被承认或反对'的结果，最后成为一种表达清楚的理解系统的研究学问而感到沮丧。弗雷格通过把哲学设想为意义理论向我们指明了前进的道路"①，"哲学的目的就是从逻辑上澄清思想"②，罗素慷慨地说，弗雷格是第一个用逻辑分析方法去处理哲学问题的人。他们一致认为，"科学的任务是追求真，哲学的任务是澄清意义"③。

因此，真与意义问题的思考与探讨，作为整个分析哲学所特有的东西是至关重要的。真与意义的研究也成为 20 世纪的哲学家、逻辑学家研究的热点，他们热衷于用逻辑分析的方法来澄清哲学中的意义。正如魏斯曼指出："分析意味着分解和拆卸。'逻辑分析'由此看来意味着：把一个思想拆分成它的终极逻辑构成要素。……人们大致也可以这样去设想哲学家的事情，他的任务就是揭示思想的结构，显示它的逻辑构造。"④哲学家正是运用逻辑分析的方法，对语句思想的逻辑结构进行分解，通过分析语句构成成分的意义来理解语句的

---

① [澳]约翰·巴斯摩尔. 哲学百年 新近哲学家. 洪汉鼎等译. 北京：商务印书馆，1996：68.

② [英]维特根斯坦. 逻辑哲学论. 贺绍甲译. 北京：商务印书馆，1996：48.

③ 张庆熊，周林东，徐英瑾，等. 二十世纪英美哲学. 北京：人民出版社，2005：4. 笔者在引用时把"真理"改为了"真".

④ 冯·赖特. 分析哲学：一个批判的历史概述//冯·赖特. 知识之树. 陈波选编，陈波，胡泽洪，周祯祥译. 北京：生活·读书·新知三联书店，2003：117.

意义的，也就是说，他们以逻辑为基础构筑着意义理论的大厦。这在 20 世纪真与意义融合论的代表戴维森及真与意义分离论的代表达米特的意义理论之中得到了充分的体现。

无论是戴维森的成真条件意义理论还是达米特反实在论意义理论都得益于以逻辑为基础，运用逻辑分析的方法研究意义理论。

（1）从思想来源上说，正是根据弗雷格的逻辑思想及其逻辑分析的方法，才有了戴维森、达米特自然语言的意义理论的出发点。

弗雷格认为，一个语句由专名和概念词构成，概念词是一个不饱和的带空位的函数 $F(\ )$，需要专名补充完整、补充饱和；一个语句的涵义是思想，其意谓是真值，思想和真值都是客观的、属于第三范围的，一个思想是真的，与是否被考虑无关；语句的涵义和意谓由其组成部分的涵义和意谓决定。在对自然语言的意义理论构造中，戴维森和达米特从弗雷格的逻辑思想及意义理论中各取所需。

戴维森赞同弗雷格关于意谓的思想。弗雷格是现代形式逻辑的奠基者，他以"真"为自己追求的使命，因此，他看重的是真值。他认为，思想是能够借以考虑真的东西，所以，一个语句的涵义就是该语句的真值条件。戴维森自然语言中的意义理论继承了弗雷格关于涵义和意谓的这一思想，也认为理解自然语言中任一语句的意义就是知道自然语言中该语句的真值条件。

达米特却认为对意义理论来说，最重要的是涵义。"$a = b$"和"$a = a$"正是因为符号所表达涵义的不同，才使表达式具有了不同的信息内容。这恰恰是一门语言的意义理论需要阐明的，即语言如何工作，说话者如何运用语言进行交流。因此，达米特基于弗雷格把语句的意义分为涵义、力量和语调，继承了弗雷格关于涵义与力量的区分，认为理解自然语言中一语句的意义不仅要知道该语句为真的知识是什么，还要知道这个知识体现在什么地方。

（2）从具体构设上来看，正是由于经典逻辑和非经典逻辑的两个突出成果，才有了戴维森、达米特自然语言的意义理论的形成。

因自然语言相比于形式语言具有的复杂性及模糊性，构设自然语言的意义理论要求我们必须能从有限的语词和规则刻画出无限多的语句表征，从而能够有效地依据形式考虑的方式，刻画出自然语言中每个语句的意义。弗雷格的逻辑思想无法满足这一要求，随着逻辑的进一步发展，戴维森和达米特的注意力分别转向了逻辑领域的另两个伟大成果：经典逻辑发展的三大成果之一"塔尔斯基形式语言中的真理论"以及非经典逻辑的开拓者"直觉主义逻辑"。

虽然戴维森认识到自然语言中语句的意义与说话者、指示词密切相关，但他还是坚持经典逻辑的二值原则，认为语句的真是客观的，不依赖于人的承认和考虑，只有这样，说话者与说话者之间才能基于语句真的恒常不变进行语言交流，试图定义真是愚蠢的，我们完全可以通过贯彻宽容原则，承认解释者可以知道说话者在说出一个语句时是在表达一个真却不知道这是什么样的真，由这个单一的信念与真、意义联合，从而对自然语言中某语句的意义达到彻底的理解。戴维森认为："塔尔斯基就形式语言所做的真定义为自然语言所需的那种真理论提供了灵感"[①]，于是，戴维森以"真"为核心概念，设塔尔斯基形式语言中的真定义约定 T 为初始概念，并与说话者、语句、时间相结合，成功地给出自然语言中的每一语句相对于表述境况而变化着的真值条件："T:（U）（T）s 为真当且仅当 p"，也就是说，语句 s 对于说话者 U 在时间 T 为真，当且仅当 p。戴维森认为，理解自然语言中某语句的意义就是知道自然语言中该语句的真值条件，于是，基于戴维森的这个对自然语言中语句真的形式刻画，给出该语句在自然语言中的解释与阐释，也就理解了自然语言中该语句的意义。这就是戴维森自然语言中的成真条件意义理论。

显然，是经典逻辑的突出贡献——塔尔斯基形式语言中的真定义，成就了戴维森自然语言中的意义理论。

而达米特自然语言的意义理论则是在对真值条件意义理论的批判基础上形成的。他认为自然语言的意义理论是对隐含知识的彻底显示，即不仅知道某语句的真是什么，还要知道它体现在哪里。因此，意义理论中不应有预设，而且在自然语言中有许多不可判定的语句类，这些不可判定的语句并不是要么真要么假的，于是，他否定排中律，拒斥经典逻辑二值原则下那个自明的"真"概念。这时，达米特注意到了同样拒斥排中律的直觉主义逻辑。直觉主义逻辑中基于"证实"对语句真进行的阐释无疑给了达米特一个极好的选择。在直觉主义逻辑中，语句的真不是自明的，是需要通过证实而与人的认识能力、实践能力相联系的。直觉主义者认为，自然语言中一语句是真的，当且仅当能够认识到该语句为真的证实。这样，直觉主义逻辑中对语句真的"证实"，既回答了对自然语言中某语句在形式上"语句怎样为真"，又给出了使人们认出这个证明的证实条件，还解决了具有真值间隙的不可判定语句的问题。所以，达米特认为一门语言的意义理论必须以直觉主义逻辑中的"证实"为核心概念，于是构建了其反实在论意义理论。达米特认为，只有这样的反实在论意义理论，

---

① Davidson D. Inquiries into Truth and Interpretation. 2nd ed. Oxford：Clarendon Press，2001：203.

才能真正理解语言是如何工作的，从而真正把握语言的意义。

当然，在达米特的反实在论意义理论中，直觉主义逻辑及其"证实"与"真"的密切联系功不可没。

维特根斯坦在其《哲学研究》中说道："逻辑的水晶般纯粹当然不是探讨的结果，而是一个先决条件。"①戴维森与达米特意义理论的思想来源及他们意义理论的具体构设，很明显地体现出这一点。逻辑以形式化的语言所刻画出来的"语句怎样为真"是意义理论构建的必备前提。达米特也恰当地描述过逻辑与哲学中意义理论的关系："这两个学科的现代发展均肇始于弗雷格的工作，而在他那里二者是交织在一起的。事实上，在它们随后的整个发展史中，意义理论就像一个小弟弟，不断地出于自身目的从逻辑学那里把逻辑学家出于他们自己的考虑而构制的许多概念借用过来：戴维森对塔斯基的真定义的应用便是一例。"②我们完全还可以再加一例：达米特对直觉主义逻辑中基于"证实"的真也是一例。再不用多说了，我们已经能够清楚地看到，没有逻辑就没有意义理论的提出、发展与成熟，逻辑是意义理论的基础。

然而，令人遗憾的是，在哲学家、逻辑学家津津乐道于意义理论时，哲学的光芒掩盖了逻辑这块基石，逻辑却似乎被消解了。随着 20 世纪意义理论成为一种显学，语言哲学家、分析哲学家都在研究着意义理论，逻辑学家尤其是逻辑哲学家也在关注着意义理论，他们日益不满足于逻辑学形式语言的局限，热衷于自然语言中实践问题的解决。于是，人们似乎觉得逻辑学家和这些哲学家一样都在谈论着"真"与"意义"，而且，在某种意义上，"真"也就是"意义"，因此，他们似乎都谈论着同样的东西，逻辑似乎再一次被哲学的光环遮蔽，失去了自己的独特性。事实上，绝不是这样。

我们忽视了，塔尔斯基形式语言中的真理论是现代形式逻辑的突出贡献，真定义约定 T 基于经典逻辑，为"语句怎样为真"进行了形式刻画，是"逻辑意义上的真"。在戴维森的成真条件意义理论中，尽管戴维森自然语言中的真——修订了的约定 T——是对塔斯基的真定义的反用、扩充及修改，但给出的仍然是一个标准的形式量化结构："T：$(U)(T)s$ 为真当且仅当 p"，它依然是基于经典逻辑的；尽管应用于自然语言需要结合说话者、语句、时间，但这个修订了的约定 T 关注的依然是语言，语句为真的形式刻画，毫无疑问，戴维森

---

① [奥地利]维特根斯坦. 哲学研究. 陈嘉映译. 上海：上海人民出版社，2001：107.
② [英]迈克尔·达米特. 形而上学的逻辑基础. 任晓明，李国山译. 北京：中国人民大学出版社，2004：21.

自然语言中的这个"真"依然是"逻辑意义上的真"。达米特反实在论意义理论表面上是在拒斥"真",但他所拒斥的只是经典逻辑中二值原则下的"真",本质上,他的意义理论仍然需要"真"——"语句的真",而这个语句的真是由直觉主义逻辑以其变异逻辑的形式刻画对每个语句为真的证实构成的归纳表述,它是直觉主义逻辑的基于"证实"的真,它依然是以逻辑的方法给出的,是由有限的语词和规则对自然语言中无限多语句中每一语句怎样为真做出的形式化的刻画,所以,也是"逻辑意义上的真"。戴维森和达米特意义理论之所以不同的关键也在于他们选择了不同的逻辑系统为基础,对"语句怎样为真"做了不同的形式刻画,也就是说正是由于他们对"逻辑意义上的真"做了不同的理解,才导致他们自然语言中意义理论本质的不同。无论如何,也正是由于戴维森、达米特基于经典逻辑或直觉主义逻辑对一语言中某语句为真给出了具体的形式结构刻画,才使得我们对该语句为真的理解有了相对确切的范型。然而如果仅仅有了描述自然语言中真在语句中必须采取的范型,未免太过空洞,我们还需知道这种范型落在何处,意义理论必须使这种表达式与世界、与对象相联系从而对该语句的范型做出最佳解释。当戴维森、达米特把各自"逻辑意义上的真"的形式刻画与客观世界中的对象、事实相联系,予以认识论的注释、理解时,得到的才是令人满意的该语句在自然语言中的意义。这样看来,"意义"实际上是对"逻辑意义上的真"的解读,那么,"意义"也是一种真,只不过它是认识论中的"真",换句话说,"意义"就是"哲学意义上的真"。

刘易斯在谈到意义理论时指出:"我区分两个主题。首先,可以把可能的语言和语法描述成一种抽象的语义系统,借此我们把语言中的符号与我们周遭的世界关联起来。其次,通过心理学和语言学事实的描述,任何抽象的语义系统都是被某人或某群体使用着的一个具体的系统。混淆这两个主题只会带来迷惑。"[①]刘易斯所谈的由可能的语言和语法描述成的抽象的语义系统就是我们所说的"逻辑意义上的真",被某人或某群体使用着的具体的系统就是我们所说的"哲学意义上的真"。既然如此,我们必须注意:①我们要清楚,"逻辑意义上的真"与"哲学意义上的真"是不一样的,绝不能混淆对二者的理解,从而忽视逻辑的地位与作用。在对亚里士多德的真及现代形式逻辑的真进行探寻的过程中,我们就发现:传统形式逻辑的创始人亚里士多德,现代形式逻辑的构想者莱布尼兹,现代形式逻辑的开创者、奠基人弗雷格都对"逻辑意义上

---

① 荣立武. 论意义理论中的两条路线. 哲学研究, 2011, 11: 77.

的真"和"哲学意义上的真"做过区分，这是很值得注意的事情。这充分说明虽然都是对"真"的追寻，但以逻辑的方法还是以哲学的方法所带来的结果是绝对不一样的。②尽管这两种"真"所使用的语言及关注的对象不太一样，它们是从不同的视角对语句真的两种解读。我们注意到，戴维森以基于经典逻辑的自然语言真理论为核心建构了其成真条件意义理论，达米特以直觉主义逻辑证实的真为核心完成了其反实在论意义理论，也就是说，正是基于对逻辑意义上真的架构，才实现了对哲学意义上真的释义。由此可见，逻辑中真的探求正是哲学中意义研究的基础，这两种"真"相联系而存在：它们都依赖于标准的量化结构，而且正是在"逻辑意义上的真"（即对语句怎样为真的形式刻画）的基础上才有了"哲学意义上的真"（即意义理论）。从对戴维森、达米特意义理论真与意义之争的探析中，我们清楚地看到"逻辑意义上的真"仍然是"哲学意义上的真"的基础，"哲学意义上的真"是"逻辑意义上的真"的注释与解读。事实上，"逻辑学（适当地解释后）提供了形而上学的核心结构。逻辑学不是在实质性科学或形而上学理论间中立的裁判：它是实质性理论本身"①。

逻辑的发展、"逻辑意义上的真"的统一，必将促进人们对意义理论这种"哲学意义上的真"问题的解决，逻辑依然是解决哲学问题的有效途径。

---

① 蒂莫西·威廉姆森，徐召清. 关于逻辑哲学的问答. 湖北大学学报（哲学社会科学版），2013，40（4）：20-25.

参考文献

艾耶尔. 2006. 语言，真理与逻辑. 尹大贻译. 上海：上海译文出版社.

保罗·贝纳塞拉夫等. 2003. 数学哲学. 朱水林等译，陈以鸿校. 北京：商务印书馆.

保罗·利科. 1988. 哲学主要趋向. 李幼蒸，徐奕春译. 北京：商务印书馆.

北京大学哲学系外国哲学史教研室. 1997. 西方哲学原著选读（上）. 北京：商务印书馆.

比尼，陈波，中户川孝治. 2010. 弗雷格，他的逻辑和他的哲学. 陈波译. 世界哲学，（2）：64-81.

毕富生. 2010. 弗雷格真之思想及其意义. 科学技术哲学研究，27（3）：25-30.

毕富生. 2010. 真之视野中的亚里士多德逻辑. 山西大学学报（哲学社会科学版），33（1）：9-12.

毕富生. 2012. 亚里士多德符合论视野中的"真". 科学技术哲学研究，29（1）：31-36.

陈波. 1998. 奎因哲学研究——从逻辑和语言的观点看. 北京：生活·读书·新知三联书店.

陈波. 2000. 逻辑哲学引论. 北京：中国人民大学出版社.

陈波. 2004. 经典逻辑和变异逻辑. 哲学研究，（10）：57-63.

陈波. 2007. 语句的真、真的语句、真的理论体系——"truth"的三重含义辨析. 北京大学学报（哲学社会科学版），（1）：27-34.

陈波，韩林合. 2005. 逻辑与语言——分析哲学经典文选. 北京：东方出版社.

达米特. 1993. 意义的社会本质. 世界哲学，3.

达米特. 1998. 什么是意义理论（Ⅱ）. 鲁旭东译，王路校. 哲学译丛，（2）：54-69.

达米特. 1998. 什么是意义理论（Ⅱ·续）. 鲁旭东译，王路校. 哲学译丛，（3）：54-69.

达米特. 2004. 达米特漫谈哲学. 舒尔特文，王路译. 世界哲学，（3）：74-87.

达米特. 2004. 形而上学的逻辑基础. 任晓明，李国山译. 北京：中国人民大学出版社.

达米特. 2005. 分析哲学的起源. 王路译. 上海：上海译文出版社.

达米特. 2005. 真的概念. 世界哲学，6：64-77.

戴维森. 1996. 真之结构和内容（续）. 世界哲学，（Z3）：108-122.

戴维森. 2003. 关于分析方法与哲学. 梅熙译. 世界哲学，（3）：44-45.

戴维森. 2006. 试图定义真乃是愚蠢的. 王路译. 世界哲学，（3）：90-98.

戴维特. 2006. 真之形而上学. 王路译. 世界哲学，（2）：37-56.

戴维森, 王路. 1996. 真之结构和内容. 世界哲学, （Z2）: 72-81.

笛卡尔. 1933. 方法论. 彭基相译. 北京: 商务印书馆.

蒂莫西·威廉姆森, 徐召清. 2013. 关于逻辑哲学的问答. 湖北大学学报（哲学社会科学版）, 40（4）: 20-25.

菲尔德, 李学军. 1998. 塔尔斯基的真之理论. 世界哲学, （1）: 69-78.

冯·赖特. 2003. 20 世纪的逻辑和哲学//冯·赖特. 知识之树. 陈波选编, 陈波, 胡泽洪, 周祯样译. 北京: 生活·读书·新知三联书店.

冯·赖特. 2003. 知识之树. 陈波选编, 陈波, 胡泽洪, 周祯样译. 北京: 生活·读书·新知三联书店.

冯棉. 1989. 经典逻辑与直觉主义逻辑. 上海: 上海人民出版社.

冯棉. 2002. 论数学哲学中直觉主义思想. 华东师范大学学报（哲学社会科学版）, 34（4）: 30-36.

格雷林. 1990. 哲学逻辑引论. 牟博译, 涂纪亮校. 北京: 中国社会科学出版社.

格雷林. 1992. 哲学逻辑导论. 邓生庆译. 成都: 四川人民出版社.

弗雷格. 1998. 算术基础. 王路译. 北京: 商务印书馆.

弗雷格. 2006. 弗雷格哲学论著选辑. 王路译. 北京: 商务印书馆.

弓肇祥. 1999. 真理理论——对西方真理理论历史地批判地考察. 北京: 社会科学文献出版社.

郭建萍. 2006. 简论亚里士多德的逻辑真理观. 理论探索, （6）: 33-34.

郭建萍. 2009. 戴维森成真条件意义理论及其启迪. 山西大学学报（哲学社会科学版）, 32（1）: 20-23.

郭建萍. 2011. 殊途同归的意义理论——逻辑视野中的戴维森与达米特意义理论. 哲学动态, （6）: 50-55.

郭建萍. 2012. 一种同构的真与意义理论——论戴维森的真与意义理论. 科学技术哲学研究, 29（2）: 40-44.

郭建萍. 2012. 真与意义: 语句真的两种解读. 自然辩证法研究, （9）: 6-10.

郭建萍. 2015. 逻辑与哲学: 戴维森意义理论中的真与意义. 山西大学学报, 38（3）: 52-58.

郭建萍, 毕富生. 2007. 亚里士多德认识论视野的真理观. 理论探索, （6）: 47-49.

郭泽深. 2006. 弗雷格逻辑哲学与现代数理逻辑思潮. 北京: 中国社会科学出版社.

韩林合. 2000. 《逻辑哲学论》研究. 北京: 商务印书馆.

亨利希·肖尔兹. 1977. 简明逻辑史. 张家龙译. 北京: 商务印书馆.

洪汉鼎. 1992. 语言学的转向: 当代分析哲学的发展. 香港: 三联书店公司.

洪汉鼎. 2010. 当代西方哲学两大思潮. 北京: 商务印书馆.

洪谦. 1982. 逻辑经验主义. 上卷. 北京: 商务印书馆.

胡泽洪. 2007. "真"之逻辑哲学省察. 哲学研究, （5）: 67-72.

胡泽洪. 2008. 20 世纪语言逻辑研究的回顾与思考. 哲学研究, （5）: 121-123.

黄华新. 2001. 塔斯基与弗雷格的求真方法之比较. 浙江大学学报, 31（2）: 5-12.

贾可春. 2005. 罗素意义理论研究. 北京: 商务印书馆.

江天骥. 1984. 西方逻辑史研究. 北京: 人民出版社.

江怡. 2000. 一场世纪之争——简论 20 世纪英美哲学中的实在论和反实在论. 湘潭师范学院

学报，（1）：1-8.

江怡. 2002. 《逻辑哲学论》导读. 成都：四川教育出版社.

江怡. 2005. 达米特论意义和真. 世界哲学，（6）：57-63.

江怡. 2005. 西方哲学史. 第八卷. 现代英美分析哲学. 南京：凤凰出版社，江苏人民出版社.

江怡. 2013. 走进历史的分析哲学. 中国高校社会科学，（7）：30-42.

克莱因. 1984. 古今数学思想. 上海：上海科学出版社.

克洛维尔. 2005. 让逻辑重获哲学意义. 朱松峰译. 世界哲学，（2）：26-42.

奎因. 1995. 论意义. 世界哲学，S1：25-33.

奎因. 1999. 真之追求. 王路译. 北京：生活·读书·新知·三联书店.

莱布尼兹. 1961. 单子论//北京大学哲学系外国哲学史教研室. 十六—十八世纪西欧各国哲学. 北京：商务印书馆.

莱布尼兹. 1961. 人类理智新论//北京大学哲学系外国哲学史教研室. 十六—十八世纪西欧各国哲学. 北京：商务印书馆.

莱布尼兹. 1982. 人类理智新论（上）（下）. 陈修斋译. 北京：商务印书馆.

赖尔. 1988. 意义理论 // 涂纪亮. 英美语言哲学概论. 北京：人民出版社.

梁义民. 2008. 真——戴维森彻底解释理论中的核心概念. 自然辩证法研究，（5）：38-42.

梁义民. 2010. 论戴维森意义理论的基本原则. 自然辩证法通讯，（4）：7-12.

刘龙根. 2006. 意义底蕴的哲学追问. 长春：吉林大学出版社.

刘同舫. 2006. 意义、真理与二值原则. 学术研究，（3）：33-38.

卢卡西维茨. 1995. 亚里士多德的三段论. 李真，李先焜译. 北京：商务印书馆.

路德维希，齐林. 2003. 戴维森在哲学上的主要贡献. 江怡编译. 世界哲学，（6）：3-6.

罗素. 1992. 我们关于外在世界的知识. 任晓明译. 北京：东方出版社.

罗素. 2005. 逻辑与知识. 苑莉均译. 北京：商务印书馆.

罗素. 2009. 意义与真理的探究. 贾可春译. 北京：商务印书馆.

马玉珂. 1988. 西方逻辑史. 北京：中国人民大学出版社.

莫里斯. 1991. 意谓和意义//涂纪亮. 当代美国哲学论著选译. 第三集. 北京：商务印书馆.

尼古拉斯·布宁，余纪元. 2001. 西方哲学英汉对照辞典. 北京：人民出版社.

欧阳康. 2005. 当代英美著名哲学家学术自述. 北京：人民出版社.

帕陶特. 2000. 不可判定性与反实在论. 张清宇译. 大连：华夏出版社.

帕特陶特. 1998. 采访达米特（续）. 世界哲学，（3）：74-82.

培根. 2009. 新工具. 许宝骙译. 北京：商务印书馆.

任晓明，谷飙. 2007. 达米特对直觉主义逻辑的辩护. 南开学报，（4）：46-51.

任晓明，吴玉平. 2007. 达米特的辩护主义真理观. 世界哲学，（2）：11-17.

荣立武. 2011. 论意义理论中的两条路线. 哲学研究，（11）：77-84.

塞尔. 2001. 当代美国分析哲学//陈波. 分析哲学——回顾与反省. 成都：四川教育出版社.

施太格缪勒. 2000. 当代哲学主流（下卷）. 北京：商务印书馆.

石里克. 1982. 哲学的转变 // 洪谦. 逻辑经验主义（上卷）. 北京：商务印书馆.

斯蒂芬·里德. 1998. 对逻辑的思考：逻辑哲学导论. 李小五译. 沈阳：辽宁教育出版社.

苏珊·哈克. 2003. 逻辑哲学. 北京：商务印书馆.

索尔·克里普克. 2001. 命名与必然性. 梅文译. 上海：上海译文出版社.

塔尔斯基. 1991. 科学语义学的建立. 孙学钧译. 世界哲学，（6）：66-68.

唐纳德·戴维森. 1993. 真理、意义、行动与事件. 牟博编译. 北京：商务印书馆.

唐纳德·戴维森. 2007. 对真理与解释的探究. 第二版. 牟博，江怡译. 北京：中国人民大学
　出版社.

唐纳德·戴维森. 2007. 真与谓述. 王路译. 上海：上海译文出版社.

涂纪亮. 1988. 英美语言哲学概论. 北京：人民出版社.

涂纪亮. 1988. 语言哲学名著选辑（英美部分）. 北京：生活·读书·新知三联书店.

涂纪亮. 1996. 当代西方著名哲学家评传. 第一卷. 济南：山东人民出版社.

汪子嵩，范明生，陈村富，等. 1988. 希腊哲学史. 第一卷. 北京：人民出版社.

王路. 1991. 亚里士多德的逻辑学说. 北京：中国社会科学出版社.

王路. 1996. 论"真"与"真理". 中国社会科学，（6）：113-125.

王路. 2003. "是"与"真"——形而上学的基石. 北京：人民出版社.

王路. 2004. 涵义与意谓——理解弗雷格. 哲学研究，（7）：65-71.

王路. 2005. "是真的"与"真"——西方哲学研究中的一个问题. 清华大学学报（哲学社
　会科学版），（6）：7-13.

王路. 2005. 亚里士多德逻辑的现代意义. 世界哲学，（1）：66-74.

王路. 2006. 弗雷格哲学论著选辑. 北京：商务印书馆.

王路. 2006. 意义理论. 哲学研究，7：53-61.

王路. 2007. "真理"与"真"——中西理解的巨大差异. 博览群书，10：36-39.

王路. 2007. 逻辑与哲学. 北京：人民出版社.

王路. 2007. 真与意义理论，世界哲学，（6）：46-70.

王路. 2008. 从"是"到"真"：西方哲学的一个根本性变化. 学术月刊，（8）：46-52.

王路. 2008. 弗雷格思想研究. 北京：商务印书馆.

王路. 2009. 逻辑方圆. 北京：北京大学出版社.

王路. 2009. 走进分析哲学. 北京：中国人民大学出版社.

威拉德·奎因. 1987. 从逻辑的观点看. 江天骥等译. 上海：上海译文出版社.

威廉·涅尔，玛莎·涅尔. 1995. 逻辑学的发展. 张家龙，洪汉鼎译. 北京：商务印书馆.

威廉姆森. 2009. 二十一世纪的逻辑与哲学. 北京大学学报（哲学社会科学版），（1）：45-54.

维特根斯坦. 1996. 逻辑哲学论. 贺绍甲译. 北京：商务印书馆.

维特根斯坦. 1996. 哲学研究. 李步楼译. 北京：商务印书馆.

维特根斯坦. 2001. 哲学研究. 陈嘉映译. 上海：上海人民出版社.

希拉里·普特南. 2005. 理性，真理和历史. 童世骏，李光程译. 上海：上海译文出版社.

谢佛荣. 2009. 戴维森与达米特对于意义理论可行性的分析. 燕山大学学报，10（1）：23-27.

亚里士多德. 1959. 形而上学. 吴寿彭译. 北京：商务印书馆.

亚里士多德. 1997. 亚里士多德全集. 第一卷. 苗力田主编. 北京：中国人民大学出版社.

亚里士多德. 1997. 亚里士多德全集. 第三卷. 苗力田主编. 北京：中国人民大学出版社.

亚里士多德. 2000. 亚里士多德选集. 形而上学卷. 苗力田编. 北京：中国人民大学出版社.

亚里士多德. 2003. 工具论（上）. 余纪元等译. 北京：中国人民大学出版社.

亚里士多德. 2003. 工具论（下）. 余纪元等译. 北京: 中国人民大学出版社.

俞吾金, 吴晓明. 1999. 二十世纪哲学经典文本（英美哲学卷）. 上海: 复旦大学出版社.

约翰·巴斯摩尔. 1996. 哲学百年　新近哲学家. 洪汉鼎等译. 北京: 商务印书馆.

张桂权. 2003. "真"能代替"真理"吗? 世界哲学,（1）: 100-104.

张家龙. 2004. 逻辑学思想史. 长沙: 湖南教育出版社.

张妮妮. 2001. 意义与真之争. 华中科技大学学报, 3: 20-24.

张妮妮. 2008. 意义, 解释和真——戴维森语言哲学研究. 北京: 中国社会科学出版社.

张庆熊, 周林东, 徐英瑾. 2005. 二十世纪英美哲学. 北京: 人民出版社.

张尚水. 1996. 当代西方著名哲学家评传. 第五卷. 济南: 山东人民出版社.

张世英. 2007. 语言意义的意义. 社会科学战线,（1）: 6-12.

张燕京. 2003. 弗雷格"真"理论对于现代逻辑观念的影响. 社会科学论坛,（9）: 30-33.

张燕京. 2006. 达米特意义理论研究. 北京: 中国社会科学出版社.

张燕京. 2011. 真与意义——达米特的语言哲学. 郑州: 河北大学出版社.

张燕京, 李颖新. 2009. 从思想到真——弗雷格逻辑研究的基本路径. 南京社会科学,（2）: 15-19.

张燕京, 梁庆寅. 2004. 达米特对于弗雷格指称概念的新阐发. 学术研究,（12）: 14-18.

赵伟. 2010. 关于意义整体论的述评. 自然辩证法研究,（5）: 1-7.

周北海. 2010. 概念语义与弗雷格迷题消解. 逻辑学研究, 3（4）: 44-62.

周昌忠. 1992. 西方现代语言哲学. 上海: 上海人民出版社.

周志荣. 2010. 真、意义与解释. 学术交流,（2）: 15-20.

Appiah A. 1986. For truth in semantics. Oxford: Blackwell.

Aristotle. 350 Bc. Metaphisics. Ross W D（trans.）. Book IV.

Ayer A J. 1992. Reply to Michael Dummett// Hahn L E, Salle L. The Philosophy of A. J. Ayer. Chicago: Open Court Publishing Co: 111.

Barnes J. 1991. Complete Works （Aristotle）. Princeton: Princeton University Press.

Beaney M. 1997. The Frege Reader. Oxford: Blackwell Publishers.

Bochenski I M. 1961. A History of Formal Logic. Notre Dame: University of Notre Dame Press.

Bowra C M. 1953. Problems in greek poetry. Oxford: Clarendon Press.

Campbell J K, O'Rourke M, Shier D. 1958. Meaning and Truth: Investigations in Philosophical Semantics. New York: Seven Bridges Press, LLC.

Collins J. 2002. Truth or meaning? A Question of Priority. Philosophy and Phenomenological Research, 65（3）: 497-536.

David M. 1996. Analyticity, Carnap, Quine, and truth. Noûs, 30: 203-219.

Davidson D. 1990. The structure and content of truth. The Journal of Philosophy, 6: 279-328.

Davidson D. 2001. Essays on Actions and Events. Oxford: Clarendon Press.

Davidson D. 2001. Inquiries into Truth and Interpretation. 2nd ed. Oxford: Clarendon Press.

Davidson D. 2001. Subjective, Intersubjective, Objective. Oxford: Clarendon Press.

Davidson D. 2004. Problems of Rationality. Oxford: Clarendon Press.

Davidson D. 2005. Truth, Language and History. Oxford: Clarendon Press.

Davidson D. 2005. Truth and Predication. Cambridge: The Belknap Press of Harvard University

Press.

Devitt M. 1983. Dummett's anti-realism. The Journal of Philosophy, 80（2）: 73-99.

Devitt M. 1990. Realism and Truth. Oxford: Blackwell.

Dummett M. 1978. Truth and Other Enigmas. Cambridge: Harvard University Press.

Dummett M. 1981. Frege: Philosophy of Language. 2nd ed. Cambridge: Harvard University Press.

Dummett M. 1981. The Interpretation of Frege's Philosophy. Cambridge: Harvard University Press.

Dummett M. 1991. The Logical Basis of Metaphysics.Cambridge: Harvard University Press.

Dummett M. 1993. Origins of Analytical Philosophy. London: Duckworth.

Dummett M. 1993. The Seas of Language. Oxford: Clarendon Press.

Dummett M. 2000. Elements of Intuitionism. 2nd ed. Oxford: Oxford University Press.

Dummett M. 2003. Frege and Other Philosophers. Oxford: Clarendon Press.

Evans G, Mcdowell J. 2005. Truth and Meaning—Essays in Semantics. Oxford: Clarendon Press.

Field, H. 1972. Tarski's theory of truth. Journal of Philosophy, 69（13）: 347-375.

Field H. 1987. The deflationary conception of truth // ed. Wright C, MacDonald G. Fact, Science, and Morality. New York: Blackwell: 55-117.

Frege G. 1979. Posthumous Writings. Oxford: Basil Blackwell.

Frege G. 1980. The Foundations of Arithmetic. Oxford: Basil Blackwell.

García-Carpintero M. 1997. On an Incorrect Understanding of Tarskian Truth Definitions. Philosophical Issues, 8: 45-56.

Geach P, Black M. 1960. Translations From the Philosophical Writings of Gottlob Frege. Oxford: Basil Blackwell.

Grayling A C. 1982. An introduction to philosophical logic. Sussex: The Harvester Press.

Haack S. 1978. Philosophy of Logics. Cambridge: Cambridge University Press.

Heck R G. 1997. Tarski, truth, and semantics. The Philosophical Review, 106（4）: 533-554.

Heck R G. 2002. Meaning and truth-conditions: a reply to kemp. Philosophical Quarterly, 52（206）: 82-87.

Heyting A. 1966. Intuitionism: An Introduction. Amsterdam: North-Holland.

Heyting A. 1975. L. E. J. Brouwer Collected Works. Vol.1. Amsterdam: North-Holland.

Horwich P. 1990. Truth. Oxford: Blackwell.

Horwich P. 1994. What is it like to be a deflationary theory of meaning? Philosophical Issues, 5: 133-154.

Horwich P. 2004. Meaning. Oxford: Clarendon Press.

Jacquette D. 2007. Handbook of the Philosophy of Science（Philosophy of Logic）. Elsevier B V. All rights reserved.

Kirkham R L. 1989. What Dummett Says About Truth and Linguistic Competence. Mind, 98（390）: 207-224.

Kline M. 1972. Mathematical Thought from Ancient to Modern Times. New York: Oxford University Press.

Kölbel M. 2001. Two dogmas of Davidsonian semantics. Journal of Philosophy, 98（12）: 613-635.

Kripke S. 1975. Outline of a theory of truth. The Journal of Philosophy, 72（19）: 690-716.

Linsky L. 1992. The unity of the proposition. Journal of the History of Philosophy, 30: 243-273.

Lynch M P. 2001. The Nature of Truth: Classic and Contemporary Perspectives. Cambridge: The MIT Press.

Lyons J. 1981. Language and Linguistics: An Introduction. Cambridge, New York: Cambridge University Press.

McDowell J. 1976. Truth-conditions, bivalence, and verfication // Evans G, McDowell J. Truth and Meaning. Oxford: Oxford University Press: 42-67.

Miller A. 2007. Philosophy of Language. London: Taylor & Francis e-Library.

Montminy M. 2006. Semantic content, truth conditions and context. Linguistics and Philosophy, 29: 1-26.

Morris M. 2007. An Introduction to the Philosophy of Language. Cambridge, New York: Cambridge University Press.

Norris C. 2006. On Truth and Meaning: Language, Logic and the Grounds of Belief. London: Continuum.

Parkinson G H R, Shanker S G. 2004. Routledge History of Philosophy. Vol. IX. Philosophy of Science, Logic and Mathematics in the 20th Century. London: Taylor & Francis e-Library.

Parsons K P. 1973. Ambiguity and the theory of truth. Noûs, 7: 379-394.

Placek T. 1999. Mathematical Intuitionism and Intersubjectivity. Dordrecht: Kluwer.

Priest G. 2000. Truth and contradiction. The Philosophical Quarterly, 50（200）: 305-319.

Quine W V. 1961. From a Logical Point of View. 2nd ed. Cambridge: Harvard University Press.

Quine W V. 1986. Philosophy of Logic. Cambridge: Harvard University Press.

Quine W V. 1990. Pursuit of Truth. Cambridge: Harvard University Press.

Rattan G S. 2004. The Theory of Truth in the Theory of Meaning. Oxford: Blackwell Publishing Ltd.

Realism W C. 1986. Meaning and Truth. Oxford: Blackwell.

Russell B. 1956. Logic and Knowledge: Essays 1901-1950. London: Allen and Unwin.

Russell B. 1992. An Inquiry into Meaning and Truth. London: Routledge.

Scott J F. 1958. A History of Mathematics. London: Taylor & Francis Ltd.

Soames S. 1984. What is a theory of truth? Journal of Philosophy, 81: 411-429.

Soames S. 2003. Philosophical Analysis in the Twentieth Century. Vol. 2. Princeton: Princeton University Press.

Strawson P F. 2001. Meaning and truth // Martinich A P. The Philosophy of Language(4th). New York: Oxford University Press.

Tarski A. 1956. The concept of truth in formalized languages // Tarski A. Logic, Semantics, Mathematics. Oxford: Clarendon Press.

Tarski A. 1956. The Establishment of Scientific Semantics. New York: Oxford University Press.

Taylor B. 1987. Michcel Dummett Contributions to Philosophy. Dordrecht: Martinus Nijhoff Publishers.

Taylor K. 1998. Truth and Meaning—An Introduction to the Philosophy of Language. Oxford: Blackwell Publishers.

Tennant N. 1987. Anti-realism and Logic: Truth as Eternal. Oxford: Clarendon Press.

Van Benthem J. 2006. Epistemic Logic and Epistemology: The State of Their Affairs. Philosophical Studies, 128 (1): 49-76.

Van Dalen D. 1981. Brouwer's Cambridge Lectures on Intuitionism. Cambridge: Cambridge University Press.

Wittgenstein L. 1922. Tractatus Logico-Philosophicus. London: Routledge.

Wittgenstein L. 1953. Philosophical Investigations. Oxford: Basil Blackwell.

Żegleń U M. 2005. Donald Davidson: Truth, Meaning and Knowledge. London: Taylor & Francis e-Library.